气候战略问题研究 2016

Strategic Research on Climate Change 2016

李俊峰　邹　骥　徐华清　马爱民　等著

中国环境出版社 · 北京

图书在版编目（CIP）数据

气候战略问题研究．2016/李俊峰等著．—北京：中国环境出版社，2016.11
ISBN 978-7-5111-2944-4

Ⅰ．①气… Ⅱ．①李… Ⅲ．①气候变化—研究 Ⅳ．①P467

中国版本图书馆CIP数据核字（2016）第266696号

出 版 人 王新程
责任编辑 邵 葵
责任校对 尹 芳
封面设计 岳 帅

出版发行 中国环境出版社（100062 北京市东城区广渠门内大街16号）
网 址：http://www.cesp.com.cn
电子邮箱：bjgl@cesp.com.cn
联系电话：010-67112765（编辑管理部）
010-67112735（环评与监察图书出版分社）
发行热线：010-67125803 010-67113405（传真）
印 刷 北京中科印刷有限公司
经 销 各地新华书店
版 次 2016年11月第1版
印 次 2016年11月第1次印刷
开 本 889×1194 1/16
印 张 16.75
字 数 350千字
定 价 40.00元

编 委 会

（按姓氏笔画排序）

前　言

2015年以来，全球对应对气候变化的关注持续升温，世界各国和国内各界均已形成广泛共识，积极应对气候变化，大力推动低碳转型，成为未来行动的方向。

随着《巴黎协定》的达成并即将生效，应对气候变化国际合作进入快车道。今年10月6日，国际民航组织达成关于应对气候变化的协议，10月15日，《蒙特利尔议定书》框架下《基加利修正案》对逐步淘汰氢氟碳化物做出安排，国际海事组织相关谈判也在紧张进行。这些谈判成果成为世界各国参与国际合作的基础，同时也对各国积极采取措施应对气候变化提出新的更高要求。

中国政府始终重视应对气候变化。继“十二五”规划纲要首次提出应对气候变化目标任务后，“十三五”规划纲要提出“创新、协调、绿色、开放、共享”的五大发展理念，应对气候变化成为国家发展战略的重要内容。国家发展改革委相继制定发布《国家应对气候变化规划》和《国家适应气候变化战略》等文件，并在《中国国家自主贡献》文件中提出二氧化碳排放到2030年左右达峰的目标，积极推动绿色发展、循环发展和低碳发展。

围绕我国实现应对气候变化长远目标和各项任务，在国家发展改革委的协调指导下，各部门、各地方积极采取措施，大胆探索实践。应对气候变化工作的持续深入，促进了工作体制机制不断完善，政策制度愈加成熟，为开展相关科研提供了丰富的营养材料。另一方面，应对气候变化的新形势、新任务、新要求，也对科研工作者不断提出新的研究课题。

作为国家发展改革委直属单位，国家应对气候变化战略研究和国际合作中心承担了提供技术支撑服务的任务。中心全体同志以服务应对气候变化中心工作为目标，密切结合工作需要，深入实际调查研究，开展了有关应对气候变化战略规划、低碳发展法规政策、碳市场制度措施、国际谈判与合作等方面的研究，取得了一定成果，并在实际工作中发挥了积极作用。

本文集收录了过去一年以来中心研究人员的部分科研成果和著述，反映了有关作者的观点和看法，希望以此与各界人士进行交流讨论，促进对相关问题的认识不断深化。

2016 年 10 月

目 录

一、气候战略问题研究

二、气候及低碳政策法规研究

三、温室气体控排问题研究

四、碳市场问题研究

五、巴黎气候峰会专栏

一、气候战略问题研究

关于在巴黎气候大会提出“新发展观”的建议

李俊峰　国家应对气候变化战略研究和国际合作中心主任
柴麒敏　国家应对气候变化战略研究和国际合作中心战略规划部副主任

摘　要：绿色低碳的新发展观的主要思想是“三个转型”，即通过技术和机制创新实现经济增长的低碳转型，通过能源生产和消费革命实现能源系统的低碳转型，通过观念转变和政策激励实现消费模式的低碳转型，最终实现人类经济社会的绿色低碳、气候适应型和可持续发展。新气候制度确立的意义不仅在于提出减缓、适应和资金的长期目标，更在于推动世界低碳发展的潮流，形成新的竞争机制和规则，使低碳发展不仅是国际气候协议下的要求和承诺，更是提升自身可持续发展竞争力的主动行为，从而变负担和挑战为发展机遇，实现共同发展、永续发展、合作共赢。中国也一定将在这次潮流中扮演越来越重要的角色。

关键词：经济转型　能源转型　消费转型　低碳发展

巴黎气候大会（COP21）将确立全球面向2020年后的应对气候变化行动，其所达成的协议将从机制上对各国经济发展、能源消费、环境治理、金融机制、技术创新等方面产生深远的影响，是推动全球发展转型的重要机会。大会将以各国提出的“国家自主决定贡献”（INDC）为蓝本，以减缓、适应及其支撑手段为依托，描绘出到2030年全球低碳发展的路径，并提出新的模式、规制、政策和市场手段。在大会的开幕式上，各国领导人将受邀对全球应对气候变化、低碳发展发表看法，这将是很好的一次展示本国贡献和发展观念的机会，也是对全球气候治理和非传统领域安全事务问题阐述立场的机会。

中国在应对气候变化和低碳发展方面做了很多尝试和实践，开展了有关低碳发展的宏观战略和试点示范的有益探索，中国向联合国提交了国家自主贡献，通过努力将有可能实现比发达国家阶段更早、水平更低的排放峰值，为减缓全球气候变化做出重大贡献，为发展中国家低碳发展探索出新的路径。因此，建议中国领导人在大会上结合此前在联合国发展峰会中提出的“公平、开放、全面、创新”的“新发展观”的倡议，进一步丰富新发展观的绿色内容，彰显中国在应对气候变化和全球低碳转型中的大国责任和领导力。

绿色低碳的新发展观的主要思想是“三个转型”，即通过技术和机制创新实现经济增长的低碳转型，通过能源生产和消费革命实现能源系统的低碳转型，通过观念转变和政策激励实现消费模式的低碳转型，最终实现人类经济社会的绿色低碳、气候适应型和可持续发展。具体阐述为：

（1）新发展观的核心内容是实现增长方式的低碳转型

我们追求的增长必须是实实在在和没有水分的增长，是有效益、有质量、可持续的增长。只有通过加快增长方式转型，应用与新的资源环境约束条件相匹配的技术和制度，才能催生新的经济增长点并推动传统行业产生新的增长模式，从而促进全球经济发展质量和效益持续提升。

（2）新发展观的关键任务是实现能源系统的低碳转型

庞大的能源消费总量和高碳的能源消费结构使全球面临愈来愈尖锐的压缩型、复合型环境问题，只有推动能源消费、能源供给、能源技术和能源体制四方面的革命，以绿色低碳为方向推动技术创新、产业创新、商业模式创新，才能在经济发展的过程中逐步摆脱对化石能源的高度依赖，在 21 世纪末实现能源的低碳化乃至无碳化。

（3）新发展观的基础条件是消费模式的低碳转型

只有通过发展绿色消费和服务消费，形成低碳、集约的可持续生活消费模式，建立较为健全的低碳消费基础设施、产品以及公共服务支撑体系，为衣、食、住、行、用等生活需求提供丰富多彩的低碳产品和服务，形成更加反映环境外部成本的物价体系，优化投资和贸易结构，形成健全的低碳消费市场，才能最终激发全球经济新增长的内生动力。

我们可以预见到，增长方式、能源系统和消费模式的低碳转型将引发新的技术和产业革命，也将带来新的经济增长点、新的市场和新的就业机会。我们需要凝聚共识、落实行动、构建合作共赢的新发展模式，共同分享绿色低碳转型的经济和社会效益。

2015 年确立的新气候制度着眼于推动世界低碳发展的潮流，形成新的竞争机制和规则，使低碳发展不仅是国际气候协议下的要求和承诺，更是提升自身可持续发展竞争力的主动行为，从而变负担和挑战为发展机遇，实现共同发展、永续发展、合作共赢。

参考文献

[1] 李俊峰，柴麒敏，马翠梅，等. 中国应对气候变化政策和市场展望[J]. 中国能源，2016，38(1): 5-11.

[2] 李俊峰. 以碳总量管理为抓手推动能源生产和消费的革命 [J]. 中国能源，2014，36(1): 5-7.

[3] 李俊峰. 能源变革的背景问题与思考 [J]. 中国电力企业管理，2015，23:14-17.

[4] 徐华清，柴麒敏，李俊峰. 应对气候变化的中国贡献 [N]. 光明日报，2015-7-2.

[5] 柴麒敏. 迈向 2030: 中国的低碳政策展望 [N]. 经济观察报，2015-6-26.

油价下跌对应对气候变化的影响

李俊峰　国家应对气候变化战略研究和国际合作中心主任
柴麒敏　国家应对气候变化战略研究和国际合作中心战略规划部副主任
王　田　国家应对气候变化战略研究和国际合作中心统计考核部助理研究员

摘　要：当前石油价格的下跌主要是国际供需市场决定的，从地缘政治局势和近中期消费需求看，这种局面不会有大的改观。造成石油供需失衡的首要因素是高油价导致原油供应能力大幅度增加，而与此同时全球经济增速放缓进一步压制原油需求。油价下跌的深层次原因来自于技术的不断进步和经济发展的绿色转型，技术进步大大提高燃油使用效率，石油消费没有随服务增加而增长，各国积极应对气候变化的政策，实施绿色发展，导致了石油等大宗产品消费增长乏力，全球应对气候变化所采取的控制温室气体排放的措施，限制了煤炭、石油等高碳能源的消费空间。全球合作应对气候变化是长期战略任务，不应该因油价波动而产生根本性的变化，节能和新能源技术进步和不断降低的成本证明了能源低碳转型的可行性，低油价很难改变全球能源转型的决心和行动，应对气候变化、减排温室气体已经从政治家的意愿成为企业家的行动。低碳能源替代已经是不可逆转的趋势，中国当前应该保持战略定力。

关键词：油价下跌　气候变化　能源转型

国际市场原油价格自2014年6月的115美元/桶左右一路下挫至近期的约30美元/桶，跌幅高达85%，引发了国际社会对本次油价下跌产生影响的诸多猜测，特别是对全球方兴未艾的绿色低碳转型与下一阶段《巴黎协定》实施的担忧。低油价会不会“挤出”绿色投资、会不会在一定程度上阻碍全球应对气候变化合作行动，我们就这一问题进行了研究和分析，提出了一些看法，供有关方面参考。

一、低油价产生的原因

1. 本轮油价暴跌的短期原因来自全球范围的供求关系失衡

造成石油供需失衡的首要因素是曾经的高油价导致原油供应能力大幅度增加。在从2003—2014年上半年的十多年时间里，除了2008年年底至2009年初油价曾一度短暂低迷之外，世界石油一直都处于高油价运行状态，导致全球原油产能急剧攀升。首先是美国页岩油技术有了重大突破，并进入实际应用阶段，2015年与2003年相比，美国石油产量净增加2亿吨；此外，中国海外石油投资的产量也高达2亿多吨，沙特和俄罗斯在高油价的推动下，也不断增加产量，企图保持乃至扩大市场份额，再加上伊拉克、伊朗局势缓和，急于出口石油赚取外汇以发展本国经济。其次，面对国际市场供应过剩的态势，以沙特为首的石油输出国组织（OPEC）仍维持不减产的决定，如伊拉克原油产量创35年来新高，被西方国家解除制裁的伊朗也将重返国际原油市场，意图恢复制裁前的市场份额。另一产油大国俄罗斯2015年原油总产量也高达5.341亿吨。以上分析可以看出，全球石油产能过剩的局面已经形成。

造成全球石油供需失衡的另一重要因素是全球经济增速放缓进一步压制原油需求。2008年国际金融危机之后，欧盟、日本、俄罗斯等世界主要经济体恢复乏力，美国经济的复苏也不稳定。作为世界第二大经济体，2013年开始，中国经济发展进入新常态，一改“十五”、“十一五”期间两位数的经济增长，进入低于7%的中速发展阶段。而放眼世界，目前尚未出现可以替代中国、美国这样“大吨位”的、可以引领世界经济发展的“火车头”。市场普遍认为，全球经济进入长期的低速发展时代，市场消费信心普遍不足，从而导致了包括石油在内的几乎所有大宗产品消费的增速放缓，价格下滑。

2. 油价下跌的深层次原因来自于技术的不断进步和经济发展的绿色转型

首先是技术进步大大提高了燃油使用效率，但石油消费量并没有随服务增加而增长。全球的乘用车保有量从2003—2005年的7亿多辆增加至2015年的接近10亿辆，增长了43%。然而，2003—2015年，汽车的燃油效率却提高了70%以上，以标准的2升排量的汽油车为例，百公里平均油耗已经从2003年的12～14升下降到2015年的7～8升；大型载重汽车的百公里耗油量也下降了40%左右，出现了全球机动车保有量持续增长但汽柴油消费量变化不大的局面。

其次是各国积极应对气候变化政策和实施绿色发展，导致了石油等大宗产品消费增长乏力。长期以来，特别是金融危机之后，世界各国特别是欧美日等主要发达国家开始推动发展转型，实施绿色增长的发展政策，减少了包括原材料在内的大宗商品的消费。与此同时，大部分发展中国家也开始走绿色发展之路。我国也在反思过去发展模式中出现的“不平衡、不协调和不可持续”、“两资一高”等弊端，开始走一条绿色、循环和低碳发展的道路，因而对大宗商品特别是大宗能源商品的依赖程度不断降低。

最后是全球应对气候变化所采取的控制温室气体排放措施，限制了煤炭、石油等高碳能源的消费空间。从 2015 年上半年开始，《联合国气候变化框架公约》各缔约方开始向联合国提交以控制温室气体排放为主题的国家自主贡献报告，到 2015 年底，已经有 180 多个国家提交了自主贡献报告，欧盟、美国、日本、中国、印度等都把控制温室气体排放作为其报告的重要内容，而大部分国家控制温室气体排放的主要措施除了控制煤炭消费外，主要是控制石油消费，这也在一定程度上抑制了石油需求的增长。

综上所述，短期供需失衡和长期增长乏力是导致油价下滑的主要原因。因此，业内主流观点认为，石油供需关系在今后一段时期内（2020 年或 2025 年以前）都会相对宽松，石油价格也将在相对较低的价位水平上运行。

二、对全球应对气候变化的影响

全球应对气候变化的工作内容主要是减缓和适应气候变化。虽然油价的高低不能改变人类在适应气候变化方面的长期努力和计划。然而，减缓气候变化的主要措施则是通过节能和发展非化石能源进而减少温室气体排放，因此油价的下滑抑或将对节能和非化石能源发展造成一定的影响，但总的来看影响范围有限。

全球合作应对气候变化是一项长期性的战略任务，不应该因油价波动而产生根本性的变化。目前包括 G7、G20、《巴黎协定》都反复申明了全球能源消费逐步从化石能源转向非化石能源的决心，并期望在 21 世纪下半叶进入“零碳社会”，世界政治领袖们的政治意愿并不会随油价本身的短期变化而动摇。事实上在 1983—2003 年，全球石油价格长期徘徊在 30 美元 / 桶以下，也并未影响到当时欧美能源的绿色转型和中国的可再生能源发展。目前，如欧盟、美国、日本、中国、印度等都将能源革命或能源转型作为本阶段的国家战略，温室气体减排战略也已成为大多数国家的自主选择。目前已有 161 份国家自主贡献文件提交《公约》秘书处，涵盖了 188 个国家，这些国家的总排放量约占全球的 98.7%，由此可见低油价并未对《巴黎协定》的达成产生大的影响。估计也不会对《巴黎协定》的签署、生效和实施产生实质性的影响。

节能和新能源技术进步和不断降低的成本证明了能源低碳转型的可行性，低油价很难改变全球能源转型的决心和行动。当前美国可再生能源发电的平均成本已经降至 5 美分 / 千瓦时，中国的风电和太阳能发电成本约为 0.5 元 / 千瓦时和 0.8 元 / 千瓦时，并正处于规模快速增长、成本快速下降的通道中。在全球油价连续暴跌的背景下，2015 年中国、非洲、美国、拉美地区和印度的清洁能源投资额均逆势激增，全球投资总额也达到创纪录的 3 289 亿美元，比 2014 年的 3 159 亿美元的修订数据高出 4%，比 2011 年的历史峰值还要高出 3%，并超过了化石能源领域的投资额。投资是市场走势的晴雨表，2014 年以来的新能源投资态势表明，低油价没有改变，全球投资者的意愿、发展可再生能源等低碳能源仍是其投资的主要方向。

应对气候变化、减排温室气体已经从政治家的意愿成为企业家的行动。经过多年气候变化谈判和广泛宣传，低碳发展的理念已经被世界许多国家的企业家所接受，他们中的大多数都试图引领未来发展方向，把低碳发展作为其践行社会责任的重要标志。例如，苹果、沃尔玛、微软、亚马逊等企业都在实施全产业链的“零碳行动”。比尔·盖茨等企业家还发起了“能源突破联盟”，向全球供应低碳能源。全球金融界两个标志性人物巴菲特和孙正义也都表示了对新能源的关注，前者在美国购买了大量太阳能发电资产，后者也在日本建立了可再生能源基金会，力推日本发展可再生能源。传统领域如石油行业也不落后，如洛克菲勒财团建立了新能源发展基金，其拥有的大多数石油资产被抛售而转投低碳能源，壳牌公司用其出售石油资产的资金并购了全球最大的天然气公司，而立足法国的道达尔石油公司则成为美国最大的太阳能生产商。这些都说明，低碳发展、能源转型不仅仅是一个理念，而是企业家们实实在在的行动。

三、分析和结论

目前来看，油价将会出现长期低迷。影响石油供需失衡的因素并未得到调整，反而有所加强。从生产端看，按照英国石油（BP）2016 年的数据，仅依靠目前的先进技术来探寻石油天然气资源，全球“探明储量”将从 2.9 万亿桶当量大幅增至 4.8 万亿桶，几乎是 2050 年全球预测累积需求的（2.5 万亿桶）的两倍，石油峰值危机的说法已经破灭。此外，技术进步导致的开采成本持续下滑，也使得非常规石油开采还能继续保持强劲增长势头。从消费端看，全球增长放缓和运输燃料效率的持续改善都意味着对石油的需求短期内不会有较大增长。石油资源产能过剩和供大于求的局面将有可能长期存在，全球油价可能长期低迷。

低碳能源替代已经是不可逆转的趋势。不可否认，随着石油价格的下跌，传统能源企业的收入会面临下降，从而导致这些企业在新能源上的投资也会下降，布局会有所趋缓。但与此同时，在低碳政策的引导下，各国能源替代的步伐正在加快。随着能源互联网等新兴技术的发展，越来越多的新经济力量正在进入这个领域，越来越多的金融资本正在加入到追逐能源转型的红利中去。近日被媒体热炒的《美国清洁电力计划》被搁置问题，也仅仅是法律程序层面的技术问题，但美国能源低碳转型的势头并不会因此而被扭转。

中国当前应该保持战略定力。中国经济进入新常态，能源消费也出现了较低的增长速度。2015 年能源消费总量约为 43 亿吨标煤，同比仅增长 0.9%，是 1998 年以来最低增速，能源消费换挡减速趋势明显。我们应抓住能源增量小的时机，在增量主要由低碳能源实现的同时，加大能源消费存量替代的力度，通过调整燃油税、环境税等手段，将低油价的成本优势转化为能源结构低碳化的动力，坚定不移地朝着能源生产和消费革命的道路上稳步前进，为构建低碳能源体系而努力。

参考文献

[1] 李俊峰，柴麒敏．论我国能源转型的关键问题及政策建议 [J]. 环境保护，2016, 9: 16-21.

[2] 李俊峰，柴麒敏，马翠梅，等．中国应对气候变化政策和市场展望 [J]. 中国能源，2016，38(1): 5-11.

[3] 李俊峰．以碳总量管理为抓手推动能源生产和消费的革命 [J]. 中国能源，2014，36(1): 5-7.

[4] 李俊峰．能源变革的背景问题与思考 [J]. 中国电力企业管理，2015，23:14-17.

[5] 李俊峰．以全球能源互联网应对国际气候变化 [N]. 国家电网报，2015-10-26.

国际能源署能源和气候变化特别报告解读

马翠梅　国家应对气候变化战略研究和国际合作中心统计考核项目部助理研究员
王　田　国家应对气候变化战略研究和国际合作中心统计考核项目部助理研究员
徐华清　国家应对气候变化战略研究和国际合作中心副主任、研究员

摘　要：根据 IEA《能源和气候变化——全球能源展望特别报告》，在现有 INDC 情景下，2030 年全球碳排放仍无法实现峰值，但如能采取更具雄心的政策措施，碳排放有望在 2020 年达到峰值。本文对报告中能源和排放等数据以及相关政策进行了初步解读和分析，得出报告低估了我国碳排放现状、高估了我国自主贡献（INDC）碳强度目标、衔接情景对发展中国家要求过高等结论，并建议加强对我国 INDC 目标的解读及相关宣传工作。

关键词：碳排放　自主贡献　排放情景

2015 年 6 月 15 日，国际能源署（IEA）发布了《能源和气候变化——全球能源展望特别报告》，该报告首次评估了各国已经及意向提交的国家自主贡献（INDC）对全球及能源部门碳排放的影响，以期为年底在巴黎举行的《联合国气候变化框架公约》第 21 次缔约方大会（COP21）及相关决策者提供支持。报告提出：在现有 INDC 情景下，2030 年全球碳排放仍无法实现峰值，但如能采取提高能效、废除化石能源补贴等更具雄心的政策措施，在不影响各国经济增长的前提下，碳排放有望在 2020 年达到峰值。结合我国政府 6 月 30 日正式提交的 INDC 目标，本文对报告中能源和排放等数据以及相关政策进行了初步解读和分析。

一、报告背景和主要内容

自 1994 年起，IEA 每年定期发布《全球能源展望》报告，根据年度最新数据对国际能源发展趋势进行预测，包括能源的需求和供应、能源价格、能源效率以及能源 CO_2 排放等。另外，IEA 还会根据政策和市场需要，不定期发布其他特别报告。

此次能源和气候变化特别报告，意在为年底将召开的巴黎气候大会提供决策支持。报告估算了 2014 年全球及主要国家的能源与碳排放现状，预测了 INDC 情景和衔接情景下 2030 年的排放情况，并为巴黎大会提出了“设定排放峰值目标”、“每隔五年修订一次国家目标”、“锁定长期排放目标”、“追踪监测减排行动”等四项全球政策措施建议。巴黎气候大会将在《联合国气候变化框架公约》上达成一个适用于所有缔约方、具有法律效力的协议，确定各国 2020 年后应对气候变化的贡献，即各国的 INDC，同时对 2020 年前发达国家进一步提高减排力度做出相关安排。因此，本报告意在通过评估各国提交的 INDC，对全球 2020 年后的减排力度、峰值时间及“2℃”目标能否实现进行分析和预测，促成各方在巴黎大会上达成有力度的全球协议。

根据各国已经及意向提交的自主贡献目标，报告对 INDC 情景下 2030 年全球排放情况进行了预测。报告分析了在 2015 年 5 月 30 日前已经提交 INDC 的国家减排目标，包括美国、欧盟和俄罗斯等 36 个国家和集团，其排放量占全球能源 CO_2 排放量的 34%；报告还分析了对意向提交或发表相关政策声明的 INDC 目标，如中国通过《中美气候变化联合声明》发表 2030 年左右实现峰值目标等；其他国家的 INDC 则采用《世界能源展望 2014》中新政策，其为各国已公布或实施的政策。

为强化 INDC 情景的减排力度，报告还提出了衔接情景用于促进全球减排转向实现 2℃温升目标路径。该情景主要依靠目前已有的成熟技术和政策，不会影响到 INDC 情景下的经济增长和社会发展，主要包含五项措施：提高工业、建筑和交通运输业能效（占额外减排量的 49%，下同）；禁止新建并逐步淘汰最低效燃煤电厂（9%）；2030 年对可再生能源投资额度提高至 4 000 亿美元（17%）；逐步淘汰化石燃料消费补贴（10%）；减少油气生产的甲烷排放（15%）。

二、全球碳排放现状

① 2014 年全球经济持续增长，但 CO_2 排放出现停滞迹象。据 IEA 初步估算，2014 年全球能源 CO_2 排放量为 322 亿吨，与上年度基本持平，与此同时 2014 年全球经济实现 3% 的增长，这意味着 40 年来，全球首次出现非经济衰退原因导致的排放停滞或下降。从国家集团和国别看，经合组织（OECD）国家排放量下降 1.8%，同期实现经济增长 1.8%，延续了近年来经济增长与能源碳排放脱钩态势。欧盟和日本的 CO_2 排放分别下降 6% 和 3%，而

美国不降反升 1%。中国自 1999 年以来碳排放首次下降，2014 年比 2013 年约减少 1.3 亿吨，碳排放总量同比下降 1.5%，这表明中国经济增长与排放上升之间的联系逐渐减弱。除 OECD 国家和中国外，其他国家 2014 年排放量约上升 2.9 亿吨。

②全球 2014 年可再生能源产能占发电新增产能一半，但对化石燃料补贴仍高达 115 美元 / 吨 CO_2 排放。2014 年国际油价大幅下跌，天然气和煤炭价格也明显下滑，但未损及可再生能源发展。2014 年，全球可再生能源投资继续维持在 2 700 亿美元高位，新增产能高达 128 吉瓦，占全球新增发电总产能的一半左右。其中，风电占可再生新增产能 37%，光伏发电占 1/3，水电占 1/4；中国风电新增产能为 20 吉瓦，依旧为全球最大风电市场。2014 年，全球碳市场覆盖 37 亿吨 CO_2，占全球能源碳排放的 11%，平均价格为 7 美元 / 吨，但由于 2014 年全球化石燃料消费补贴覆盖 42 亿吨碳排放，相当于平均每吨 CO_2 补贴金额为 115 美元，在一定程度上拉低了国际碳价。

③过去 30 年碳排放量激增，1988—2014 年的 27 年间排放总量与 1988 年之前所有年份累计排放量相当。2014 年，全球碳排放量为 1990 年的 1.5 倍，其中 1990—2000 年排放量年均上升 1.2%，2000—2014 年进一步上升到 2.3%。报告分析结果表明，与 1990 年相比，增加的 CO_2 排放量主要来自非 OECD 国家，2014 年非 OECD 国家的电力与热力生产、工业以及交通部门排放量均比 1990 年翻了一番，其中电热生产部门三分之二的排放量增长来自中国。报告认为，20 世纪初期能源排放几乎集中在欧洲和美国，而目前则集中在中国、美国、印度、俄罗斯、日本等少数国家。中国排放量增长迅速，2014 年中国人均能源活动 CO_2 排放为 6.2 吨，与欧盟相当，排放强度为 0.82 吨 CO_2/ 千美元，分别是美国和欧盟的 2.7 倍和 4.5 倍。

三、2030 年全球碳排放情景

①现有 INDC 目标对全球减排有一定贡献，但不足以实现 2℃温升目标。在 INDC 情景下，为实现 21 世纪末将温升控制在 2℃内，全球剩余碳预算将于 2040 年消耗殆尽，仅比没有 INDC 的情景推迟 8 个月左右。如果 2030 年后不采取进一步强化行动，INDC 情景下 2100 年全球平均气温将上升 2.6℃，2200 年进一步上升至 3.5℃，北半球陆地上平均气温甚至可能上升 4.3℃，城市地区上升幅度更大。

② INDC 情景下 2030 年全球能源碳排放达峰无望，但与经济增长关联减弱。在 INDC 情景下，预计 2030 年全球能源碳排放达 348 亿吨（表 1），比 2013 年上升 8%。期间全球经济可实现年均 3.8% 的增长，2030 年将比 2013 年增长 88%。与 2013 年相比，2030 年美国 CO_2 排放量下降 12 亿吨，绝对减排量居各国之首。非 OECD 国家排放份额将由目前的不足 60% 上升至 70% 左右，其中中国排放增速下降并将于 2030 年左右达峰，峰值约为 101 亿吨，是美国当年排放量的 2.5 倍；印度排放量将增加 65% 左右，但人均排放仍维持在当年全球

平均水平一半的 2.1 吨。

表 1　不同情景下全球及主要国家或集团能源 CO_2 排放量（亿吨）

	INDC 情景			衔接情景		
	2020	2025	2030	2020	2025	2030
全球	339	343	348	329	320	309
美国	50	44	40	49	42	36
欧盟	30	28	24	29	26	22
中国	96	99	101	93	92	89
印度	23	26	30	22	25	27

③衔接情景下 2020 年全球碳排放达到峰值，但仍无法实现 2℃温升目标。在衔接情景下，2020 年、2025 年和 2030 年全球能源 CO_2 排放分别比 INDC 情景下降 10 亿吨（3%）、23 亿吨（7%）和 39 亿吨（11%）（表 1），能源排放在 2020 年左右达到峰值，之后开始下降。2030 年，中国、印度、美国和欧盟排放量分别比 INDC 情景下降 12 亿吨、3 亿吨、4 亿吨和 2 亿吨。如不采取额外措施，衔接情景仍不足以实现全球 2℃温升目标，但可推进全球进入强化减排轨道，还可锁定并扩大目前部分地区排放和经济增长脱钩趋势。

④额外减排量主要来自发展中国家，其中中国贡献 28% 并需将碳强度年均下降 5.4%。与 INDC 情景相比，衔接情景下 2030 年全球进一步额外减排的 39 亿吨 CO_2 中，约 70% 来自发展中国家，其中中国一国的额外减排量占全球总量的 28% 左右。在衔接情景下，中国 2014—2030 年的碳排放强度年均下降幅度需提高到 5.4%，且在 2020 年就要达到峰值。从具体措施看，报告认为通过提高能效实现的额外减排量可占中国总额外减排量的 70% 左右，占全球通过该措施实现的额外减排量的近 40%。

⑤衔接情景下煤炭消费于 2020 年之前达峰，2030 年可再生能源在电力结构中的比例上升至 37%。衔接情景下需要遏制煤炭和油品消费增长，煤炭消费在 2020 年之前达到峰值，随后开始下降，石油需求在 2020 年之前一直增长，随后保持稳定。报告还指出，需进一步促进可再生能源使用，到 2030 年将发电构成中的可再生能源份额提升至 37%，比 INDC 情景提高 6 个百分点。另外，还需降低化石能源供应投资，提高可再生能源投资，能效投资每年上升到 6 500 亿美元，比 INDC 情景提高三分之一。

四、结论和建议

①报告中有关排放现状数据存在一定的不确定性，低估了我国碳排放总量。报告提出的 2014 年全球能源 CO_2 排放出现停滞，与上年度基本持平的结论，与其他国际机构目前已发布的 2014 年全球排放趋势依然上升的预估结果有所不同，英国 BP 公司发布的 2014 年全球化石能源 CO_2 排放量约为 355 亿吨，比 2013 年增长 0.5%。另外，报告中有关中国的排放

数据与我们根据调整后的能源消费总量及结构数据初步估算结果也存在较大差异：2013 年，我国能源 CO_2 排放量约为 92.6 亿吨，比报告中估算的 2013 年我国碳排放 87 亿吨高出 6.4%，且 2014 年二氧化碳排放量同比上升 0.8%，也与报告中同比下降 1.5% 结论有本质差异。

②报告分析的 INDC 目标尚不完整和准确，高估了我国碳强度目标。报告分析了 36 个国家提交的 INDC 目标，这些国家排放量仅占全球排放的 34%，国家数量和覆盖的排放比例均较少。对其他意向提交国家的目标判断偏差也较大，如报告根据《中美气候变化联合声明》中我国计划 2030 年左右 CO_2 排放达到峰值且将努力早日达峰，判断 INDC 情景下中国 2014—2030 年碳强度年均下降率为 4.7%，远高于根据我国 INDC 提出的 2030 年单位国内生产总值 CO_2 排放比 2005 年下降 60% ～ 65% 的目标和在 2014 年已下降 33.8% 的基础上，计算得到的 2014—2030 年碳强度年均下降 3.1% ～ 3.9% 的目标。

③衔接情景对发展中国家要求过高，凸显我国等发展中国家额外减排潜力。此次报告提出的衔接情景可以实现全球碳排放在 2020 年达峰，但绝大部分的减排努力都来自发展中国家。在衔接情景下，发展中国家 2030 年对额外减排量的贡献接近 70%，其中中国一国贡献就达 28%，碳强度年均下降率更高达 5.4%，这种倾向性结论不仅可能高估了我国额外减排潜力，也将全球能否在 2020 年达峰的主要责任推诿于发展中国家尤其是中国的努力。事实上，只有发达国家大幅提高其 2030 年前的减排目标，并率先走上绿色低碳发展道路，全球才有望尽早达到峰值。

④建议加强对我国 INDC 目标的解读及相关宣传工作。此次中国 INDC 的公布恰逢能源数据修订时期，国际机构在无法获取准确数据的情况下，难免会有估算和预断成分，再加上我国温室气体排放第一大国的身份，很容易对我国提出超越实际情况和能力的要求或期望。建议进一步深化、细化对 INDC 的解读工作，让国际社会充分了解我国为完成 INDC 所做的切实努力。同时，建议加强我国应对气候变化的统计工作，尽快建立国家应对气候变化公报制度，及时、准确发布相关数据和信息，有效宣传和引导国际舆论，为我国积极参与全球气候治理谈判，推动国内应对气候变化工作奠定良好的基础。

参考文献

[1] International Energy Agency.Energy and Climate Change – World Energy Outlook Special Report. Pairs: IEA Publishing, June 2015.

[2] 中美气候变化联合声明 . 北京，2014. http://news.xinhuanet.com/energy/2014-11/13/c_127204771.htm.

[3] International Energy Agency.World Energy Outlook 2014. Pairs: IEA Publishing, June 2014.

[4] British Petroleum. BP Statistical Review of World Energy 2015. London: BP Publishing, June 2015.

中国经济社会发展深度脱碳路径研究

刘　强　国家应对气候变化战略研究和国际合作中心战略规划部主任
陈　怡　国家应对气候变化战略研究和国际合作中心战略规划部助理研究员
郑晓奇　国家应对气候变化战略研究和国际合作中心战略规划部助理研究员
田　川　国家应对气候变化战略研究和国际合作中心战略规划部助理研究员

摘　要：当前全球已就2℃温升控制目标达成共识，各国为此都采取各种措施积极推动经济社会的深度低碳转型。我国政府在《强化应对气候变化行动——中国国家自主贡献》中已明确提出到2030年左右碳排放达峰和单位国内生产总值二氧化碳排放相比2005年下降60%～65%的目标。如何实现我国经济发展和碳排放的深度脱钩，将是未来工作和研究的重点。本文以此为研究对象，"自下而上"地分析了我国深度脱碳路径下2010—2050年的能源消费和碳排放变化趋势，对电力、工业、建筑、交通等重点行业和领域的深度脱碳路径进行了探讨分析，并从构建重大制度、制定产业政策、完善市场机制、强化公众参与等四方面提出了相关政策建议。

关键词：碳排放　峰值　深度脱碳　路径

一、研究背景

根据IPCC第五次评估报告的结论[1]，在将2100年相对于工业化前平均地表温度上升值控制在可能[1]低于2°C（简称"2度温升目标"）的条件下，全球剩余的CO_2排放空间已不

1　IPCC第五次评估报告中各项发现的确定性程度是基于各作者团队对基础科学认知水平的评价尽可能使用量化的可能性概率来表示的（从极不可能到几乎确定）。其中，几乎确定的概率为99%～100%、很可能的概率为90%～100%，可能的概率为66%～100%，或许可能的概率为33%～66%，不可能的概率为0～33%，很不可能的概率为0～10%，极不可能的概率为0～1%。

足 1 万亿吨 CO_2，若按当前全球碳排放增长趋势，这一排放空间将在未来 30 年内消耗殆尽。中国是全球最大的排放国，当前的碳排放量占全球总量的 27% 左右 [2]，而工业化和城镇化的继续推进将进一步助推我国能源消耗和 CO_2 排放的增长趋势，因此从某种程度来说，中国尽早实现能源消费和碳排放达峰将为全球实现 2 度温升目标起到十分积极的作用。毫无疑问，积极实现碳减排也将为我国治理空气污染、优化资源利用、保护人体健康等领域带来巨大的协同效应。正如国家主席习近平指出，应对气候变化是中国可持续发展的内在要求，也是负责任大国应尽的国际义务，这不是别人要我们做，而是我们自己要做 [3]。

继 2014 年在《中美气候变化联合声明》中首次公开提出 2030 年左右碳排放达峰的时间目标后，中国政府在 2015 年 6 月 30 日向《联合国气候变化框架公约》秘书处提交的应对气候变化国家自主贡献文件《强化应对气候变化行动——中国国家自主贡献》（简称《国家自主贡献》）[4] 中进一步提出了中国能源相关 CO_2 排放于 2030 年左右达到峰值并争取尽早达峰、单位国内生产总值 CO_2 排放（简称“单位 GDP 碳排放”）比 2005 年下降 60% ～ 65%、非化石能源占一次能源消费比重达到 20% 左右等 2020 年后强化应对气候变化行动目标，彰显了我国政府积极应对气候变化、走绿色、低碳、可持续发展道路的决心和态度。在落实我国已提出的减排目标的基础上，若能进一步加速我国的低碳转型，以更低的排放峰值和更快的碳减排速率完成现代化，将进一步提高我国经济社会发展的可持续性。因此，本文对我国中长期深度脱碳路径、特别是 2030 年后的深度碳减排潜力、减排路径、行业减排重点等进行了分析，以供政府制订我国中长期减排目标和相关政策时参考。

二、中国深度脱碳路径研究的方法学

本文利用国家应对气候变化战略研究和国际合作中心开发的中国低碳战略分析模型（SACC）对中国深度脱碳路径进行分析。该模型以 2010 年为基准年，涵盖电力、工业、建筑、交通等多个能源生产和消费行业（模型构架见图 1）。主要研究思路为：第一，在经济社会发展历史趋势分析的基础上，参考国内外主要研究机构的相关预测分析数据 [5-8]，提出本研究所需的 2050 年前人口、GDP 和城镇化率等宏观经济社会情景参数（表 1），并将能源、建筑、交通、工业等主要行业的历史发展趋势作为设定未来行业参数的重要依据。第二，在专家评议和文献调研的基础上，以“自下而上”的方式对深度脱碳路径下工业、建筑、交通三个终端行业能源活动水平、结构、效率、技术创新等的变化趋势进行分析，并得出我国的终端能源消费需求。第三，根据分析得出的终端能源消费需求，对电力行业进行能源技术优化分析，得到分品种的电力装机和发电量。第四，基于对能源生产和消费部门的减排潜力、减排技术、减排路径的研究分析，提出 2050 年前我国经济社会低碳转型的政策建议。

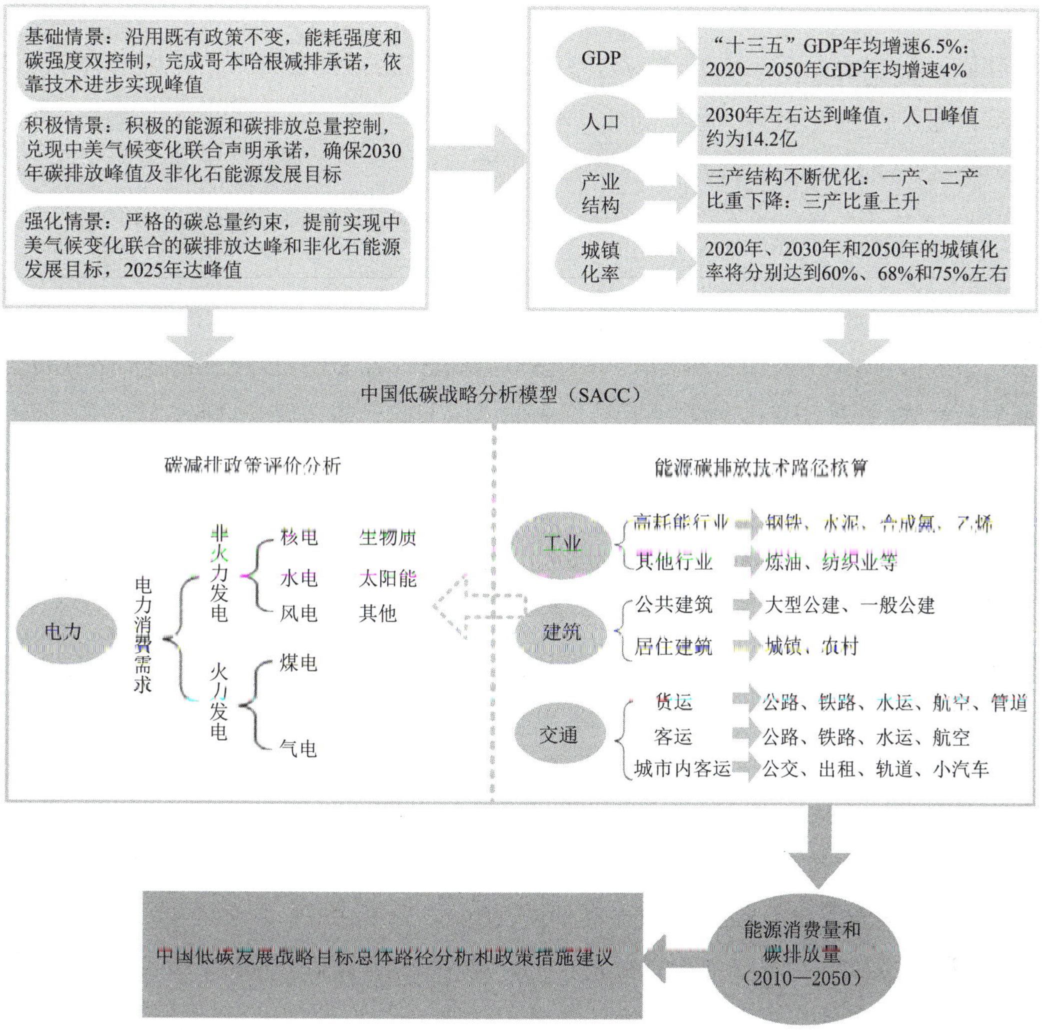

图 1　中国低碳战略分析模型框架图

表 1　中国经济社会发展参数

年份	2010	2020	2030	2040	2050
人口（亿）	13.41	14.00	14.20	14.02	13.53
人均 GDP（万元，2010 年不变价）	30 433	58 151	95 629	141 310	192 995
城镇化率	49.3%	60%	68%	73%	75%

三、深度脱碳路径下能源消费和碳排放变化趋势

深度脱碳路径下，我国的一次能源消费需求仍将在较长时间内保持上升趋势，在 2040 年左右达到 46.1 亿吨标油的峰值后逐步下降至 2050 年的 43.6 亿吨标油，经济增长和能源消费逐步脱钩（图 2）。相对应的，我国终端能源消费将在 2040 年达到约 32.2 亿吨标油的峰值，之后逐步回落至 2050 年的 29.7 亿吨标油。2050 年前，工业行业仍然是最大的终端能源消费

行业，但在终端能源消费中占比从2010年的67.2%下降到2050年的57.6%。与城镇化密切相关的建筑和交通两个行业，2050年的能源消费需求较2010年的涨幅达到130%和92%。上述终端行业能源消费占比的改变反映了我国经济产业结构的改变，随着工业化步入中后期，城镇化将取代工业化成为我国能源需求增长的主要驱动力。

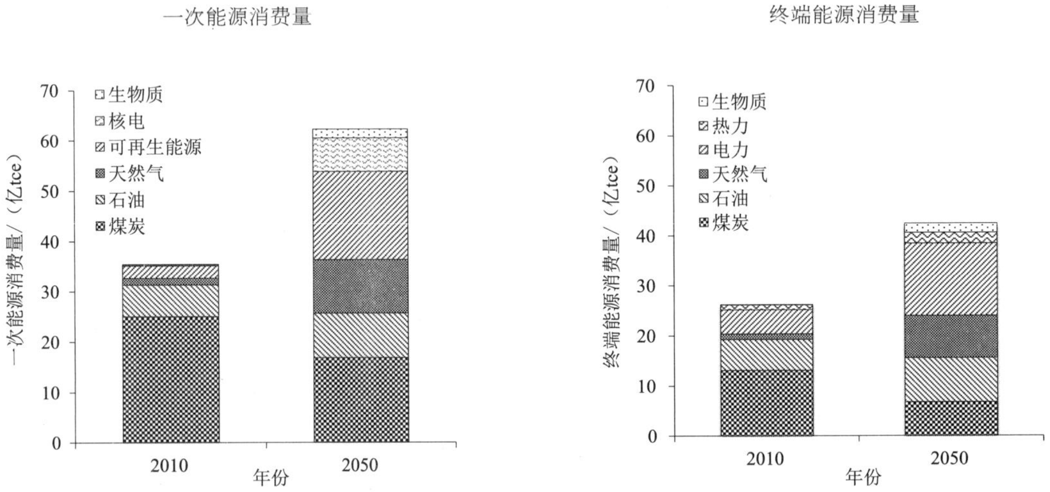

图2 2010年和2050年我国分品种的一次能源消费和终端能源消费量

在经济产业结构调整至更为合理的同时，我国的能源消费结构也显著趋于清洁化和低碳化。电力作为最清洁的终端能源品种将迎来巨大的发展，我国电力消费量将从2010年的3.93万亿千瓦时上升至2030年和2050年的8.90万亿千瓦时和11.77万亿千瓦时，带动电气化水平从2010年的18%上升至2030年的24%和2050年的34%，这意味着2050年我国人均用电量将达到约8 700千瓦时，接近发达国家的人均水平[9]。在电气化提升过程中，非化石能源发展迅速，其中核电和水电仍将保持稳步上升的发展态势，而在技术效率提升和成本下降的共同作用下，风电、太阳能等非化石电力将蓬勃发展，非化石电力在总发电量中占比将上升至2030年的43%和2050年的72%，非化石能源在一次能源消费中占比也上升至2030年的20.4%和2050年的42%，其中2030年将超额完成《国家自主贡献》承诺的20%左右的目标。此外，中国天然气供应的保障能力也将进一步加强，2050年天然气消费量将达到约8 000亿立方米，占到一次能源消费量的17%，较2010年消费水平上升约6倍。煤炭消费量在2020年左右达到约41亿吨的消费峰值，此后在约40亿吨的高位消费水平上保持约10年后逐步下降。2050年煤炭消费量在一次能源消费中占比下降至27%，与美国、德国2010年水平相当[10]。

在碳排放方面，能源相关碳排放在2030年左右达峰，峰值水平约为115亿吨CO_2，之后逐步降至2050年的52亿吨CO_2，回到2005年前的碳排放水平。单位GDP碳排放从2010年的1.99吨CO_2/万元下降至2030年的0.89吨CO_2/万元和2050年的0.21吨CO_2/万元。2030年后，单位GDP碳排放年均下降6.9%，远高于2030年前年均3.9%的下降速率，表明2030年后在经济增长与碳排放脱钩的同时，减排速率进一步加快。2030年，单位GDP

碳排放较 2005 年下降 65.1%，完成《国家自主贡献》承诺的下降 60% ～ 65% 的目标的高限值。在碳排放行业分布方面（图 3），虽然 2050 年工业行业碳排放较 2010 年下降超过 50%，但仍是届时我国最大的碳排放行业，而尽管城镇化的推进驱动建筑行业和交通行业的终端能源消费需求上升了 92% 和 130%，但由于两个行业电气化水平的提升和非化石电力在发电量中占比的提高，建筑行业和交通行业碳排放仅分别较 2010 年上升约 30% 和 67%，碳排放和能源消费增长呈现出脱钩趋势。

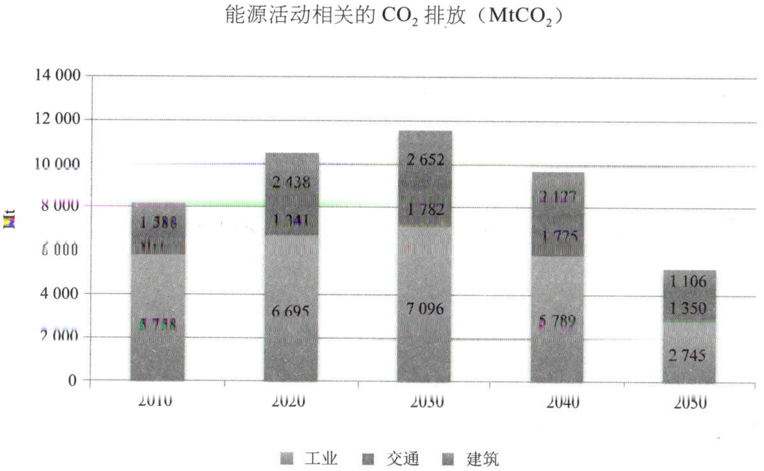

图 3　2010—2050 年能源碳排放的行业分布

通过 Kaya 公式对碳排放进行 GDP、单位 GDP 能耗、单位能耗碳排放三因素分解（图 4）发现，与 2010 年相比，2050 年单位 GDP 能耗和单位能耗碳排放分别下降 73% 和 63%，抵消了 GDP 的 6.4 倍的增长，单位 GDP 能耗和单位能耗碳排放的快速下降也成为中国低碳转型和实现深度脱碳路径的关键。从时间效应上看，与单位 GDP 能耗下降在整个时间段内分布较为均匀不同，单位能耗碳排放的下降对碳排放控制的作用集中在 2030 年之后开始显著显现，主要原因是 2030 年之后可再生能源的高速扩张和二氧化碳捕集、利用与封存技术

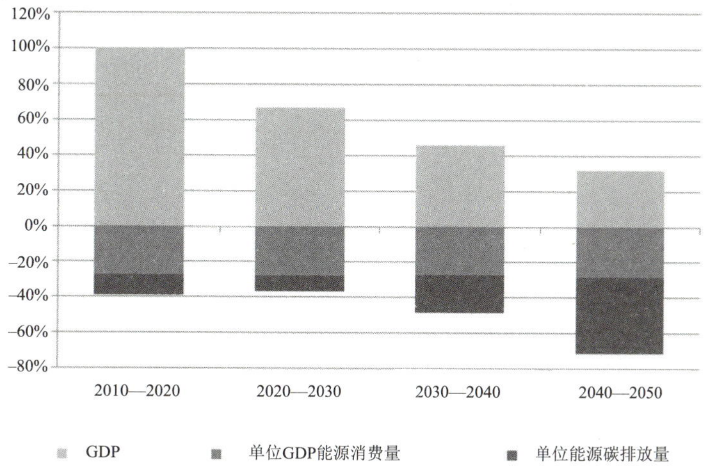

图 4　2010—2050 年碳排放增长的驱动因素分析

（CCUS）的大幅应用。2050 年，CCUS 埋存量总计达到约 27.4 亿吨 CO_2，其中电力行业和工业分别贡献 19.7 亿吨 CO_2 和 8.7 亿吨 CO_2，较未采取 CCUS 技术条件下的碳排放量下降了约 32%。

四、深度脱碳路径的分行业低碳发展重点

作为清洁、高效、便利的终端能源载体，电力将逐步成为未来终端用能的主要方式，因此电力行业的低碳化对于实现深度脱碳路径起着至关重要的作用。电力行业低碳发展的关键主要包括实现从火电主导向非化石电力主导的转变和推动 CCUS 在火电领域的广泛应用。在推动火电向非化石电力主导转变方面，通过稳步推进传统小火电的淘汰退出和高效火电技术的替代，以及加强外送通道规划建设、解决可再生能源消纳等措施，非化石电力在总发电量中占比可大幅提升，到 2020 年、2030 年和 2050 年非化石电力在发电量中占比分别达到 34%、43% 和 72%。在推动 CCUS 发展方面，积极推进 CCUS 技术的商业化利用，并通过推行电力行业碳排放标准等方式强化 CCUS 在火电设施上的应用，到 2050 年，加装 CCUS 的火电装机在火电总装机中占比可达到 75%，年度减排能力达到 18 亿吨 CO_2。通过上述措施，电力排放因子从 2010 年的 741 克 CO_2/ 千瓦时将下降至 2050 年的 68 克 CO_2/ 千瓦时，降幅超过 90%。

从终端用能行业来看，2050 年前，工业仍是我国最大的能源消费和碳排放行业，且工业行业的低碳化主要围绕产业结构调整、能效提升、燃料转换和加装 CCUS 等方式进行。一方面，通过加快传统工业升级转型、延伸传统工业产业链、依法依规淘汰落后产能、大力培育战略性新兴产业等措施，积极推动产业结构转型，“三产”结构将由 2010 年的 9.2% ： 42.6% ： 48.2% 优化至 2050 年的 2.2% ： 33% ： 64.8%。另一方面，通过工业设备的改造升级、高效技术的创新应用、资源综合利用和高效管理等方式，工业能效水平将大幅提升。在二者的共同作用下，到 2050 年，工业的单位增加值能耗可在 2010 年基础上降低 75%，达到当前欧盟的平均水平，这将使 2050 年工业增加值增长 4.3 倍的条件下终端能耗仅上升 39%。通过煤改气、煤改电等措施，天然气和电力占工业行业能耗的比重分别从 2010 年的 3% 和 21% 上升至 2050 年的 21% 和 39%，而同期煤炭占比从 61% 下降至 22%。通过推动 CCUS 在水泥、钢铁、化工等能源密集型行业的商业化应用，到 2050 年工业行业的碳捕集率达到约 20%。综合上述措施，到 2050 年，工业行业的碳排放量[2]将降至 27 亿吨 CO_2，较 2010 年下降约 52%。

随着城镇化的推进和人民生活水平的不断提升，建筑行业在较长时间内将保持持续增长态势，并成为我国能源和碳排放增长的重要驱动力。在深度脱碳路径下，控制服务量的合理增长、提升能效、强化低碳能源的利用和严格控制“大拆大建”等将成为建筑行业低碳发展的主要方向。首先，通过有效的政策调控和加强低碳消费的宣传引导，力争使 2050 年人均公共建筑面积和人均居住面积分别控制在约 13 平方米和 37 平方米，较 2010 年分别上升约 9

2 此处工业行业碳排放量包含了其电力消费的间接碳排放量。下文的建筑和交通领域碳排放量亦同。

平方米和 7 平方米，相当于当前主要欧盟国家（德国、法国）的水平。其次，积极提高建筑能效，一方面推广高效照明、制冷等节能技术和产品的应用，另一方面提升绿色、低碳建筑在新建建筑中占比，推动既有建筑节能低碳改造并提升供热系统的保温水平，使 2050 年北方地区供暖能耗较 2010 年下降 50% 以上。最后，通过价格等市场手段引导居民用能结构优化，推动电力、热力、天然气、分布式能源等低碳能源在终端能源中占比，使电力、天然气占比分别从 2010 年的 24% 和 8% 分别上升至 2050 年的 47% 和 27%，而同期煤炭占比则从 42% 下降至 13%。综合上述行动措施，建筑领域碳排放量将在 2030 年达到 26.5 亿吨 CO_2 的峰值后较快下降至 2050 年的 11.1 亿吨 CO_2。

交通出行需求的上升是交通行业能源消费和碳排放增长的主要驱动力。深度脱碳路径下，交通行业的低碳转型重点包括控制交通服务量合理增长、优化交通运输结构、提高交通运输工具效率和提升低碳能源的利用水平。通过积极建设公共交通优先的城市交通系统，制定合理的价格政策引导居民出行倾向慢行系统和公共交通，合理控制城市私人交通出行需求。到 2050 年，万人公交车拥有量达到 12 辆，相比 2010 年增加至少 3 倍以上，千人汽车拥有量控制在 300 辆以内。通过建设现代综合交通运输体系、合理配置运输资源，推动货运重载依托铁路和水运方式、散货运输依托公路的货运运输模式，长途客运以铁路、民航为主，短途客运以城铁、公路协同的低碳化运输组织模式，到 2050 年水运、铁路在货运量中占比分别达到 45% 和 25%。通过大力推广智慧交通运输技术，加强节能低碳技术产品应用，能有效提高交通运输工具的燃料经济性，到 2050 年，单位货运、客运周转量能耗相比 2010 年降低 38.7% 和 55.5% 以上。通过推动交通工具的技术创新和应用，大规模推广先进的电动汽车、氢能汽车、燃料电池汽车以及生物液体燃料汽车等清洁能源技术，到 2050 年，新能源汽车在客运汽车中占比将达到 60% 以上。综合上述行动措施，交通领域的碳排放量在 2030 年达到 17.8 亿吨 CO_2 后将逐步下降至 2050 年的 13.5 亿吨 CO_2。

五、关于深度脱碳路径研究的不确定性分析

深度脱碳路径描绘了我国社会经济发展深度低碳转型的一种可能路径，但综合考虑我国未来社会经济发展的国际国内环境，该路径仍存在诸多挑战和不确定性。

①我国未来 GDP 增长的不确定性。二氧化碳排放达峰的先决条件是 GDP 增长率低于单位 GDP 碳排放下降率。作为我国未来能源消费和碳排放的重要决定性因素，GDP 增长率直接影响到我国未来能源消费和碳排放的达峰时间和峰值水平。考虑到经济新常态下我国经济增长将进入深度调整期，当前国际和国内学者对于我国经济增长率将保持在何种水平仍存在较大的意见分歧，这也为分析我国深度脱碳路径带来了较大不确定性。

②产业结构和发展转型的不确定性。当前第二产业碳排放占我国碳排放的 70% 以上，一些高耗能产业又占第二产业碳排放的 70% 以上，未来产业结构优化升级是我国节能减碳

的重中之重。考虑到当前在不少地方推动经济快速增长仍然是当地发展的主要目标，而加快工业增长特别是重工业增长仍是拉动经济增长的主要途径，若包括煤电、钢铁、水泥、电解铝等过剩产能不能得到有效处理、工业行业技术创新能力不能得到增强，将显著影响到单位GDP能耗下降速率，并导致能源消费和碳排放的达峰的延迟出现。

③能源低碳发展的不确定性。我国未来的低碳发展必须建立在非化石能源高速发展的基础上，但维持高速的非化石能源发展并非易事。考虑到2030年左右可以开发利用的水电资源已经开发完毕，届时非化石能源增长将主要依靠风能、太阳能和核能的快速发展。尽管风能和太阳能具有较大潜力，但必须建立在解决长距离输送、电网稳定等一系列前提基础上，而核电也由于安全问题目前仍面临着发展前景的不确定性，这也为我国深度低碳转型带来了不确定性。

④城镇化隐含着的未来能源消费和碳排放的巨大不确定性。一方面，当前中国人均用能是美国的1/3和欧日的60%，明显低于发达国家水平；另一方面，中国农村地区经济和能源消费水平与城镇还存在很大差距，如何合理控制和满足城镇化过程中由于农村人口转变为城镇人口、农村生活水平向城镇靠近和中国城镇生活服务需求水平的进一步提升所带来的能源消费需求增长，将成为控制我国能源消费和碳排放量增长的关键因素之一。在深度脱碳路径下我国必须在接近甚至远低于发达国家服务量水平的基础上完成现代化，若不能从制度、政策、市场等方面对低碳生活消费方式加以合理引导，上述与城镇化低碳发展的相关指标将难以满足，我国的碳排放量达峰的目标也将难以完成。

⑤ CCUS技术发展的不确定性。CCUS是中国在远期实现深度脱碳的关键性技术之一。在深度脱碳路径下2050年CCUS共将实现约27亿吨CO2的埋存量，较未采取CCUS技术条件下的碳排放量下降了约32%。但基于CCUS发展的现状分析，其发展还面临包括战略政策、融资、技术等多方面的挑战，当前全球CCUS示范工程仍然面临“计划得多、实施得少”、“利用多、埋存少”的现状，而在商业化阶段之前仍需经历较长时间的项目试点、试验示范、投资建设等过程，未来CCUS能否达到深度脱碳路径的预期发展规模仍存在较大的不确定性。

六、政策建议

①构建有利于我国低碳发展的重大制度。在当前能源强度（单位GDP能耗）和碳强度（单位GDP碳排放）两大强度控制的基础上，逐步过渡至全国能源消费总量控制和碳排放总量控制两大总量控制手段，并形成分阶段、分地区、分行业低碳发展目标的倒逼机制，以碳排放峰值和非化石能源目标倒逼能源系统和产业结构低碳快速转型。

②构建并完善具有明确低碳导向、符合不同行业发展特征的产业政策体系。针对处于研发、示范阶段的低碳技术和产业，提高资金支持的力度和稳定性，完善相关基础设施建设，推动技术研发创新和示范项目的落地；针对处于推广应用阶段的产业，在完善相关技术标准

的同时适时推动出台与碳排放相关的国家标准，并将政策优惠与碳排放达标情况挂钩，提高行业企业提升技术水平、降低碳排放的动力。

③强化市场机制在引导经济低碳转型方面的作用。第一，构建具有低碳发展导向的能源价格体系，加快推进能源价格的市场化，完善水电、核电及可再生能源电价定价机制，理顺天然气与可替代能源比价关系和煤电价格关系，促进能源价格市场化。第二，加强低碳投融资机制和金融产品创新，降低低碳产业和技术发展融资成本。第三，稳步推进全国碳排放交易市场的建设，在完善法律法规、完善管理制度、提高监管能力等的基础上，分步将工业、建筑、交通等重点行业和领域的企业纳入碳市场交易，以较低减排成本实现碳减排。

④积极引导全民践行低碳生活和消费方式。第一，在全社会提倡节约型消费，逐步从面子消费、奢侈性消费转向节约型消费、理性消费、绿色低碳消费。第二，通过完善低碳或绿色标准标识、出台激励措施等方式，引导居民购买符合标准的产品。第三，加强对企业社会责任履行意识的引导与培养，鼓励企业增强自主创新能力，开发低碳技术、研制低碳设备、生产低碳产品，满足市场对低碳节能产品不断增长的消费需求，同时加强对企业碳排放的监督，鼓励企业披露碳排放信息，引导更多企业向低碳转型。

参考文献

[1] IPCC. 2014: Summary for Policymakers. In: Climate Change 2014: Mitigation of Climate Change. Contribution of Working Group III to the Fifth Assessment Report of the Intergovernmental Panel on Climate Change. [R]. Cambridge University Press, Cambridge, United Kingdom and New York, NY, USA.

[2] Carbon Dioxide information Analysis Center, Oak Ridge National Laboratory, US Department of Energy. Global, Regional, and National Fossil-Fuel CO_2 Emissions in Trends[EB/OL]. http://cdiac.ornl.gov/trends/emis/em_cont.html, 2013.

[3] 张高丽 . 凝聚共识　落实行动　构建合作共赢的全球气候治理体系 [EB/OL]. http://www.fmprc.gov.cn/ce/cegv/chn/zjwjwjh/t1194752.htm，2014-09-24.

[4] 中华人民共和国国家发展和改革委员会 . 强化应对气候变化行动——中国国家自主贡献 [EB/OL]. http://www.fmprc.gov.cn/ce/cegv/chn/zywjyjh/t1194752.htm，2015-06-30.

[5] United Nations. World Population Prospects [EB/OL]. http://esa.un.org/unpd/wpp/, 2015-07-30.

[6] 2050 中国能源和碳排放研究课题组 . 2050 中国能源和碳排放报告 [M]. 北京：科学出版社，2009.

[7] 中国能源中长期发展战略研究项目组 . 中国能源中长期（2030、2050）发展战略研究 [M]. 北京：科学出版社，2011.

[8] Asa Johansson,et.al. Looking to 2060:Long-term global growthprospects[EB/OL]. OECD Economic Policy Papers, 2012-11.

[9] World Bank. World Bank Index[EB/OL]. http://data.worldbank.org/data-catalog/world-development-indicators/, 2015-07-30.

[10] Bp. Statistical review of world energy 2015 [EB/OL]. http://www.bp.com/en/global/corporate/energy-economics/statistical-review-of-world-energy.html.

奥巴马政府近期国际气候政策动态及分析

祁　悦　国家应对气候变化战略研究和国际合作中心国际合作部助理研究员
樊　星　国家应对气候变化战略研究和国际合作中心国际合作部研究实习员
陈　济　国家应对气候变化战略研究和国际合作中心国际合作部助理研究员

摘　要：美国在应对气候变化国际进程中一直发挥重要的作用，巴黎会议之后，奥巴马总统在任期最后一年仍不断努力推动气候变化国际进程，保持积极的合作势头并为落实《巴黎协定》营造良好的氛围，此外，美国还先后与加拿大、阿根廷、中国和欧盟签署气候变化和能源相关的联合声明，对其关切的问题各个击破。本文通过对奥巴马政府国际气候政策近期动态的梳理和对几份联合声明的比较，识别出其在气候变化领域的主要关切，分析总结奥巴马政府国际气候政策的特点，并以此为基础为中国参与全球气候治理和深化中美气候合作提出了政策建议。

关键词：气候变化　国际合作　奥巴马　联合声明

应对气候变化是奥巴马总统执政期间美国在外交领域推动的重要议题之一。过去几年，美国在全球气候治理领域彰显了其卓越的全球领导力，通过与主要国家密切沟通和磋商，美国不仅加强了双边气候能源务实合作，也有力推动了《联合国气候变化框架公约》（简称《公约》）的谈判进程，为《巴黎协定》的达成做出了重要的积极贡献。巴黎会议之后，美国在气候变化领域的努力并未减弱，特别是在国际政策方面，美国相继与加拿大、阿根廷、中国和欧盟发表了应对气候变化相关联合声明，国务卿克里也出席了2016年4月22日在联合国总部举行的《巴黎协定》签署仪式，美国积极推动《巴黎协定》生效和其他相关多边进程取得进展，并不断深化与各方的双边气候合作。奥巴马政府的国际气候政策不仅为美国赢得了国际社会的肯定，也有效维护了其国家利益，为美国未来的气候外交奠定了基础，对于中国参与全球气候治理以及进一步深化中美气候变化合作等亦具有重要的借鉴意义。

一、巴黎会后奥巴马政府继续推动气候外交，为落实《巴黎协定》营造积极氛围

2015 年底的巴黎气候大会成功举行，会后各方都积极推进《巴黎协定》的生效和落实，奥巴马政府也保持了近年来的积极姿态，通过多边和双边渠道采取了一系列行动和措施。在多边机制方面，美国在 2016 年 4 月 22 日联合国举行的签约仪式上签署了《巴黎协定》，奥巴马出席了 5 月举行的七国集团峰会，美国及其他各国首脑一致同意为推动《巴黎协定》于 2016 年年内生效而努力。

在推动双边气候外交方面，2016 年 3 月 10 日，奥巴马访问加拿大期间与加拿大总理发布了名为《气候变化、能源和北极事务领导力》的联合声明[1]，强调在美加密切友好合作的基础上继续深化在气候变化、能源和北极事务上的合作，就落实《巴黎协定》、加强国内行动协调、推动全球气候行动、清洁能源合作以及北极事务领导力等问题发表了共同看法。

2016 年 3 月 23 日，奥巴马总统在其对阿根廷进行国事访问期间，与新任阿根廷总统共同发布了关于美阿合作的备忘录，[2] 被西方媒体广泛报道。作为新自由主义的代表，阿根廷新任总统马克里的当选使人们对阿根廷在内政外交各个方面的转变和革新有特别的期待。目前阿根廷已不再参与立场相近发展中国家的协调，且在全面推进与美合作的背景下，阿根廷就美国在气候变化问题下推动的议题都做出了积极回应，合作备忘录也涵盖了落实《巴黎协定》、削减 HFCs、国际航空减排、电力部门改革和可再生能源发展、非常规油气的安全发展、清洁能源领导力、民用核电合作、水电合作、海洋保护和研究等主要内容。

近年来，中美两国在气候变化方面也开展了积极有效的合作，巴黎气候大会之前，奥巴马总统和习近平主席已经在 2013 年 6 月安纳伯格庄园共识的基础上，分别于 2014 年 9 月和 2015 年 11 月签署了气候变化元首联合声明，共同宣布了各自 2020 年后气候行动目标以及关于巴黎气候大会谈判关键问题的共识，并不断深化双边气候变化务实合作和推动全球气候合作与行动。2016 年 3 月 31 日，在联合国举行的第四届核安全峰会期间，美国同中国发表第三次元首气候变化联合声明，[3] 推动《巴黎协定》的签署和批准，并就削减 HFCs、国际民航减排温室气体、海外低碳投资标准等问题发表了看法。同年 6 月，中美第八轮战略和经济对话在北京举行，两国在气候变化和能源领域合作也取得了卓著的成果，对话期间还通过了中美气候变化工作小组 2016 年的工作计划，在原有的 8 个合作领域基础上继续拓宽和深化两

1 https://www.whitehouse.gov/the-press-office/2016/03/10/us-canada-joint-statement-climate-energy-and-arctic-leadership

2 https://www.whitehouse.gov/the-press-office/2016/03/23/fact-sheet-united-states-–-argentina-relationship-0

3 https://www.whitehouse.gov/the-press-office/2016/03/31/us-china-joint-presidential-statement-climate-change

国气候变化合作。[4]气候变化已经成为中美双边关系中的亮点和支柱，国际气候进程也离不开中美两国的支持与推动。

2016年5月4日，在第七次美国—欧盟能源理事会会议上，美欧发布了关于能源气候变化的联合声明[5]，声明主要包括两方面内容，一是促进能源安全和市场化，二是应对能源脆弱性、清洁能源转型和实现气候变化目标，双方就可持续发展目标下的能源目标、美国取消油气出口禁令、G20取消对低效化石能源的补贴、低碳能源和能源政策的研究开放等细节问题都进行了讨论。

二、推动落实《巴黎协定》的同时，奥巴马政府对其关切的核心问题采取各个击破的策略

虽然落实《巴黎协定》仍占据了奥巴马政府国际气候政策中最重要的位置，但在与各方的双边磋商中奥巴马政府也兼顾了其他有重要关切的议题，采取了各个击破的策略推动相关进展，如国际民航减排、削减HFCs生产和煤电海外投资标准等。

1.《巴黎协定》的签署、生效和落实

巴黎会议后，各方都表示要积极推动《巴黎协定》生效落实，尽快完成签署和加入程序。与美国签署了联合声明的各方也均于2016年4月22日在纽约联合国总部举行的高级别仪式上签署了《巴黎协定》。由于《巴黎协定》中并不涉及需要通过立法来实施的条款，奥巴马可以以总统行政命令的方式在余下任期内完成美国批准并加入《巴黎协定》的相关程序。与巴黎气候大会之前的关注不同，今年发布的联合声明更着力于保持对全球应对气候变化进程的政治推动力，而并未过多涉及谈判进程中的关键问题。

落实《巴黎协定》的另一项重要内容是推动国家自主贡献的实施。在这方面，美国与上述国家也均表示将采取有力的国内行动，并进一步分享经验，强调在清洁和可再生能源开发应用等领域加强合作。例如，美加在联合声明中特别强调了油气开发部门的甲烷减排领域的合作；在削减HFCs方面，除了在国内采取更新政府采购程序等措施之外，美加还将继续支持一系列活动逐步替代具有高全球增温潜势（GWP）值的HFCs应用，并推动和优化相关的绿色技术；美阿在联合声明中特别提到了两国在非传统化石能源开发领域的合作；在美欧联合声明中，能源理事会强调了美国于2015年解除了原油出口禁令，这将积极推动双方在加强能源安全和能源低碳化领域的合作；此外，美国和加拿大在联合声明中还提到将一道为其他国家实施自主贡献提供支持。

4 http://news.xinhuanet.com/2016-06/08/c_1119007842_4.htm

5 http://www.state.gov/r/pa/prs/ps/2016/05/256883.htm

2. 美国关切的其他气候变化相关议题

关于《蒙特利尔议定书》（简称《蒙约》）下削减氢氟碳化物（HFCs）的修正案。根据2015年《蒙约》缔约方大会达成的“迪拜路线图”，各方将于2016年达成关于全球削减HFCs的修正案。虽然HFCs是对制冷、泡沫等行业此前所用的对臭氧层有破坏作用的产品的替代品，但很多HFCs产品具有较高的全球增温潜势值，是《公约》和《京都议定书》下管辖的温室气体。随着全球碳约束趋紧，各方对控制HFCs的生产和使用的关注逐渐上升。目前，关于削减HFCs的国际谈判主要有两大问题，一是HFCs作为一种温室气体其管辖权究竟属于《公约》及其议定书还是《维也纳公约》及其《蒙约》；二是如何处理削减HFCs生产和消费对发展中国家的产业影响。目前，HFCs替代产品的专利大部分由美国和日本公司掌握，发展中国家相关企业前期在生产设备上的投入以及后期需要支付的专利使用费用都是其重要关切。

关于国际民航组织（ICAO）下建立促进减少温室气体排放的全球市场机制措施。ICAO第38届大会决定制定全球市场机制措施（GMBM）以实现“国际民航业2020年后碳排放零增长”的目标，并将相关方案提交2016年第39届大会审议。目前，大会主席已经根据此前磋商的情况提出了一版案文，谈判中的焦点问题是如何在方案中平衡处理“共同但有区别的责任原则”和“非歧视原则”。美国、欧盟等发达国家强调“非歧视原则”，即执行同一航线所有航空公司应获得同等的对待，不以国家进行区分；中国等发展中国家则强调应对气候变化问题应遵循“共区原则”，并在《巴黎协定》确定的“自下而上”的框架下以“自主贡献”的方式来促进国际民航减排。

在G20框架下加强气候变化和能源合作。G20国家的国内生产总值约占全球的85%，碳排放约占全球总量的90%。美国、加拿大、阿根廷、中国以及欧盟主要国家都是G20成员，对借助G20的平台推动气候变化进程也持积极态度，美加在联合声明中提出要推动达成一个“元首层面的共识”以提高载重汽车的环境标准；美欧联合声明中提出希望在G20峰会上就在WTO下达成环境产品协议（EGA）方面达成共识，并强调推动G20国家取消对低效化石能源的补贴；美中和美阿则仅就加强G20框架下气候、能源和可持续发展领域的合作发表一般性的声明。

关于海外煤炭发电投资标准。近十年来，美国一直推动制定并实施统一的煤电海外投资标准，并强调这对于推动全球绿色低碳发展、确保环境完整性有重要的意义。在OECD范围内，美国的提议曾遭到日本、澳大利亚等煤电出口大国的反对，直至2015年11月才最终达成协议，制订了首个关于利用出口信贷支持燃煤电厂的多边标准，对出口煤电设备的效率、环境标准等做出了更严格的限制。中国煤电设备出口总量较大，增速较快，且随着中国持续推动国际产能合作，对煤电设备的出口规模和信贷支持力度不断增加，美国通过应对气候变化相关磋商将该议题上升到元首共识的高度，无疑将进一步给中国的相关行业和部门带来压力。

关于在G7框架下深化应对气候变化与能源的合作。美欧在G7框架下强调能源安全及可再生能源发展领域的合作，在核安全问题上，也特别强调了G7达成的关于切尔诺贝利和乌克兰的行动倡议；美加则强调利用G7下关于气候与安全工作组工作，将气候变化问题作为外交、防御和发展议题来看待，通过充分的分析提出有实践意义的建议，并开展有意义的合作，一起帮助其他国家应对气候变化带来的安全和脆弱性问题。

关于建立北极地区问题的新的领导力伙伴关系。美加在联合声明中强调北极是应对气候变化的前线，两国要建立新的领导力伙伴关系，与其他有兴趣的国家一道，应对北极地区面临的挑战。除了保护生物多样性、支持土著人和土著社区等，在其新倡议中两国也提出了与经贸、商业等密切相关的问题。其中，美加宣布要在2016年建立一个基于科学的北极商业行为规范标准，以确保北极地区的商业行为如渔业、海洋运输和油气勘探开发等能够满足最严格的安全和环境标准，这项标准对于全球各国开发和利用北极资源都将产生重要的影响。

三. 奥巴马政府采取了积极有效的国际气候政策，体现了其国家利益，也为美国未来的气候外交奠定了良好的基础

应对气候变化在奥巴马政府的国内外政策中均占有重要的一席之地，尽管美国总统大选的结果将在几个月之内揭晓，但不论是谁当选，奥巴马政府实施的国际气候政策都已为美国未来的气候外交奠定了基础。通过分析上述联合声明，我们总结了奥巴马国际气候政策的几个特征：

①不断强化“双边共识推动多边进程”的成功模式。巴黎会议的成功经验之一就是以双边共识为多边成果的达成打下坚实基础，会前美国、法国、德国、欧盟及巴西、印度、中国等分别发布了一系列联合声明，一方面向国际社会释放出了积极的合作信号，同时也是向各方阐述对谈判关键问题的看法，最终的协定中也采纳了中美、中法、德巴等联合声明中的很多表述。美国也正继续以这种方式推动ICAO、《蒙约》和北极事务等方面的相关工作。

②通过积极的双边气候外交，巩固政治遗产。尽管美国的历史累积排放显著高于全球平均水平，减排目标的力度也饱受质疑，且在国内推行应对气候变化行动频频受阻，但是奥巴马政府在国际层面依然树立了积极的姿态和形象。通过频繁的双边外交并充分发挥自身的国际领导力，奥巴马政府成功打造了在气候变化国际合作领域的政治遗产。

③强调制定规则过程中的话语权和影响力，将全球治理落到实处，确保国家利益。在气候变化谈判中，美国对于原则性的表述方面灵活性则相对更大，但对于规则和标准制定，包括《巴黎协定》下减缓义务、透明度规则、海外煤电项目标准、北极商业行为标准、国际民航市场机制设计等，基于对自身利益的维护美国对此更为关切。在国际合作中，各国的行动也都需要通过相应的规则和标准来约束，利益也都在这些规则和标准的制定过程中体现，而规则和标准是各方全球治理理念最重要的承载。

④通过建立气候变化与经济贸易等其他重要国际议题之间的联系发挥气候外交的外溢效益。在应对气候变化的框架下，美国积极推动关于海外煤电投资、北极商业项目、WTO

环境产品协议等议题，为达成相关协议寻求突破口。

⑤弱化《公约》在应对气候变化国际合作中的主渠道作用。近年来，《公约》进程的效率和效果受到了不少质疑，很多发达国家都希望通过其他多边机制或者“俱乐部”形式的对话机制解决气候变化问题，但大多数发展中国家则认为只有在《公约》下才能全面地反映各方对气候变化的关切，平衡处理减缓和适应的问题，做出兼顾各方利益的决策。美国一直积极推动在《蒙约》下处理削减 HFC 的问题、在 ICAO 下解决国际民航减排的问题，这些都是为了弱化《公约》的作用，而这样的先例一旦形成，《公约》就面临更大的“空壳化”的风险。

四．相关建议

随着国力不断提高，中国在参与全球气候治理方面已受到了广泛的关注，且具有相当的影响力。在做好国内应对气候变化相关工作的同时，中国更需要在气候外交领域主动作为。借鉴美国的国际气候政策经验，我们对中国开展气候变化国际合作提出以下四点建议。

第一，要以应对气候变化为抓手，积极参与全球气候治理和不断深化中美合作关系。气候变化是全球可持续发展议程中的重要组成部分，也是中美构建新型大国关系的重要依托领域，中国应把握全球低碳发展的趋势和契机，发挥自身在气候变化领域的影响力，提高在国际进程中的话语权和影响力，并不断强化气候变化在双边关系中的正面作用，通过积极的气候外交展现负责任的大国态度和深入参与国际事务。

第二，应重视技术层面谈判工作，在规则和标准制定过程中争取更大的话语权。落实《巴黎协定》仍需对很多细节问题和规则进行谈判，包括 2020 年后的透明度机制规则、全球盘点的程序规则等，随着应对气候变化的意识不断提高，其他多边机制下也将开展相关的规则制定工作，这些规则将最终对国家利益产生影响。为此，应充分重视后续的规则谈判，培养技术人才队伍，全面深入分析国际气候合作中涉及的技术问题，充分考虑其可能对中国产生的影响，制定细致完备的应对方案，切实保护国家和国内相关产业、企业的利益。

第三，应加强与其他发展中国家协调，继续维护《公约》的主渠道地位。在应对气候变化问题上，《公约》的原则和规定为发展中国家保留了应有的灵活度，是保障发展中国家权益的重要屏障，很多发展中国家也需要借助《公约》平台表达诉求和解决问题，中国应巩固发展中国家战略依托，推动《公约》下进程，在兼顾各方关切的基础上取得积极进展，继续发挥“主渠道”作用。

第四，应持续关注奥巴马政府及美国未来的气候政策，加强分析研究，为中国参与全球气候治理和深化中美气候合作提供支持。奥巴马政府在气候外交领域取得了积极成果，即使总统换届后，其奠定的政策基础对未来美国气候变化国际战略也将产生深远影响，对中国开展相关工作有积极的借鉴作用，加强对奥巴马政府及美国未来的气候政策研究也是中国做好相关应对准备的关键。

应对气候变化国际合作进程的回顾与展望

张晓华　联合国秘书长办公厅应对气候变化高级政策顾问
祁　悦　国家应对气候变化战略研究和国际合作中心国际合作部助理研究员

摘　要：气候变化是全人类面临的共同挑战，二十年来在《联合国气候变化框架公约》下，各方磋商达成了一系列重要成果，有力地促进了应对气候变化国际合作，推动了减缓和适应气候变化进程。2015 年，各方将达成一个里程碑式的新协议，以促进 2020 年后国际气候合作，应对日益严峻的挑战。本文回顾了国际气候合作的进程，分析了科学研究、经济发展、政治博弈以及技术进步对国际气候合作进程的影响，并对巴黎气候大会谈判和成果以及未来全球气候变化治理的形势进行了展望。

关键词：《联合国气候变化框架公约》　国际气候谈判　巴黎协定

2015 年注定要成为气候变化国际合作进程中又一个具有里程碑意义的时间节点。随着巴黎大会临近，应对气候变化再次成为国际社会关注的焦点之一。本文在分析影响应对气候变化进程关键因素的基础上，梳理回顾了《联合国气候变化框架公约》的历史，希望有助于我们更准确地预期巴黎会议成果和把握应对气候变化国际合作进程的走向，为中国积极参与并推动引导国际气候合作提供参考意见。

一、应对气候变化问题的实质和关键影响因素

应对气候变化是极其复杂的系统性问题，涉及科学、政治、经济、技术等诸多方面，各相关领域的不断发展也推动、影响着应对气候变化国际进程。为了更好地制定应对气候变化行动的相关决策，需要对这些因素做出全面平衡的价值判断。

①科学认识在应对气候变化方面具有非常重要的指导意义，而在决策中合理处置科学研究的不确定性是应对气候变化时需要解决的关键问题。1896 年，科学家就已经意识到了温室气体浓度增加将导致全球变暖，并初步估算出大气 CO2 浓度加倍时全球温升 5 ～ 6℃的结果。然而，气候系统庞大而复杂，即使不同学科领域的研究成果提供了很多交叉验证，又有大规模计算能力作为支撑，人们也更加确定累积温室气体排放是导致全球变暖的主要原因，但气候变化相关研究的局限性和不确定性仍然十分显著。而另一方面，为了防止可能产生的、不可挽回的后果，人们又必须立即采取行动，应对气候变化也被提上了国际政治议程和各国发展议程。为了建立一个良好的“科学—政治”互动关系，1988 年政府间气候变化专门委员会（IPCC）正式成立，旨在全面评估气候变化科学研究的最新进展，为全球应对气候变化进程提供支撑。迄今为止，IPCC 发布了 5 次评估报告，对《公约》下的谈判进程产生了重要的影响。未来，更准确的科学评估结论还将为全球应对气候变化进程提供更多的支撑。“科学”和“政治”的互动仍将是未来应对气候变化进程中的核心之一，各方应继续促进维护科学的独立性，相关决策者也应尊重并灵活地应用相关科学结论。

②应对气候变化是一个涉及全球道义和各国利益的政治问题。气候变化的影响遍及全球，各国行动不仅关乎自身利益，对他国人民和子孙后代都将产生影响，应对气候变化已经成为标志性的国际道义问题。在当今的全球治理体系中，忽视国际道义的政治代价愈加高昂，应对气候变化已成为各国参与国际事务不能回避的话题，并且需要充分展示积极建设性的姿态。但另一方面，应对气候变化、减少碳排放意味着能源系统的深度转型，在一定程度上，碳排放权就意味着发展权，涉及国家最根本的利益，各国在此问题上的争夺十分激烈。由于历史累积排放量不同，各国在气候变化问题上负有不同的责任和义务，受限于发展阶段，各国应对气候变化的能力也有显著差别。《公约》依此将缔约方按照发达国家和发展中国家进行了划分，并规定了发达国家率先行动并向发展中国家提供资金、技术和能力建设支持的义务。与其他很多国际多边机制一样，“南北”之分一直是应对气候变化国际进程中最基本的利益格局。然而，随着新兴经济体的崛起，发展中国家的排放量快速增长，特别是中国的排放量已经超过美、欧排放量之和，两大阵营的利益格局出现了松动，发展中国家内部不断分化。目前正是世界新老格局的过渡阶段，在新格局尚未形成和稳定之前，“区分”问题仍将是应对气候变化国际进程中的核心分歧之一，国际气候进程下对利益格局的演变对全球政治格局也将产生影响。

③应对气候变化是发展观问题。20 世纪 60 年代起，受到环境污染问题的影响，人们开始意识到环境与发展之间的矛盾，提出了可持续发展的理念。一般的环境污染问题只涉及特定区域或特定的行业，但气候变化的影响是全球性的，应对气候变化也需要跨部门的行动，在这个意义上说，应对气候变化与可持续发展的关系最为密切。不论减少碳排放还是实现经济增长都只是可持续发展的一部分，只有有效地控制气候变化风险才能确保人类生存发展的环境不遭到毁灭性的破坏，也只有在一定经济水平的支撑下，人们才能够应用先进科技、完善基础设施，以更好地减缓和适应气候变化。很多国家都已经开始探索既能够有效控制温室

气体排放又可以促进经济增长的绿色低碳发展模式，特别是很多欧洲国家已经在低碳发展领域取得了显著成效。成功的先例更坚定了人们在可持续发展框架下应对气候变化的信念，“绿色低碳”也成为当今世界的潮流，各国都更积极地希望通过应对气候变化合作来促进本国的社会经济发展。

④应对气候变化的成功还取决于技术创新和应用。化石能源利用是温室气体排放的主要来源，解决气候变化问题关键在于改变人类获取和使用能源的方式，比较理想的状态是构建低碳甚至“零碳”的能源系统。实现这一目标的技术路线相对清晰，一方面可通过扩大低碳能源的应用，替代化石燃料，另一方面可将大气中的温室气体重新固定封存。从技术发展的历史来看，技术创新和突破并不是一个简单的线性过程，从理论到实验再到商业化应用，往往要经历很多反反复复，同时也具有很大的偶然性。决策者很难精确地预测技术发展进程，因此要应对气候变化，建立技术创新体系，鼓励政府、科研机构、大学、企业、金融机构等利益相关方共同协作，为技术研发提供引导和便利就显得十分重要。近年来，可再生能源利用技术出现了显著进步，大大提升了各国低碳发展的信心，也推动了全球应对气候变化的合作进程，但仍需要在储能、电网建设等关键环节取得技术突破才有可能彻底改变当前的能源结构。在碳捕集和封存技术领域，目前虽然已开展了一些试点示范项目，但成本高、风险大等问题仍未得到妥善的解决。未来的技术革新必将在推动和引导应对气候变化国际合作进程中起到关键的作用。

二、应对气候变化国际合作进程回顾

自《公约》诞生至今 20 余年，应对气候变化国际合作进程既有成功的经验，也有失败的教训。人们也更深刻地意识到应对气候变化是一项全球性的、长期的任务，不能一蹴而就，需要一个循序渐进的过程。以国际气候谈判为主线，应对气候变化国际合作进程可以按照《公约》、《京都议定书》、“巴厘路线图”和“德班平台”划分为四个阶段。世界科学、政治、经济和技术的发展也在不同程度上反映在各个阶段的成果中，这些成果也为未来应对气候变化国际合作进程奠定了坚实的基础。

1. 1990—1994 年：《联合国气候变化框架公约》诞生和生效

《公约》诞生和生效这一阶段是国际气候谈判最高效的时期。1990 年 12 月，联合国大会决定成立一个政府间谈判机构（INC）来拟定《公约》文本；1991 年 2 月开始，历经 15 个月、5 次会议之后，INC 就确定了《公约》最终案文；1992 年 6 月，《公约》在联合国环境与发展大会上正式签署；1993 年 12 月 22 日，《公约》生效的条件已经满足；1994 年 3 月 21 日，《公约》正式生效。

《公约》体现了各方极高的政治智慧，达到了求同存异的目的，为今后应对气候变化国际合作进程打下了良好的基础。《公约》取得的最重要的三项成果分别是目标、原则和各方义务。

①《公约》第二条确立了应对气候变化的目标，即“……将大气中温室气体的浓度稳定在防止气候系统受到危险的、人为干扰的水平上。这一水平应当在足以使生态系统能够自然地适应气候变化、确保粮食生产免受威胁并使经济发展能够可持续地进行的时间范围内实现……”。这段话精炼地概括出了既要减少温室气体排放又要规避气候变化风险这一应对气候变化的终极目标，为后续的减缓和适应行动指明了方向。

②《公约》还明确了应对气候变化国际合作应遵循的原则，包括公平原则、共同但有区别的责任原则、各自能力原则、预防原则、成本有效性原则、考虑特殊国情和需求原则、可持续发展原则和鼓励合作原则，全面考虑到了应对气候变化的各个方面，为各方参与国际合作提供了保障。

③《公约》还根据各国的责任和能力做出了国家分类，即附件一国家、附件二国家和非附件一国家，并明确了各类缔约方应对气候变化的义务：附件一国家应率先开展控制和减少温室气体排放的行动，到 2000 年将排放降低至 1990 年的水平；附件二国家应为非附件一国家提供新的和额外的资金支持，并采取有效措施促进气候友好技术向非附件一国家的转让。

在这一时期，国际社会对于环境与发展的问题高度关注。1987 年，世界环境与发展委员会发布了《我们共同的未来》报告；1988 年 IPCC 发布了《气候变化第一次评估报告》；1992 年在巴西里约热内卢召开的联合国环境和发展大会上，183 个国家代表团、102 位国家元首或政府首脑到会，达成了包括《公约》在内的“环境三公约”。这时期的科学研究基础以及政治力量的推动是开启应对气候变化国际进程最重要的力量。

2. 1995—2005 年：《京都议定书》诞生和生效

1995 年 3 月的《公约》第一次缔约方大会上，各方通过了“柏林授权”，决定启动进程强化附件一国家的承诺。为此成立的柏林授权特设工作组（AGBM）在 1995 年 8 月至 1997 年 10 月期间组织召开了 8 次会议，最终各方在 1997 年底《公约》第三次缔约方大会上达成了《京都议定书》。《议定书》达成后，“布宜诺斯艾利斯行动计划”开始，旨在进一步完善《议定书》实施的技术细节，特别是核算规则、灵活机制和履约机制等。这项工作直至 2001 年才完成，最终各方通过了《马拉喀什协定》，以一揽子的方式解决了《议定书》实施规则的问题。然而，《议定书》生效需要超过 55 个《公约》缔约方核准，直至 2004 年底俄罗斯完成核准工作，《议定书》才最终得以于 2005 年 2 月 16 日生效。同年底，《议定书》第一次缔约方大会在蒙特利尔召开，通过了《马拉喀什协定》的多项决议。根据《议定书》第 3.9 条的规定，各方需在第一承诺期（2008—2012 年）结束前 7 年开始审议后续承诺期的减排目标，《议定书》第一次缔约方大会即开启了这一进程，但进展相当缓慢，直至 2012 年多哈会议才最终完成。

《议定书》作为《公约》进程下第一个具有法律约束力的成果，为后续的应对气候变化国际合作留下了宝贵遗产，包括量化目标、灵活机制和法律形式。

①《议定书》首次在应对气候变化国际合作进程中确定具有法律约束力的量化减排目标，

不仅明确了发达国家在第一承诺期减排 5.2% 的总体目标，还将每个国家确定的减排目标列入附件 B。

②考虑到成本有效性，《议定书》还建立了三种灵活机制，即排放权交易、联合履约机制和清洁发展机制，旨在通过经济手段为承担减排义务的缔约方提供更灵活的履约方式。从实施效果来看，这三种灵活机制不但实现了最初的设计目的，清洁发展机制项目的实施还大大提高了发展中国家应对气候变化的意识和信心。

③《京都议定书》包含一个具有法律约束力的国际协议所应具有的所有要素，包括目标和时间表、灵活机制、机构设置、核查规则、生效条件、履约机制等，在形式上，是完备的法律文书，堪称范本，在技术层面，确定了大量实施细则。

但《议定书》也留下了关键的未决问题，即如何进一步加强《公约》下各国承诺的力度。经过激烈的交锋，各方最终虽承认现有承诺不足以实现《公约》最终目标，但发达国家没有提高实现目标的意愿，发展中国家也拒绝承担发达国家转嫁的任何责任，关于目标审评的进程无法达成任何结论，直至今日各方仍未能找到弥补承诺力度不足和目标要求差距的方式。此外，美国拒绝核准《议定书》也促进了国际社会对《公约》进程的反思，从长远看，也是有助于国际气候合作的健康发展。

与此前《公约》诞生和生效阶段不同，《议定书》谈判过程中国际社会对应对气候变化问题的困难进行了重新评估，与此前过于乐观的态度不同，各方应对气候变化的态度更加务实。随着新兴经济体崛起，温室气体排放规模不断扩大，发达国家要求发展中国家加强减排行动的诉求也越来越强烈。1997 年 6 月，美国伯德－哈格尔决议以 95 票全票通过，明确提出美国不应签署只包含发达国家减排承诺的法律文书。克林顿政府在核准问题上采取了拖延态度，2001 年，小布什政府毫无意外地宣布美国将拒绝核准《议定书》。其他发达国家也有同样的关切，欧盟也一直蓄势启动新的进程，力图将美国和发展中国家的减排承诺纳入国际气候进程。由于缺少了大国的领导力，应对气候变化国际合作进程陷入低谷。

3. 2005—2010 年：巴厘路线图进程

《议定书》谈判受阻，国际社会在应对气候变化问题上的热情遭受打击，为了进一步推动国际气候合作，各方于 2005 年第十一次《公约》缔约方大会通过新的授权，启动“应对气候变化的长期合作行动对话”，对话的四个主题包括：推动实现可持续发展目标、适应气候变化、全面实现技术潜力以及充分发挥市场机制的作用。与此同时，《公约》谈判之外也开展了很多关于气候变化的非正式对话，正是在这样的场合，很多国家提出在 2007 年底的巴厘缔约方大会上建立一个路线图，启动关于 2012 年后机制安排的谈判进程。在漫长磋商之后，各方确立了巴厘路线图谈判的五大构件，共同愿景、减缓、适应、资金和技术）。被各方寄予厚望的哥本哈根会议由于程序问题意外失败，实际上最终案文已经获得了 188 个国家的赞成，仅仅 5 个国家反对。“哥本哈根协定”实际上已经基本反映了各方的共识，因此在坎昆会议上，各方顺利找回共识，达成了包含2℃温控目标、共区原则、资金支持目标、技术机制安排等重要内容在内的新协议，“坎昆协议”挽救了《公约》进程，也结束了巴厘路线图进程的谈判。

巴厘路线图的谈判主要需解决三个问题，即发达国家和发展中国家的区分、发达国家目标可比性以及保证发展中国家减缓行动可测量、可报告和可核实，最终达成了一系列积极的成果，其成功之处主要体现在以下三个方面：

①巴厘路线图确立的“双轨制”。关于“双轨”，一种理解是《议定书》第二承诺期谈判和长期合作行动特设工作组谈判的安排，另一种理解是巴黎行动计划下发达国家减缓承诺和发展中国家“国家适当减缓行动”（NAMAs）的安排。客观地说，应对气候变化需要发展中国家采取力所能及的行动，这一理念在巴厘路线图进程中得到进一步明确，发展中国家的积极参与也使美国重新回到国际气候进程中来，而双轨制安排和防火墙建立也确保了发展中国家参与国际气候合作的安全感。

②巴厘路线图的成功之处还体现在五大构件的确立。减缓一直是国际气候进程的核心，但随着对气候变化问题认识的不断加深，适应、资金和技术的重要作用不断凸显。特别是对于发展中国家来说，适应气候变化以及获得开展应对气候变化资金技术支持的需求迫在眉睫。而共同愿景作为《公约》目标的延伸，同减缓、适应、资金和技术紧密联系，极大地丰富了《公约》的原则和思想。

③巴厘路线图开始，“承诺＋审评”的自下而上的模式便初步确立。各国在共同愿景的谈判中分歧较大，但最终还是达成了相对灵活全面的2℃温控目标，为自下而上的承诺模式留下了空间。澳大利亚在谈判中提出基于国家计划（national schedule）的提案，奠定了“承诺＋审评”的基调，但美国推动的透明度规则的建立，也起到了进一步完善这一模式的作用。

经历《议定书》的低潮之后，巴厘路线图肩负着重振应对气候变化国际合作的任务。在巴厘进程谈判的几年之间，气候变化问题也受到了社会各界的广泛认可，国际社会对应对气候变化问题重要性的认识得到前所未有的提高。哥本哈根会议举办时，气候变化在国际政治领域达到了一个新的高度，各主要大国都以积极的姿态参与应对气候变化的主流进程。但过高的政治预期也可能是导致哥本哈根大会失败的关键因素，出于对大国主导进程的不满，最终由于5个国家的反对，哥本哈根协定未能经过各方协商一致得以通过，在这个“南北”分歧为主导的国际多边机制之下，第一次出现了小国集团与超级大国之间的较量。当然，这也是世界政治经济格局的真实反映，新兴经济体的发展必然会导致新的矛盾的产生，各方博弈的结果是最终并未达成一个具有较强法律约束力的成果，松散的机制显然不能满足应对气候变化的要求，因此在巴厘路线图进程尚未完全结束时，新一轮的谈判进程就开始酝酿了。

4. 2011—2015年：德班平台进程

德班平台在一定程度上是巴厘路线图进程的延续，“坎昆协议”的法律约束力不尽如人意，各方在就其法律形式的探讨方面无果而终，各方承诺也仅达到2℃目标要求的60%。2011年，在南非主席国的推动下，德班平台进程启动，谈判的授权包括达成一个2020年生效的具有法律约束力的新协议，以及提高2020年前的行动力度。德班平台启动时，关于《议定书》第二承诺期的谈判尚未结束，发展中国家对发达国家在此问题上的拖延极为关切，在2012年多哈会议期间，发展中国家特别是基础四国表达了坚定的立场，《议定书》多哈修正案最终得以通过，谈判正式由两轨转为一轨，德班平台谈判全面展开。在2013年的华沙会议决定邀请各方开始准备"国家自主贡献"，并于2015年巴黎缔约方大会之前提交，在加强2020年前行动方面，呼吁发达国家提高减缓目标、发展中国家完善NAMAs，并开启了识别具有减缓潜力政策措施的技术检验进程。2014年，利马会议各方就"国家自主贡献"的范围、所需信息和力度审评进行了激烈的讨论，但各方分歧过大，未达成任何相关的有力成果，缺乏对"国家自主贡献"的基本界定，发展中国家希望将适应、资金、技术和能力建设支持纳入"国家自主贡献"的诉求没能得到反映，而各方已开始陆续提交"国家自主贡献"，一定程度上出现了"木已成舟"的局面，给后续谈判提出了更大的挑战。

随着德班平台谈判进程不断的深入，应对气候变化在国际政治舞台上再次升温，各方都试图通过在此问题上发声以提高国际影响力，近两年来，在国际重要的多边或双边场合，气候变化都成为了重要议题，各国国内低碳发展也呈现良好的势头，对于推动德班平台进程有重要的积极作用。但在过去的几年中，经济危机给发达国家带来困难的同时，新兴经济体仍保持了良好的发展势头。世界政治经济格局的变化使国际气候谈判中关于"两分法"的争论愈演愈烈，在新协议中落实"共区"原则成为了谈判的焦点问题。同时，持续增长的温室气体排放量和有限的碳排放空间之间的矛盾加剧，以欧盟为代表的部分发达国家强烈支持建立一个提高减缓力度的审评机制，但各方在是否建立机制、机制的目标和实施规则等问题上分歧依旧显著。虽然剩下的时间不多，但德班平台谈判面临的任务和挑战依然艰巨。

三、巴黎会议前瞻

巴黎会议已经具备了成为一次里程碑式大会的条件。在科学方面，IPCC发布的第五次评估报告进一步证实了人类活动是导致气候变化的主要原因，尽管我们已经采取了一系列措施，但全球温室气体排放增长的趋势并未得到根本性的改变，应对气候变化的紧迫性不断加剧，巴黎协议需要对最新的科学结论做出回应并以此提振全球应对气候变化的信心。在政治方面，应对气候变化国际合作的领导力再次"凝聚"，奥巴马政府领导美国重返气候变化多边机制，中国以更积极的姿态参与全球治理，中美气候变化合作取得积极进展，而欧盟一直以来都是气候进程的推动者，此次作为巴黎大会的东道主，更将不遗余力地推动会议成功。在经济方面，经济危机之后，绿色低碳发展的理念更广泛地为各国所接受，各方在应对气候变化的外在压力和实现经济发展的内在诉求方面基本吻合。在技术方面，可再生能源开发利用技术、信息技术的长足进步为低碳发展提供了有力的支撑，人们对低碳发展的道路更加自信。

巴黎协议达成仍需解决三个关键问题。各方要在巴黎达成一个兼顾各方关切又符合国际社会预期的新协议仍面临很多挑战，其中需要解决的关键问题包括：体现发达国家和发展中国家的区分、逐步提高国家自主贡献的力度和协议最终的法律形式。随着世界经济和排放格局的变化，《公约》确立的发达国家和发展中国家之间的“防火墙”逐渐模糊，但对于发展中国家来说，坚持两分法不仅是为了明确发达国家在气候变化问题上的历史责任和提供支持的义务，更重要的是维护发展中国家的团结在全球治理体制下有着更重要和深远的意义。此外，弥补各国行动与实现2℃温控目标要求之间的差距关系到新协议的环境有效性，在强调“自下而上”、“自主决定”的大背景下，寻找国际机制约束力和各国灵活性之间的平衡点成为新的挑战，对各方提交国家自主贡献制定原则性规定的同时，还需要建立一个提高目标力度的进程，鼓励各方在自愿的基础上为应对气候变化做出更大的贡献。作为国际气候进程的里程碑，新协议必将采取具有一定法律约束力的形式，需要建立完整的批约和生效程序并建立相应机构确保协议的实施。这三个问题相互联系，最终可能还需要大会主席提出一个一揽子方案。有了哥本哈根会议“空降”案文失败的教训后，相信法国作为主席国将更为谨慎。兼具发展中国家和排放大国身份，中国在新协议达成的过程中的作用更加特别，应采取更灵活的策略，维护各方对中国的信任。

巴黎会议将成为应对气候变化国际进程的新起点，制定新规则的任务仍然艰巨。《京都议定书》达成之后开启的“布宜诺斯艾利斯行动计划”历时将近4年才完成了实施议定书所需的新规则的制定。从巴黎协议达成到生效期间，完善相关机制和制定技术规则的工作仍将继续。在这个过程中，围绕区分、弥补差距等问题的纷争仍将继续，各方还需在已达成的政治共识框架下探索具有操作性的实施方式。

四、应对气候变化国际进程展望和建议

第一，鉴于应对气候变化已成为全球标志性问题，中国在有效参与全球治理时必须认真考虑和对待。随着全球化不断加深，各国相互联系、相互依存的程度空前紧密，人们对于全球性问题的关注进一步增加，应对气候变化问题的影响力迅速提高，在G20、世界经济论坛等国际机制中都成为了常设性议题。应对气候变化也不再仅仅是为了防止全球变暖，世界上的主要大国都试图通过在应对气候变化进程中提升话语权、扩大在全球治理体系中的影响力。中国近期提出的“一带一路”、亚投行等国际发展倡议和机构也都成为应对气候变化国际合作进程中各方关注的焦点，中国也应把握机遇，将应对气候变化国际进程作为推进和平发展外交战略、构建合作共赢的新型国际关系的重要平台。

第二，应对气候变化务实合作不断深入，中国成为世界重要的引领者。自哥本哈根会议后，“自下而上”的承诺方式就开始逐渐被各方广为接受，华沙会议提出的“国家自主贡

献”的概念进一步推动了这种趋势；应对气候变化国际机制向松散化发展，国际合作更加务实。在这个转变的过程中，发达国家和发展中国家的区分淡化，大国发挥更重要的作用。随着中国政治和经济实力不断增强，国际社会已将中国视为应对全球气候变化的引领者之一并寄予很高的期望。能否出色的扮演这一“角色”对中国构建负责任大国形象至关重要。

第三，世界各国低碳转型的意愿不断增强，“谋合作、促发展”成为应对气候变化国际合作的主旋律。应对气候变化进程经历了诸多波折，气候“阴谋论”在相当长的一段时间内都有广大的“市场”，人们认为减少化石能源消费必然产生额外成本，限制经济增长，“低碳发展”是一种负担。但现在，人们逐渐认识到低碳发展不仅是应对气候变化的必然要求，也能带来新的效益。比如，可再生能源的利用不仅带来良好的环境效益，也意味着更自由和公平地获取能源的机会。低碳转型已成为各国发展的内在诉求。这种转变也体现在气候变化国际合作进程中，在积极推动政治共识的同时各方也更注重务实合作。目前，低碳发展已经成为中国发展战略的重要组成部分，在提高能效、降低碳强度、增加森林碳汇、开展碳排放交易和低碳城市 / 社区试点等领域积累了宝贵经验，应在统筹国际国内工作的基础上，在国际气候进程中发挥积极的引领作用，为国内低碳发展营造更加有利的环境。

第四，新技术革命将助推应对全球气候变化，促进低碳科学技术研发，国际合作应成为应对气候变化国际进程的核心。科技进步是人类发展的动力，历次工业革命都给人类经济社会带来了空前繁荣，但也带来了环境污染、气候变化等问题，威胁人类的生存发展。以往的技术革命以提升人类大规模获取和使用资源的能力为核心，而新一代的技术革命则将更注重人们高效利用资源的能力，呈现精细化和智能化的特征，随着人们对环境与发展之间关系的认识与思考不断深入，正在进行的新一轮技术革命将使人类朝着更加气候友好和环境有益的方向发展，使人们以有限的资源实现更好的发展。新技术革命也必将打破人类过分依赖化石能源、威胁全球气候的困境。当前，各国都力争在新技术革命中抢占制高点，希望保持和提高其国际竞争力，因此在技术扩散的过程中仍存在很多壁垒，这对于解决气候变化这一全球问题来说十分不利。在国际气候机制下加强各国之间的科技研发合作、推动技术转移和扩散是中国一贯的立场，也应成为未来国际气候合作的核心。

第五，全球适应气候变化的需求不断扩大，中国应进一步加强相关领域的南南合作。全球范围内，极端气候事件仍然频发。气候变化已经不仅是人类生存发展的“远虑”，也是需要迫切解决的“近忧”。发展中国家基础设施落后、应急能力较差，气候变化灾害在发展中国家造成的影响和损失更为显著。因此，对于大多数发展中国家来说，提高抵御气候变化能力是一项现实而又急迫的挑战，需要通过国际合作获得支持和帮助。中国一直是气候变化南南合作的倡导者和实践者，很多发展中国家也希望从中国探索低碳发展道路中学习经验。在新形势下，中国开展气候变化南南合作面临诸多挑战，需要兼顾政治、经济和环境等诸多方面，未来可以将适应气候变化作为关键领域，发挥中国在预警预报和基础设施建设方面的优势，充分利用多种合作渠道和手段，更好地为发展中国家提供相关支持，起到事半功倍的效果。

就印度国家自主贡献文件的简要评述

祁　悦　国家应对气候变化战略研究和国际合作中心国际合作部助理研究员
陈　济　国家应对气候变化战略研究和国际合作中心国际合作部助理研究员

摘　要： 根据华沙决定的授权，各缔约方应在巴黎会议之前尽早通报关于2020年后应对气候保护目标与行动的“国家自主贡献”。作为新兴发展中大国，印度的自主贡献受到各方广泛的关注。本文分析了印度国家自主贡献的主要内容，并结合其国情作出了初步分析和评述。

关键词： 国家自主贡献　印度　气候变化

2015年10月1日，印度向《联合国气候变化框架公约》秘书处提交了其国家自主贡献文件（INDC）。在长达38页的文件中，其详尽描述了印度应对气候变化相关的国情、现有政策框架、行动进展、2020年后应对气候变化目标及其公平性和力度。印度是世界第二人口大国、第三大温室气体排放国，并且经济增长势头强劲，在未来的国际气候机制下，印度将占有越来越重要的地位。以下将从印度的基本国情、能源消费情况、资金、技术和能力建设等方面对印度2030年应对气候变化的目标进行简要评述。

一、印度应对气候变化相关国情的现状及预测

2014年，印度全国人口约为12亿人，占全球的17.5%，其中城镇人口3.77亿人，国内生产总值为1.69万亿美元（2011—2012年不变价，下同），人均国内生产总值约为1 408美元，人类发展指数0.9。到2030年，预测印度人口将达到15亿人，其中城镇人口6.09亿人，国内生产总值6.31万亿美元，人均国内生产总值4 250美元。

印度气候条件复杂，受冬夏两季季风影响，从西南沿海到东北山地分为七大特征迥异的气候区，各气候区气温和降水差异显著，并且随季节变化较大，这使得印度对气候变化的影响十分敏感。

2012 年，印度能源消费总量约为 7.88 亿吨标油，人均能源消耗量约为 0.6 吨标油（全球平均水平为 1.88 吨标油）。印度仍有 24% 的人口无法得到电力供应，印度总发电量为 7760 亿千瓦时，人均 917 千瓦时，仅相当于全球平均水平的三分之一，预计到 2030 年，印度的发电量可达到 2.5 万亿千瓦时。

2013 年，印度化石能源和水泥生产过程二氧化碳排放量为 20.7 亿吨，占全球排放量的 5.7%，人均排放量为 1.7 吨，仍远低于世界平均 4.9 吨的水平。[1] 印度温室气体排放主要来源是能源活动、农业和土地部门。[2]

在坎昆协议下，印度承诺到 2020 年努力实现单位国内生产总值温室气体（不包括农业）排放强度比 2005 年下降 20% ～ 25%，2010 年，印度温室气体排放强度已比 2005 年下降 12%，通过各项政策措施，印度实施相关目标取得了积极进展。2010 年，印度通过了《国家应对气候变化行动计划》，制定了包括发展光伏、提高能效、普及低碳住宅、综合利用水资源、保护生物多样性、扶持生态农业和推动低碳城市发展等任务目标。印度还出台了碳税政策，对每吨煤征收 1 美元碳税，碳税收入纳入“国家新能源基金”，用于补贴清洁能源技术的研发和应用。

二、印度 2030 年应对气候变化的目标

印度 2030 年应对气候变化目标主要包括四个部分。

第一，从长期愿景来看，印度致力于在可持续发展的背景下实现向气候友好的、清洁的发展路径转型。

第二，在减缓气候变化方面，印度承诺到 2030 年在 2005 年水平基础上降低单位 GDP 温室气体排放强度 33% ～ 35%，并且到 2030 年，实现非化石能源装机占比达到 40% 的目标，并计划通过森林和土地部门的行动额外增加碳汇 25 亿～ 30 亿吨 CO^2 当量。

第三，在适应气候变化方面，印度强调将加强相关投资以更好地适应气候变化，特别是在一些相对脆弱的部门和地区，包括农业、水资源、健康和疾病管理部门、喜马拉雅地区、海岸带地区等。

第四，在资金、技术和能力建设方面，印度计划通过加强国内资金和发达国家提供的

1 PBL, Trends in global CO_2 emissions: 2014 report, http://www.pbl.nl/en/publications/trends-in-global-CO2-emissions-2014-report [2015-10-12] Global Carbon Project, Global Carbon Budget 2014, http://www.globalcarbonproject.org/carbonbudget/14/hl-full.htm [2015-10-12]

2 徐华清，王田，苏明山 .“基础四国”温室气体排放及未来挑战 . 气候战略问题研究 [M], 李俊峰，邹骥，徐华清，北京，中国环境出版社，2013:34-41

资金支持来弥补实施减缓和适应行动中的资金缺口，提高相关能力，在国内建立促进低碳技术开发和扩散的行动框架，并推动相关的国际合作。

三、关于印度2030年目标的评述

印度延续了碳强度下降目标，有助于保持国内政策的延续性，相对量减排指标体现了印度所处的发展阶段的特征，有助于减少定量承诺的不确定性。印度正处在快速的经济发展阶段，根据国际货币基金组织（IMF）的预测，2016年印度经济增速可达到7.5%，在经济快速增长的背景下，估算印度的绝对排放量难度很大。碳强度降低目标的实现有赖于技术和管理水平的提高，设置这样的目标有助于推动清洁技术的应用和扩散，提高能源利川效率和相关管理水平，促进经济增长与温室气体排放脱钩。

印度设置了明确且有力度的非化石能源发展目标，为全球清洁能源市场传递了积极的信号。为实现这一目标，印度需要在2030年前达到200吉瓦的发电装机容量，而截至2014年，全球太阳能光伏装机容量是181吉瓦，可见印度制定的非化石能源目标的非凡力度，不论从其转型的决心，还是其目标所对应的产业规模，[3]都为全球清洁能源发展注入了重要的积极动力。

印度的国家自主贡献全面反映了气候变化国际合作的各个要素，在采取减缓气候变化行动的同时，印度也重视适应气候变化的相关工作。印度人口众多、气候条件复杂、基础设施薄弱，气候变化带来的负面影响为其可持续发展带来了严峻的挑战，因此提高抵御力是其近期和未来一段时间内的重要任务之一。事实上，大多数发展中国家都面临类似的情况，印度在其INDC中强调对适应气候变化的重视无疑有助于推动多边进程下适应气候变化相关的国际合作。

印度强调实施目标进程中获得资金和技术支持的重要性，符合其发展中国家的定位和诉求。印度认识到在实施减缓和适应目标的过程中将产生一定的资金需求，并计划通过加强国内投入和获取发达国家额外支持来弥补资金缺口。同时，印度一贯注重气候友好技术的应用，为了促进相关工作，印度决定推动建立促进技术扩散的国内、国际框架，以进一步加强本国及与其他国家合作开展未来技术研发。

3 世界资源研究所，印度国家自主贡献的五大看点，2015-10-09

让应对气候变化成为连接东亚地区的绿色桥梁

邹　晶　国家应对气候变化战略研究和国际合作中心综合部副主任、编审
徐华清　国家应对气候变化战略研究和国际合作中心副主任、研究员

摘　要：东亚是全球人口最为稠密的地区之一，人口为21.65亿，占世界人口的30%。东亚国家经济发展水平迥异，互补性较强，也都是受气候变化影响较为严重的地区，东盟国家更是“重灾区”，已成为全世界受极端天气和自然灾害影响最大的地区之一。国情、发展阶段上的差异以及实现国家可持续发展、加快绿色低碳转型的需要，使得东亚国家间开展区域气候变化合作有着天然的坚实基础，加之应对气候变化已成为南南合作的重要领域，中国逐步形成的气候外交方面的全球影响力等因素使中国与东亚国家开展气候合作和研究成为可能。本文初步分析了成立东亚气候研究机构的必要性、可行性和职能定位等。

关键词：气候变化　东亚气候中心　绿色　低碳

气候变化是当今人类社会面临的共同挑战，应对气候变化是人类共同的事业。2007年召开的第三届东亚峰会发表了《气候变化、能源和环境新加坡宣言》，宣言强调要关注气候变化对社会经济发展、人类健康和自然环境的不利影响，并将气候变化问题列为东亚峰会的重要议题。2010年10月，温家宝总理在第五届东亚峰会上提出中国将成立“东亚应对气候变化区域研究与合作中心”（简称“东亚气候中心”）的倡议。对于这样的倡议我们认为是合理的、可行的，顺应了东亚地区的发展形势。

一、成立东亚气候中心的必要性

本文中的东亚国家是指亚洲东部，太平洋西侧的13个国家，包括东盟10国及中、日、韩。东亚是全球人口最为稠密的地区之一，2014年中、日、韩和东盟共13个国家人口为21.65亿，占世界人口的30%。东亚国家经济发展水平迥异，新加坡和文莱2013年人均GDP高达56 284和41 834美元，日本、韩国次之，均属于高收入国家，而柬埔寨、老挝、越南和缅甸属于低收入国家。

1. 全球气候变化对东亚地区造成的不利影响显著

东盟国家是受气候变化影响的“重灾区”。东盟国家目前约有25%以上的人口生活在贫困线以下，且由于东盟国家特殊的人口分布、生态多样性和资源型经济特征，气候变化脆弱性较高，已成为全世界受极端天气和自然灾害影响最大的地区之一。从东亚特别是东盟国家所处地理位置和受气候变化影响来看，由于近一半的人口居住在沿海地区，且大多位于热带海洋地区，这些国家收入又以农业经济和海洋经济为主，受气候变化影响的程度远大于世界上其他很多国家。亚洲开发银行的一项报告指出：“在过去的50年中，东南亚的平均温度每10年上升0.1～0.3℃，海平面每年上升1～3毫米。自2000年以来，东盟国家沿海地区每年都会遭遇10多个8级以上的强热带风暴袭击。2006年的“桑美”超强热带风暴风力达17级，为50年来所罕见。2013年菲律宾“海燕”台风造成菲律宾国家进入灾难状态，近2 500人死亡。2014年年底开始的持续降雨导致马来西亚遭遇45年来最严重水灾，全马13个州中有8个州不同程度受灾，受灾人数逾20万。2015年缅甸全国大面积水灾造成100多人死亡，约22万个家庭的近100万人受灾。

中、日、韩也是易受气候变化不利影响的国家。中国是遭受气候变化不利影响最为严重的国家之一，据2015年发布的《第三次气候变化国家评估报告》，近百年（1909—2011年）来中国陆地区域平均增温0.9～1.5℃，高于第二次气候变化国家评估报告平均增温0.5～0.8℃的结论，虽然近15年来气温上升趋缓，但仍然处在近百年来气温最高的阶段；中国沿海海平面1980—2012年上升速率为2.9毫米/年，高于全球平均速率；20世纪70年代至21世纪初，中国境内冰川面积退缩约10.1%，冻土面积减少约18.6%。未来中国区域气温将继续上升，极端事件增加，暴雨、强风暴潮、大范围干旱等发生的频次和强度增加，洪涝灾害的强度呈上升趋势，海平面将继续上升。日本是一个人口密度大、国土面积小的岛国，且全国大约半数人口集中在临海城市，气候变化导致的海平面上升无疑会对日本沿海地区居民产生显著影响。日本年均温度在过去100年上升了1.15℃，据日本国立环境研究所等机构的研究结果，如果海平面上升1米，日本90%的沙滩将消失。由韩国环境部和气象厅共同编写的《韩国气候变化报告2014》也表明，最近十年朝鲜半岛的气温以每10年0.5℃的速度持续上升，这个上升幅度比其他任何地方都要大。

2. 东亚地区加强气候变化区域研究和合作需求强烈

国情、发展阶段上的差异以及实现国家可持续发展、加快绿色低碳转型的需要，东亚国家间开展区域气候变化合作有着坚实的基础。从发展水平看，东亚各国存在较大的阶段性差异，反映在应对气候变化能力上也有较大的不同。新加坡、日本和文莱属于高度发达国家，人均 GDP 均超过 4 万美元，韩国、马来西亚属于中等偏上收入水平国家，人均 GDP 分别超过 2 万和 1 万美元，但其他国家（除中国）大多属于中低和低收入国家。中国作为全球发展最快的国家，2015 年，GDP 总量达到 10.4 万亿美元，人均 GDP 为 7 800 美元，由于经济体量大，世界及东亚经济引擎的带动作用无疑是十分明显的，在应对气候变化能力上也明显强于区内其他发展中国家，可以发挥大国的带头作用。从排放水平看，目前，东盟国家人均碳排放平均值为 1.92 吨，其中，除了以石油和天然气为主要经济支柱的文莱超过了 20 吨 CO_2/ 人外，日本、新加坡、韩国也在 10 吨 CO_2/ 人左右，马来西亚和中国差不多在 6 ～ 7 吨 CO_2/ 人之间，而其他国家则在 0.2 ～ 4 吨 CO_2/ 人之间，由此可见相互之间的合作空间很大。过去 20 多年里，随着该地区人口数量增长、生活水平改善和化石能源比重加大，东亚国家能源排放 CO_2 增长较快，从 1990 年的 43 亿吨增长到 2014 年的 135 亿吨，占全球排放的 38%。东亚各国在排放趋势上有较强的趋同性，反映在国内探索绿色低碳发展方面也有着较强的相互借鉴与合作意向。

从东盟国家气候变化国家信息通报和国家自主贡献文件看，东盟国家应对气候变化研究需求广泛，合作潜力巨大。一是在温室气体排放清单编制方面。大部分东盟国家都存在清单编制管理体制和工作机制不健全的现象，现有统计数据体系与 IPCC 国家清单指南分类不一致、活动水平数据可获得性差、缺少本地排放因子、没有完善的数据库系统支持、本地研究人员能力不足、难以满足定期清单编制需要等问题和挑战。二是在脆弱性评估和适应方面。由于大部分东盟国家在应对气候变化方面有较高的脆弱性，重点包括应对海平面上升、极端气候事件预警、应对洪涝灾害等，在相对欠发达的东盟国家中普遍缺少全面的气候变化对农业、水资源等脆弱性行业的影响研究，也缺乏敏感性地区和脆弱性行业适应气候变化的相关信息等。三是在减缓气候变化方面。东盟国家在综合分析能力和基础数据方面存在较大的差异，在社会经济发展长期预测、使用模型工具开发减缓情景以及为政策制定提供支撑等方面表现为能力不足。同时，在应对气候变化与社会经济发展相关性研究分析方面也较少有应对气候变化与农村减贫之间关系研究，对非能源部门减缓措施选择的评价也相对较少。四是在技术转让和资金方面。东盟国家对应对气候变化领域的技术转让和资金需求是十分旺盛的，大部分东盟国家在具体部门、具体技术的系统评估、技术推广和技术信息的扩散、技术转让项目开发、技术转让国内外融资等方面的能力依然薄弱，在甲烷和碳捕集、利用与封存技术、气候变化适应技术、早期预测预警技术等方面也都急需加强合作与能力建设。

3. 加强气候变化南南合作亟须推动与东盟国家合作

应对气候变化已成为南南合作的重要领域。南南合作是促进发展中国家间的经济、技术合作，确保发展中国家融入和参与世界经济的有效渠道和合作机制，也是人力资源和生产能力建设、技术支持、经验交流的重要平台。中国一直是南南合作的积极倡导者和重要参与者，60 多年来共向 166 个国家和国际组织提供了近 4 000 亿元人民币援助，派遣 60 多万援助人员，为全球范围的南南合作树立了良好典范。近年来，气候变化已经成为南南合作的重要内容，特别是气候援助已经成为国际社会合作应对气候变化的重要组成部分。中国本着“平等互利、注重实效、长期合作、共同发展”的援助理念，在发展中国家间开展了大量的气候合作及其援助项目，扩大了我国对外援助的模式和内涵，也为世界非传统外交做出了积极的贡献。自 2011 年以来，中国政府每年安排 7 000 万元人民币专项资金，在节能低碳产品、适应气候变化技术、能力建设等方面对其他发展中国家提供力所能及的帮助和支持，至今已累计安排 4.1 亿元人民币开展应对气候变化南南合作，支持和帮助非洲国家、最不发达国家和小岛屿国家等应对气候变化。为加大支持力度，中国在 2015 年 9 月宣布设立 200 亿元人民币的中国气候变化南南合作基金。在巴黎气候大会上，习近平主席又宣布 2016 年将在发展中国家开展 10 个低碳示范区、100 个减缓和适应气候变化项目及 1 000 个应对气候变化培训名额的合作项目，并继续推进清洁能源、防灾减灾、生态保护、气候适应型农业、低碳智慧型城市建设等领域的国际合作，并帮助他们提高融资能力。

东盟国家是中国应对气候变化领域重要的合作伙伴。东盟国家是受气候变化威胁最为严重的区域之一，一直以来高度关注气候变化问题。菲律宾、马来西亚、越南、印度尼西亚和中国等同为“立场相近发展中国家”成员，主张保持发达国家和发展中国家的二元分化或强调“共同但有区别的责任”，强烈要求发达国家履行减排承诺，呼吁发达国家为发展中国家提供资金、技术和能力建设支持。柬埔寨、老挝、缅甸是最不发达国家集团成员，他们对应对气候变化有着更为切实的诉求，是我们需要关注的重点。因此，对于东亚国家而言，南南合作无疑具有得天独厚的优势和需求，东亚气候合作不仅能提高该区域气候治理的整体水平和能力建设，它也将为推动全球气候变化合作和治理提供一种路径和模式。此外，气候合作是增加东亚国家或 10+3 凝聚力的重要抓手，早在第三届东亚峰会上，各国就宣布了《气候变化、能源和环境新加坡宣言》，第八届东亚峰会《会议声明》中更进一步提出：气候变化是东亚峰会各国可以开展合作的一个领域。因此，从整体和长远看，加强区域应对气候变化的技术、资金和培训等合作无疑将会成为东亚国家间气候和低碳合作的桥梁。

4. 成立东亚气候中心也是我国实施大国外交战略的需要

气候外交拓展了中国的全球影响。坚持和平发展，践行正确义利观，构建以合作共赢为核心的新型国际关系是中国特色大国外交的基石。近年来，通过强化气候和周边两大外交行动的实施，有力提升了中国的国际地位，展示了中国的大国风范。通过建设性参与应对全球气候变化挑战的国际合作，与美国、法国、印度、巴西等国和欧盟分别发表气候变化联合声明，建立200亿元人民币资金的“中国气候变化南南合作基金”，这些都为气候变化巴黎大会达成一个全面、均衡、有力度、有约束力的协议提供了重要动力。通过扎实推进“一带一路”建设，成立亚洲基础设施投资银行以及丝路基金，同沿线20多个国家签署相关合作协议，与东盟制定未来5年合作行动计划等，这些措施都不断推进了东亚区域命运共同体的建设。

气候合作强化了中国的负责任形象。东亚特别是东盟国家正处在“一带一路”的关键节点，许多国家还是亚投行的创始成员国，也是合作应对气候变化的重要伙伴。为了进一步落实《推动共建丝绸之路经济带和21世纪海上丝绸之路的愿景与行动》中提出的“强化基础设施绿色低碳化建设和运营管理，在建设中充分考虑气候变化影响”、“在投资贸易中突出生态文明理念，加强生态环境、生物多样性和应对气候变化合作，共建绿色丝绸之路”等工作目标，需要搭建服务于本地区发展中国家共同应对气候变化的合作平台。而东亚气候中心的成立无疑将为“一带一路”建设、亚投行、丝路基金等项目起到支持和“绿化”作用，并将为低碳金融投资和基础设施工程项目的气候评估提供政策支撑和技术服务。

二、成立东亚气候中心的可行性

尽管气候变化是全球性的，但区域气候治理与合作无疑是解决全球性问题的有效途径。基于东亚共同的“气候命运”，东亚地区在应对气候变化方面加强研究与合作，不仅对区域各国应对气候变化有利，也将会为全球应对气候变化做出重大贡献。面对全球气候变化及绿色低碳转型挑战，东亚各国可以通过加强对话，交流学习最佳实践，取长补短，在相互借鉴中实现共同发展，惠及全体人民。

1. 非气候领域有效合作为成立东亚气候研究与合作中心奠定了基础

现有的合作机制及环保、技术等领域的合作模式可供借鉴。成立于1965年的东盟是世界范围内比较成功的区域合作组织之一，特别是其权力平衡战略不仅使得东盟国家在冷战后不久的国际政治经济中抱团取暖，而且在非传统安全领域的合作如应对气候变化、打击跨国犯罪、反恐等方面也表现出了较大的政治意愿和灵活性。1997年发生的亚洲金融危机，促使东盟国家和中、日、韩三国开始积极探索加强东亚合作的各种途径。而1997年12月在马来西亚举行的东亚各国领导人首次会议则标志着“10+3”这一东亚区域合作机制宣告成立，相比东盟国家领导人会议，“10+3”领导人会议议程中，应对非经济议题的重要性越来越突出。1999年举行的东亚领导人会议把环境保护纳入关键性合作领域中，目前，环境保护被确认为“10+3”合作框架下的8个政策领域和17个政策议题之一，为气候变化领域的合作提供了很好的借鉴。

气候变化合作作为推动东亚合作迈上新台阶已有共识。2015 年 11 月结束的第十八次东盟与中日韩领导人会议上，东盟十国领导人同意将在 2015 年底前建立东盟共同体，这比曾经计划的 2020 年整整提前了 5 年，而建成的东盟共同体将成为仅次于欧盟的世界第二大单一市场。东盟共同体的强大无疑也会减少“10+3”之间的差距，从而增添 13 国的凝聚力和抗风险能力。此外，近年来的东亚峰会与能源、可持续发展和气候变化有关的话题也越来越多，政治共识不断增强。例如 2010 年第 5 届峰会，东盟国家和中日韩等国家领导人就东亚合作进展与发展方向、可持续发展等地区和国际问题展开探讨；2012 年第 7 届峰会通过了《金边发展宣言》，表示将在能源、灾害应对等六大领域扩大合作；2013 年第 8 届峰会重点讨论了能源安全、气候变化、灾害管理等议题，并达成了广泛共识；2014 年第 9 届峰会通过了《东盟 2014 年气候变化联合声明》等。当前东亚形势总体保持稳定，继续领跑全球发展，东亚合作动力增强，区域一体化进程加快，10+1、10+3、东亚峰会等机制合作成果丰硕，给地区人民带来了实实在在的利益。以打造东亚稳定增长极为总体目标，推动东亚合作迈上新台阶，无疑也为推动气候变化领域的区域研究与合作奠定了良好的基础。

2. 气候领域的挑战和机遇使各方具有较强的参与区域研究与合作的意愿

东亚国家与中国开展气候变化研究和合作已有基础。东亚国家由于所处的地理位置、特殊的人口分布、生态多样性和资源型经济特征，气候变化脆弱性较高，控制温室气体排放任务艰巨，气候变化、传染性疾病等非传统安全威胁突出，这也从一方面为东亚地区的应对气候变化研究与合作“奠定”了基础。事实上，早在 20 世纪 90 年代，日本和韩国的有关研究机构已经与中国的相关研究机构在温室气体清单编制、气候变化模型开发等方面开展合作，并在亚洲开发银行等国际机构的支持下，东盟的泰国、马来西亚等国家也与我国在适应以及减缓气候变化领域进行合作。近年来，东亚有关国家政府官员和专家还积极参加了由中国有关机构召开的东盟 + 中日韩气候变化与粮食安全区域研讨会、中国—东盟应对气候变化：促进可再生能源与新能源开发利用国际科技合作论坛、中国—东盟应对气候变化国际合作研讨会等会议或论坛，为搭建起东亚应对气候变化的合作交流平台奠定了较好的基础。

中国应对气候变化的研究和合作已具吸引力。近年来我国的能源结构已经有了极大的改善，2015 年，我国非化石能源消费比重 12%，全国在运核电机组达到 2 550 万千瓦，在建及已核准机组 3 203 万千瓦，在建规模居世界第一；2015 年底，水电、风电、光伏发电装机分别达到 3.2 亿千瓦、1.3 亿千瓦、4 300 万千瓦左右，可再生能源发电总装机达到 4.9 亿千瓦左右，这些都处于世界先进水平，这样的低碳技术和实践优势无疑为东亚地区的气候合作创造了强有力的科技基础。另外，中国的低碳城市、园区和社区试点以及碳排放权交易试点对东亚其他国家而言也极具借鉴和复制意义。

3. 国内外气候变化领域专家支持中国成立区域研究与合作中心

中国成立的新机构相比日本与韩国更具区域特色。通过调研及问卷调查，目前东亚国家针对气候变化的合作机构主要有日本的全球环境战略研究所（IGES）和韩国的全球绿色发展研究所(GGGI)，日韩机构的优势是有成熟的组织框架和源源不断的资金支持，但定位都不是区域合作平台，而是国际智库，对于促进东亚地区气候变化合作方面的考虑主要是能力建设支持，而不是旨在建立东亚内部区域性研究结构和合作平台。在此背景下的气候变化信息共享，多以培训为主，而不是建立长期有效的经验、知识、人员的分享窗口和技术合作平台。因此，东盟国家专家普遍表示，希望东亚中心能成为区域内首个发展中国家牵头，开展经验分享、人员培训、项目合作和气候变化战略联合研究等综合性的交流平台。在职能定位上，许多受访者希望东亚中心应该是面向区域的交流平台和培训中心，成为中国与东亚其他国际气候变化合作的窗口。

受访专家建议将研究与合作作为新机构的两翼。根据东亚气候中心筹备小组做的问卷调查，国内机构专家赞成成立东亚气候中心的比例为96.15%，国际或东亚地区的机构专家更是达到了100%。有超过90.91%的国际或区域机构受访者认为东亚气候中心可以成为区域气候变化信息交流合作平台，72.73%的受访者认为东亚气候中心可以作为亚洲应对气候变化专业机构、区域人才交流和培训中心、中国与东亚气候合作窗口。专家建议的具体活动包括组织开展区域低碳发展战略研究、区域适应气候变化行动方案设计、低碳政策示范和技术转让合作项目，委托开展区域南南合作相关项目执行或管理，承接区域应对气候变化能力建设与人员培训相关活动等；在人员构成上，以中国专家为主，尽可能多地增加区域内的国际专家交流，如邀请访问学者和其他成员国专家来东亚中心进行短期交流和互访。

三、启示与建议

1. 东亚气候中心的职能与定位

根据调研访问和问卷调查结果，综合考虑东亚地区经济、政治、科技、地理、人才等情况，我们认为，东亚气候中心应该成为东亚地区气候合作的交流平台、气候领域的区域专业智库、中国与东亚气候合作窗口、亚洲应对气候变化的专业机构和我国“一带一路”战略在气候低碳领域的技术支撑单位。综合各方意见，我们建议：东亚气候中心作为一个区域性的研究与合作机构，其主要的职责可初定为：一是组织开展区域内应对气候变化的科学、政策、方案等方面的研究工作；二是联合开展区域内应对气候变化的国际交流和项目合作；三是承办区域及全球性应对气候变化领域的国际会议、人员培训以及其他相关能力建设等活动。

2. 关于东亚气候中心合作机制与交流形式

东亚气候中心将主要利用目前已有的也是较为完善和成熟的东亚峰会、中国一东盟领导人会议（10+1）、东盟与中日韩领导人会议（10+3）等合作机制，并结合东盟地区论坛、亚洲合作对话、亚太经合组织、亚欧会议、亚信会议、大湄公河次区域经济合作机制等机制，构建合适的平台和适宜的话题。同时，还应充分利用国家提供的区域及全球性的公共产品，扩大影响力，与亚投行、“一带一路”项目、丝路基金、南南合作基金等加强合作，为它们提供低碳智力支持和服务。关于合作交流形式，一是可以轮流在东亚地区国家举办应对气候变化论坛、研讨会等；二是定期和不定期发布东亚气候中心和各国智库间联合研究成果；三加强区域能力建设和人才培养活动，特别是对欠发达国家的人才培训；四是开展区域性低碳发展政策和技术示范；五是执行和管理好区域性南南合作项目。

3. 关于东亚气候中心的人才建构及资金支持

气候变化科学本身就是一门复杂的学科或专业领域，涉及气象学、环境科学、农业、水文、计算机、能源等，加之国际气候谈判涉及外交、国际政治、经济贸易等，因此未来中心在人才选拔和设置上应“未雨绸缪”，扩大视野，延揽各种相关领域人才。同时，应充分借助并整合国内外现有相关机构的力量，形成东亚区域应对气候变化研究网络和专家库。通过调研并考虑到我国的现实国情，建议东亚气候中心在初期创办时可以借助如下渠道：一是亚专资项目，亚专资是我国政府为推动与亚洲各国、机构之间的合作，由中央财政设立的专项资金，具有资金稳定、主要应用于技术研究之类的特点；二是多多依靠将要成立的气候变化南南合作基金的资金；三是与一些有关低碳、能源和气候合作等的区域和国际组织合作；四是与亚投行、丝路基金、“一带一路”新战略的绿色低碳项目合作。

参考文献

[1] 刘燕华．气候变化与科技创新 [M]. 北京：科学出版社，2009.

[2] 陈泮勤，曲建升，等．气候变化应对战略之国别研究 [M]. 北京：气象出版社，2010.

[3] ASEAN cooperation on environment. ASEAN Action Plan on Joint Response to Climate Change [R]. Adopted at the 12th AMME (2012). http://environment.asean.org/asean-working-group-on-climate-change/.

[4] 刘燕华．适应气候变化：东亚峰会成员国的战略、政策与行动 [M]. 北京：科学出版社，2009.

[5] 朱慧．东盟气候外交的“小国联盟”外交逻辑及其功能性分析 [J]. 江南社会学院学报，2015 (1):34-39.

[6] 汪亚光．东南亚国家应对气候变化合作现状 [J]. 东南亚纵横，2010, (5):44-48.

[7] 李同．东亚区域气候合作浅析 [J]. 东南亚纵横，2011 (10):66-69.

[8] 许光达．气候变化对东南亚国家的影响及其合作应对 [D]. 暨南大学，2011.

[9] Foell W, Green C, Amann M, et al. Energy use, emissions, and air pollution reduction strategies in Asia[J]. Water, Air, and Soil Pollution, 1995, 85(4): 2277-2282.

[10] 陈刚 . 京都议定书与集体行动逻辑 [J]. 国际政治科学 , 2006, 2:90.

[11] 李冬 . 日本的环境立国战略及其启示 [J]. 现代日本经济，2008 (2):7-8.

[12] NDP. Japan invest US$92 million to help Africa weather climate change[Z/OL]. http ：//content. Undp.org/go/newsroom，2008-12-10.

[13] 尹晓亮 . 日本构建低碳社会战略的依存基础 、设计论证及践行特点 [J]. 日本学刊 ,2010 (4) : 67 -78.

[14] 袁利平 . 韩国的低碳绿色发展战略经验介绍 [J]. 中国科技投资 , 2011(7): 47-49.

[15] 祁国平 . 韩国的低碳行动计划 [J]. 资源与人居环境 , 2010(4): 54-55.

[16] 朴寅哲 . 绿色增长战略的韩国模式 [J]. 中国科技纵横 , 2009(12):83-84.

东亚地区低碳发展合作路径研究

柴麒敏　国家应对气候变化战略研究和国际合作中心战略规划部副主任
王　田　国家应对气候变化战略研究和国际合作中心统计考核部助理研究员
徐华清　国家应对气候变化战略研究和国际合作中心副主任、研究员

作为当前全球经济最具有活力的地区，东亚在高速发展的同时，压缩型的工业化与爆炸式的城市化造成的环境问题也越来越成为制约区域经济增长的障碍。东亚地区的CO^2排放占世界的比重已经超过了欧洲和北美排放量的总和，已经成为全球排放增量和增速最大的地区。作为新工业革命的世界潮流，寻求绿色增长和低碳发展很可能是东亚产业和金融合作中少数障碍较小的“最大公约数”，也将成为“一带一路”行动倡议的弘义融利的重要支撑。

一、东亚国家低碳发展的基本国情

目前东亚是全球人口最为稠密的地区，是世界新兴经济体最为集中的地方，也是未来增长的主要来源之一。2014 年中、日、韩和东盟共 13 个国家人口为 21.65 亿，占世界人口的 30%。如表 1 所示，从人均 GDP 增幅来看，中国、韩国和东盟 10 国在过去十年增幅均超过世界平均水平。中国作为亚洲经济增长的龙头，过去十年间年均 GDP 增幅高达 8.8%。东盟 10 国在过去十年间 GDP 增幅为 56%，年均增长率为 4.5%，高于世界平均水平。东亚国家经济发展水平迥异，其中新加坡和文莱 2014 年人均 GDP 高达 5.6 万美元和 4.1 万美元（当年价），日本、韩国经济发展水平较高，人均 GDP 为全球平均水平的 3 倍左右，均属于高收入国家。马来西亚属于中等偏上收入水平国家，人均 GDP 约为 1 万美元，略高于中国。印度尼西亚、菲律宾和泰国属于中低收入国家，而柬埔寨、老挝、越南和缅甸属于低收入国家。

表 1　东亚国家社会经济情况（WB，2015）

	人口 / 万人	GDP(2014 年) / 亿美元	人均 GDP(2014 年) / 美元 / 人	GDP 年均增长率 /% (2005—2014)
文莱	41.7	172.57	41 383.7	1.1
柬埔寨	1 532.8	167.10	1 090.2	6.2
印度尼西亚	25 445.5	8 885.38	3 491.9	5.1
老挝	668.9	117.72	1 759.9	7.2
马来西亚	2 990.2	3 269.33	10 933.5	4.4
缅甸	5 343.7	643.30	1 203.8	—
菲律宾	9 913.9	2 845.82	2 870.5	4.8
新加坡	547.0	3 078.72	56 283.7	5.0
泰国	6 772.6	3 738.04	5 519.4	2.8
越南	9 073.0	1 862.05	2 052.3	5.4
东盟 10 国	62 329.3	24 780.03	3 975.7	4.5
中国	136 427.0	103 601.0	7 593.9	8.8
日本	12 713.2	46 014.6	36 194.4	0.4
韩国	5 042.4	14 103.8	27 970.4	3.3
东亚 13 国	216 511.9	188 499.4	8 706.2	3.9
OECD 国家	127 134.4	487 553.0	38 349.4	1.1
全球	726 065.2	778 688.0	10 724.8	2.1

1990 年以来，随着人口增长、生活水平提高和化石能源比重加大，东亚国家能源排放 CO_2 有较快增长。2014 年东亚国家能源消费量占全球的 33% 左右，能源 CO_2 排放从 1990 年的 43 亿吨增长到 2014 年的 135 亿吨，占全球排放的 38%（BP，2015）。东亚 13 国中，中、日、韩 3 国占到排放总量的 88%，东盟国家中印度尼西亚、泰国和马来西亚排放量最大，分别占东盟 10 国总排放量的 33.6%、21.3% 和 15.8%，年均增长率基本都在 5% ～ 6%。增长率最快的国家是越南，年均增长率为 9.5%。东盟国家 2014 年碳强度为 1.2 千克 CO_2/ 美元（2005 年不变价），高于世界平均水平。人均碳排放方面，东亚国家之间也存在明显差异（表 2）。

东亚地区受气候灾害影响显著，大部分人口都居住在沿海地区，东京、上海、香港、新加坡、吉隆坡等人口高密度城市都受到海平面上升的威胁。亚洲开发银行 2013 年发布的《东亚区域气候变化经济分析》指出，随着海平面上升，中国到 2050 年将失去 102 平方公里的土地，将会有 100 多万人因海平面上升被迫迁徙，由此带来的经济损失高达 1 530 亿美元。日本预计将失去超过 1/4 的沿海湿地，韩国可能会失去 1/5 的海岸区。2010—2050 年间，东亚国家由于受到气候变化的影响将遭受海平面上升、暴风雨侵袭及更为严重频繁的洪涝灾害，预计造成的经济损失超过 8 500 亿美元。东盟许多地区已面临被海水侵蚀甚至淹没的风险，日益加剧的台风和海啸更是为海岸带居民的生产生活带来了极大的威胁，预计到 2100 年，印度尼西亚、菲律宾、泰国和越南的温度将上升 4.8℃，由此将带来 50% 大米减产，直接导致 GDP 每年下降 6.7%。

表 2　东亚国家 2013 年二氧化碳排放情况（IEA，2014）

	人均 GDP(2005 年）/美元	CO_2 排放 /万吨	全球占比 /%	人均排放 /（吨 / 人）	碳强度（2005 年）/（千克 CO_2/ 美元）
文莱	24 047.62	685	0.02	16.31	0.68
柬埔寨	708.72	518	0.02	0.34	0.48
印度尼西亚	1 809.36	42 461	1.32	1.70	0.94
马来西亚	6 996.97	20 725	0.64	6.97	1.00
缅甸	391.34	1 334	0.04	0.25	0.64
菲律宾	1 581.46	8 963	0.28	0.91	0.58
新加坡	36 892.59	4 656	0.14	8.62	0.23
泰国	3 437.85	24 745	0.77	3.69	1.07
越南	1 028.65	13 005	0.40	1.45	1.41
东盟 10 国	2 263.97	117 092	3.64	1.92	0.85
中国	3 576.47	897 710	27.89	6.60	1.85
日本	37 575.98	123 506	3.84	9.70	0.26
韩国	23 874.95	57 225	1.78	11.39	0.48
东亚 13 国	5 695.23	1 195 533	37.14	5.57	0.98
OECD 国家	32 209.48	1 203 768	37.40	9.55	0.30
全球	7 940.68	3 218 973	100	4.52	0.57

东亚国家是《联合国气候变化框架公约》（简称《公约》）重要缔约方，也是巴黎气候大会的积极参与者。东亚 13 国均已向《公约》秘书处提交了“国家自主决定贡献”。其中日本作为附件一国家提出了绝对量化减排目标，中国、韩国、印度尼西亚、马来西亚、菲律宾、新加坡、泰国、越南、文莱都提出了排放强度或相对“趋势照常情景”（BAU）的控排目标，柬埔寨、老挝、缅甸作为“最不发达国家”成员，提出了国家层面的减缓措施。其中东盟国家尤其侧重适应方面的措施，明确提出了适应方面的需求和优先提高领域（表 3）。

随着未来经济发展水平和能源消费量的上升，东亚国家面临发展转型的严峻压力，亟需探索绿色低碳发展模式。根据 IEA 的预测，到 2030 年，东盟国家碳排放将达到 20.12 亿吨，约为现在的两倍，人均排放达到 2.8 吨。再加上中、日、韩提出的目标，到 2030 年东亚 13 国的碳排放总量将达到 150 亿吨左右，占全球排放量的 43%，年均增长率约为 1.7%（图 1）。人均排放量将从 2012 年的 5.6 吨增长到 2030 年的 6.5 吨，高于世界平均水平（4 吨 / 人）的 60%。

表3　东亚国家自主决定贡献目标（UNFCCC，2015）

	提交时间	减缓目标类型	量化目标
中国	2015.6.30	峰值目标 强度目标	2030 年左右二氧化碳实现峰值； 碳强度比 2005 年下降 60% ～ 65%
日本	2015.7.17	绝对减排目标	2030 年比 2013 年下降 26%
韩国	2015.6.30	BAU 下降目标	2030 年温室气体比 BAU 降低 36%
文莱	2015.12.1	BAU 下降目标	2035 年能源消费总量比 BAU 降低 63%；发电量中新能源占比达到 10%
柬埔寨	2015.9.30	BAU 下降目标	2030 年温室气体比 BAU 降低 27%
印度尼西亚	2015.9.24	BAU 下降目标	2020 年温室气体比 BAU 情景降低 26%，2030 年降低 29%（有条件目标 41%）
老挝	2015.10.1	行动措施	—
马来西亚	2015.11.27	强度目标	2030 年温室气体排放强度相比 2005 年降低 35%（有条件目标 45%）
缅甸	2015.9.28	行动措施	—
菲律宾	2015.10.1	BAU 下降目标	2030 年温室气体比 BAU 减排 70%
新加坡	2015.7.3	峰值目标 强度目标	2030 年左右实现峰值； 排放强度相比 2005 年降低 36%
泰国	2015.10.1	BAU 下降目标	2030 年温室气体排放比 BAU 情景低 20%（有条件目标 25%）
越南	2015.9.30	BAU 下降目标 碳强度下降目标	2030 年温室气体排放比 BAU 情景低 8%，碳强度相比 2010 年降低 20%，森林覆盖率达到 45%

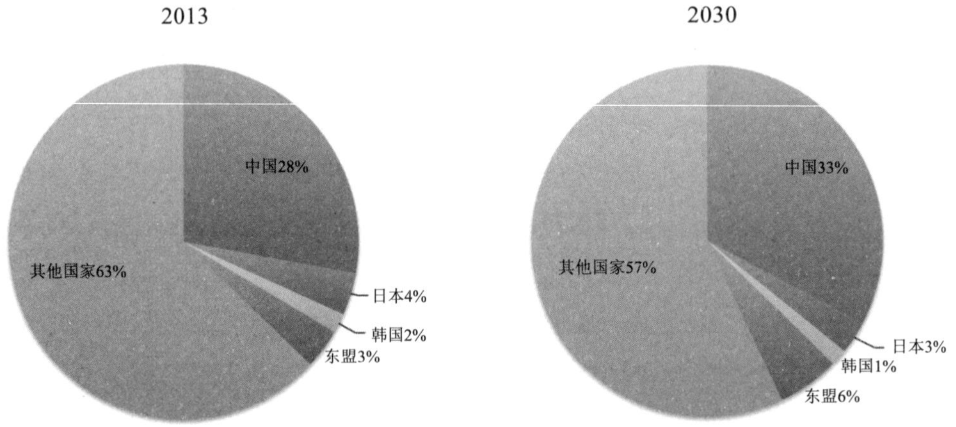

图 1　东亚国家温室气体排放全球占比

二、东亚低碳一体化的条件和意义

“里约 +20”地球峰会确立了全球“绿色经济”发展的主题，在东亚国家中，日本和韩国分别提出了建设低碳社会和绿色增长战略，我国在《关于加快推进生态文明建设的意见》

中也明确了国家“绿色化”在现代化进程中的重要地位以及绿色循环低碳发展的基本途径，将应对气候变化作为国家战略来实施。东亚清洁发展机制（CDM）项目占全球项目级市场份额约80%，中国、韩国、日本、泰国、越南等国也正在建立本地的碳排放权交易市场，应该说绿色和低碳的发展主题在东亚已经有了很好的政治经济基础，具备了区域一体化发展的条件。现行的博鳌亚洲论坛、东亚峰会、亚太经济合作组织会议等都可以作为东亚低碳事务协商的重要平台。

《巴黎协定》国家自主贡献和全球周期性盘点（Global Stocktake）制度的提出基本确立了全球2℃温控（努力争取控制在1.5℃温升）、21世纪下半叶实现碳中和的长期目标下各国自主、序贯参与减缓和适应行动的模式，《协定》第六款述及即将建立的自愿性的跨国转移市场（Internationally Transferred Mitigation Outcomcs）和联合国下的集中市场机制一定程度也将延续自《京都议定书》以来“俱乐部”制的市场政策，这给应对气候变化的区域市场合作乃至低碳发展区域一体化进程提供了更大的想象空间和新的机遇。《巴黎协定》第4.16、4.17和4.18款以及第20条的规定表明了区域经济一体化组织的内部协议可以与《协定》本身共存，有着经济贸易合作基础及减缓和适应需求的区域很可能从地缘政治和经济利益等层面形成新的“气候俱乐部”。

如同世界贸易组织（WTO）“多哈回合”后自由贸易区、关税同盟等兴起，松散的巴黎新协议也将有可能催生区域低碳共同体的发展。东亚地区在地理气候、能源消费和排放情况等方面有典型的地域特征，发展模式上既有共通性也有互补性，且主要以发展中国家为主，在低碳发展上具有区域一体化的潜质，但现有的亚洲一体化合作体制仍存在诸多局限，存在以东亚峰会等为基础继续拓展合作的深度和广度、打造东亚低碳发展合作2.0版的机遇，作为响应国家“一带一路”等行动倡议的载体。

国家发展改革委、外交部、商务部联合发布的《推动共建丝绸之路经济带和21世纪海上丝绸之路的愿景与行动》中，也明确指出“强化基础设施绿色低碳化建设和运营管理，在建设中充分考虑气候变化影响”，“在投资贸易中突出生态文明理念，加强生态环境、生物多样性和应对气候变化合作，共建绿色丝绸之路”。应该说，研究推动东亚低碳共同体（East Asia Low Carbon Community，EALCC）机制建设，特别是绿色金融在该共同体中的作用，对于中国在亚洲的战略实施具有很重要的意义。

①有助于东亚共同携手应对气候变化挑战。环境和气候灾害在东亚地区的影响是共同的，就气候变化而言，如台风、洪涝、干旱等，东亚地区比世界其他地区更有直接的联系，东亚地区需要共同的适应和减缓措施来协同应对，防范环境和气候风险。东亚本身是环境和气候脆弱地区，而且环境污染和气候变化的影响在东亚地区有关联和共通性，天然具有合作的基础，形成风险共担、责任共享的机制优势互补就能更好地应对全球气候变化的挑战。

②有助于避免东亚地区出现绿色贸易壁垒。亚洲地区经济和贸易往来密切，但现实看亚洲一体化进程仍障碍重重，现有的中国—东盟自由贸易区等开放政策来之不易，很容

易受到新的地缘政治变化、新的贸易谈判的影响，跨太平洋伙伴关系协定（Trans -Pacific Partnership Agreement）中就已经出现了绿色贸易壁垒的苗头。尽早推动东亚低碳共同体建设，开展区域间低碳发展的共商、共享、共建，有助于释疑解惑，巩固现有的贸易合作伙伴关系，并有可能开拓出新的绿色产品、技术、服务贸易种类，共同分享绿色转型的效益。

③有助于降低东亚地区温室气体减排成本。东亚地区存在不同发展阶段的国家，各国的经济形态、产业结构也存在较大的差异，减排成本有高有低，东亚地区有潜力发挥最大的合力，通过市场机制有效降低全区域内的平均减排成本，提高东亚地区的经济效率水平和综合竞争力，以较低的代价实现区域经济绿色转型和低碳发展，并有可能通过碳价补偿机制改善区域发展公平。

④有助于国家实施新的周边外交战略行动。气候外交已经成为中国新型大国关系中的重点和亮点，作为全球经济和安全事务中热点，绿色和低碳外交也将在中国的亚洲周边外交战略中发挥越来越重要的作用，是亲诚惠容、弘义融利的外交理念的最好载体和最新体现，将为中国新时期对外合作敞开一扇又一扇和平发展大门，也有助于中国发挥区域领导力，完成与“一带一路”等国家战略之间的协同和配合，与东亚国家共建“绿色丝绸之路”。

⑤有助于区域金融要素市场建立和一体化。东亚低碳共同体的重要载体就是绿色金融，东亚地区有望形成区域统一的碳排放权交易市场，以人民币作为结算货币之一，打破现有的“石油—美元—加工贸易”的三角模式和链条，推动区域间资本要素以碳为媒介的无障碍流通，同时以点带面加快东亚地区国家之间在金融领域的互联互通，促进东亚地区的一体化融合，强化经济、能源和环境之间的相互联系。

事实上，中国在绿色产业已经积累了较大优势，特别是在新能源装备制造领域，这种产业的标签是“先进”、“新兴”，不会给人“落后输出”、“污染转移”的质疑，推动的大通道、大基地建设也更符合国内西部的生态条件和资源优势。当前，绿色治理领域已经并正在形成一系列新的国际制度和规则，出现了一些新的绿色要素市场，融入、参与和引导都是借力的方式，也正好嫁接如亚投行这类低成本国际开发资本。

三、东亚地区低碳发展合作路径初步设想

在东亚低碳发展合作路径（东亚低碳共同体）的愿景目标设计上，可以设定务虚的概念框架和务实的重点目标相结合的方式，基于但不拘于2015年新气候协议中已议定的内容，采取自下而上的模式，发挥各个国家和地区的能动性，着眼于长期深化合作和机制的建立，而不计较一时一地的得失，如东亚国家和人民面临着气候变化的共同挑战，东亚各国应坚定决心、携手一道努力，建立相互间的信任和信心，推进落实《公约》的目标，最终实现东亚地区的绿色低碳、气候适应型和可持续发展转型。同时，也可以有一些量化目标，这些目标可以由各国自下而上提出并加以综合，同时可以与中国国内目标相衔接，如东亚排放峰值时

间、东亚碳强度目标、东亚非化石能源占比目标、东亚森林蓄积量目标等。

①重点领域识别。东亚低碳共同体非常重要的依托战略是“一带一路”，在某种程度上，该共同体是在东亚地区沿线国家实现“一带一路”低碳化的平台和途径，因此基础设施互联互通中的低碳布局也是东亚低碳共同体的优先领域，与之相关的可以有两种方式来归纳合作内容，一是按行业部门分，分为低碳能源共同体、低碳工业共同体、低碳城镇共同体、低碳交通共同体和绿色金融共同体五大部分；二是按功能要素分，分为减缓、适应、资金、技术、能力建设五个部分。两种方法各有优缺点，也可以并行进行。

②核心机制设计。东亚低碳共同体的合作机制设计可以考虑分为三个层次，一是决策层面，建立高级别经济社会气候事务商议平台，围绕共同体的愿景和行动开展常态对话和交流，确立2020年和2030年中长期目标，制订《东亚气候变化和绿色发展共同声明或宣言》；二是执行层面，建立区域级气候变化和绿色发展中心，总部设在中国北京，中心领导委员会成员由各国选拔推荐，成员在东亚区域内招募，下设东亚气候变化和绿色发展基金（依托气候变化南南合作基金和亚洲基础设施投资银行），与各国国际合作和智库机构开展广泛合作，为东亚绿色低碳发展提供政策和投资咨询，处理日常事务；三是市场层面，分阶段逐步建立东亚区域性碳排放权交易市场，第一阶段可以以中国碳市场为主开展项目层级的单向交易，推动工程和技术领域的合作，推动中国低碳企业“走出去”，增加对外绿色投资。

③议事平台搭建。东亚低碳共同体（EALCC）可以尝试以东亚峰会为基础，实行“6+1+1”机制，即能源部长、工业部长、城镇部长、交通部长、财政部长、商务部长+气候（环境）部长+智库的模式；同时结合博鳌亚洲论坛和亚太经济合作组织不同的特色，元首级非正式会晤在APEC会议期间开展，商业界领袖峰会在博鳌论坛期间开展。东亚低碳共同体（EALCC）同样以高官会议为核心，总部设在中国北京，秘书处挂靠中国国家发展和改革委员会，下设“东亚应对气候变化区域研究与合作中心”和“东亚气候变化和绿色发展合作基金”，统筹日常事务，并设置低碳能源、低碳工业、低碳城镇、低碳交通和绿色金融五个工作组，协助高官开展相关业务。

④创新金融合作。东亚跨区域绿色投融资体系依托拟筹建的“东亚气候变化和绿色发展合作基金”，资金来源主要是亚洲基础设施投资银行（AIIB）、丝路基金、气候变化南南合作基金、中国清洁发展机制基金等，由AIIB执行托管，东亚低碳共同体（EALCC）的成员国选拔推荐代表担任基金董事会成员，参与基金的投资决策。基金投资的领域主要是元首、部长、高官会议决定的重点领域和重点工程，如低碳能源互联网等，同时支撑东亚区域内各项应对气候变化和绿色发展的能力建设，包括智库机构的建设和运营。基金会每年发布《亚洲低碳投资和技术目录》，测算投资需求，从政府和社会资本合作（PPP）的角度为市场和企业提供有效投融资信息，推动东亚地区的绿色投融资机制和绿色信用体系的建立和完善，推动亚洲绿色债券市场的开放和发展，深化中国—东盟银行联合体、上合组织银行联合体在绿色低碳领域的务实合作，以银团贷款、银行授信等方式开展多边绿色金融合作。

四、东亚跨区域碳市场的互联互通

根据世界银行集团《2015 年碳定价现状与趋势》报告显示，自 2012 年以来世界各地已经实施或者计划实施的碳定价计划的数量增加了近一倍，约有 40 个国家和超过 20 个城市、州省或地区实行了碳定价，其中包括亚洲 6 个国家和超过 10 个城市、州省或地区，根据世界银行的预测数据，2020 年全球碳交易市场总额将达到 3.5 万亿美元，碳市场有望赶超石油市场成为世界第一大市场。世界银行报告进一步认为，与各国单独采取措施相比，国际间开展合作能够显著降低实现全球 2℃温控目标的成本，因为这使得各国在更大范围内配置减排资源成为可能，合理的碳定价激励使低碳项目获得融资，将有助于各国绿色增长计划的实施。

在去年的《中美元首气候变化联合声明》中提到“中国政府计划于 2017 年启动全国碳排放交易体系，将覆盖钢铁、电力、化工、建材、造纸和有色金属等重点工业行业”，“十三五”规划纲要也明确了“推动建设全国统一的碳排放交易市场”的任务，届时中国将取代欧盟成为全球最大的碳市场。在 2014 年 9 月国家发展改革委颁布的《国家应对气候变化规划（2014—2020 年）》中提到，中国将“积极参与全球性和行业性多边碳排放交易规则和制度的制定；密切跟踪其他国家（地区）碳交易市场发展情况；根据我国国情，研究我国碳排放交易市场与国外碳排放交易市场衔接可行性；在条件成熟的情况下，探索我国与其他国家（地区）开展双边和多边碳排放交易活动相关合作机制”。在当前“一带一路”战略背景下，东亚跨区域碳市场的建立先期可以尝试考虑以中国碳市场为主开展项目层级的单向交易，借助多边金融工具以“核证减排”为突破口推动工程和技术领域的合作，推动中国低碳企业“走出去”，增加对外绿色投资。

①第一阶段（2015—2020 年），试点连接交易。这一阶段以东亚各国和地区自下而上的建立独立的碳市场为主，试验和完善本国和本地区的碳定价机制，同时做好基础工作，摸清东亚地区的排放家底，建立透明度（MRV）机制，培育第三方服务和咨询机构，跨区域的碳市场交易主要以项目层级为主，一般为有限单向交易，如核准后的东盟国家减排单位在中国国家市场进行限额交易，这一阶段的交易主要是示范性的，以小额项目试点为主，可视为中国对东盟发展中国家的低碳投融资和能力建设的支持，主要支撑平台为中国气候变化南南合作基金，并探讨日、韩等较发达市场的共同参与。

②第二阶段（2020—2025 年），单向连接交易。这一阶段仍被视为对东亚发展中国家的培育保护期，交易仍以东亚其他国家向中国（日、韩等国）单向买卖为主，但随着能力建设的深入和各方条件的准备成熟，此阶段各个市场的连接将更为全面，交易额度逐步提升，东亚地区应对气候变化和绿色发展的愿景和目标更为明确，各国自主贡献以包容性的方式予以确认，并体现“共同但有区别的责任”和“各自能力”原则，区域性交易系统和平台完成搭建，东亚联合交易所完成组建，注册登记平台、监测、报告与核查规则、配额分配方法、履约规则、相关资质要求和监管等基本完成对接，东亚全区域内的统一碳市场初步建立。在此

期间，东亚低碳共同体机制平台要与亚投行、亚开行、丝路基金、新发展银行等多边银行充分开展绿色金融合作。

③第三阶段（2025—2030 年），双向连接交易。从这一阶段开始逐步过渡到完全市场，交易不再限定单向，中、日、韩本地市场之间、中、日、韩和东盟国家之间、东盟国家内部都可以进行双向的限额交易，一定程度上碳要素在亚洲地区自由流动和配置，碳定价的调控和监督机制逐步完善，东亚地区的低碳互联互通更为紧密，交易量额和流动性保持在较高的活跃水平，东亚低碳共同体统一区域市场正式建立。在此期间，东亚气候变化和绿色发展基金机制将逐步完善和资金规模将逐步扩大，并以东亚碳市场作为新的资金来源，同时持续加大对东亚发展中国家全方位低碳发展能力建设的支持。

④第四阶段（2030 年后），外部连接交易。这一阶段主要是东亚碳市场与欧盟、北美等其他区域市场进行连接，这样的连接取决于届时全球气候治理的范式和推进市场化合作的进程。可以预想，作为新兴市场的东亚碳市场将成为最大的区域性市场，将有可能在全球碳定价中掌握充分的话语权，为亚洲地区的绿色竞争力和领导力的提升奠定扎实的基础。

东亚低碳共同体预计覆盖 150 亿吨的 CO_2 排放市场，至 2030 年有望实现约 500 亿美元的现货交易和万亿美元规模的期货交易。未来 15 年，除碳市场外的节能和能效、低碳能源（天然气、核能和可再生能源）及相关基础设施等投资预计可达到 7 万亿美元，新增东亚地区绿色就业人口约 5 000 万。低碳发展将为东亚新兴市场带来新的繁荣和高质量的增长，中国将与东亚国家共建“绿色丝绸之路”，共同推动东亚地区整体环境的改善和可持续竞争力的提升，为《公约》和《巴黎协定》的有效实施做出新的贡献。

2016 年气候变化国际谈判形势前瞻

陈　济　国家应对气候变化战略研究和国际合作中心国际合作部
傅　莎　国家应对气候变化战略研究和国际合作中心国际合作部
祁　悦　国家应对气候变化战略研究和国际合作中心国际合作部
樊　星　国家应对气候变化战略研究和国际合作中心国际合作部

摘　要：巴黎协定确定了 2020 年后气候变化国际合作的体制框架，也成为公约进程的里程碑。2016 年是巴黎协定达成的第一年，将迎来 5 月附属机构会议和 11 月在马拉喀什举行的第 22 次缔约方会议。期间，巴黎协定特设工作组（APA）的谈判将正式启动，落实巴黎协定将成为谈判的重点工作。本文试图通过分析研判巴黎会议后气候变化国际谈判的新形势、各主要谈判方在波恩会议前不同场合的立场以及国内相关政策和行动进展，对波恩会议及今后的谈判进程进行了梳理，并对中国参与后续谈判和开展相关国内工作提出建议。

关键词：气候变化　国际谈判　前瞻

巴黎会议将《联合国气候变化框架公约》（简称公约）谈判进程的政治关注度推向了前所未有的高度。在强劲的政治推动力的作用下，巴黎会议最终取得成功，达成的《巴黎协定》确定了 2020 年后气候变化国际合作的体制框架，也成为公约进程具有里程碑意义的事件。当然高潮过后，谈判进程还将继续，2016 年 5 月将迎来附属机构会议和 11 月在马拉喀什举行的第 22 次缔约方会议。期间，巴黎协定特设工作组（APA）的谈判将正式启动，落实《巴黎协定》将成为谈判的重点工作。本文试图通过分析研判巴黎会议后气候变化国际谈判的新形势、各主要谈判方在波恩会议前不同场合的立场以及国内相关政策和行动进展，对波恩会议议及今后的谈判进程进行了梳理，并对中国参与后续谈判和开展相关国内工作提出建议。

一、总体形势

（1）谈判或进入以技术磋商为主要特征的“新常态”

巴黎会议的成功很大程度上源于其获得的政治推动力，近 140 位国家领导人出席大会为整个公约进程做出了史无前例的政治背书，几个月后 177 个缔约方签署《巴黎协定》是对这一政治背书的延续。然而，这样的政治推动力也极有可能是“后无来者”的，公约进程的政治关注度也将随着《巴黎协定》签署而逐渐降低。在巴黎会议后的多个场合，主要缔约方的谈判代表均表达过后续谈判应转入技术性磋商色彩更浓的谈判模式，强调巴黎会议给后续谈判留下了很多机制规则的细节谈判任务，落实《巴黎协定》的谈判应更具体、更技术，以便为《巴黎协定》的实施做好准备。从目前各方的表态来看，年底的摩洛哥会议也将以落实《巴黎协定》为主题，成果预期也将更关注机制和规则的建立和完善。

（2）维持传统的两大阵营划分面临更严峻的挑战

首先，《巴黎协定》只是确定了 2020 年后国际气候合作原则和框架，后续谈判将聚焦细节和规则的设计。发展中国家在细节谈判中的诉求差异性将进一步凸显，从而增加了发展中国家寻找政治共识的难度，维系发展中国家团结的着力点将有所减少；其次，发达国家也在不断通过多种手段打破发展中国家联盟。巴黎会议期间，欧盟与 79 个非洲国家、加勒比海与南太平洋地区国家宣布成立“雄心联盟”，甚至连巴西等中国和印度重要的谈判战略依托也加入了该联盟。《巴黎协定》在资金支持问题上提出要特别考虑气候脆弱国家的关切，专门提出对最不发达国家和小岛屿发展中国家的支持，由脆弱性定义争论引起的国家分组的讨论也不利于发展中国家在更多问题上形成共识；最后，南非卸任 77 国集团主席之后，协调发展中国家立场的难度加剧。作为非洲区域大国以及基础四国之一，南非在担任主席国期间获得了发展中国家的广泛支持，但接任主席国的泰国其政治影响力则相对较弱。

（3）大国在全球气候治理中发挥越来越重要的作用

中国、美国、法国等大国在《巴黎协定》的谈判进程中做出了不可替代的重要贡献，《巴黎协定》的达成也是在协商一致原则下的推动多边进程的成功典范。在政治层面，大国的领导力仍是推动应对气候变化国际合作进程的关键动力；在各方博弈中，大国的影响力和润滑剂作用也是各个集团达成一致的必要条件；在技术细节上，通过多种渠道的双边和小多边磋商，大国也有能力制定并提出更容易被各方接受的解决方案。“后巴黎”时代关于技术细节的谈判仍离不开主要大国积极引导，建设性地参与各议题谈判，在重要问题上加强协商，为推动谈判进程提供持久动力。

（4）谈判中存在的主要矛盾没有发生根本性的改变

巴黎会议成果之所以能获得各方接受，是各方关切不断平衡、尽量选择“折中表述方案”

的结果。这也意味着公约谈判进程中的主要矛盾没有变，包括如何体现发达国家和发展中国家的区分、气候变化国际合作是否以减缓为中心以及如何确保发达国家提供有效和充足的支持等。

（5）主要缔约方落实自主贡献面临不同层面的挑战

各国要落实其贡献仍面临着诸多困难和挑战，如美国由于其国内政治环境导致潜在的政策不延续性和不确定性；中国、印度由于身处快速工业化和城市化进程，面临社会经济发展的巨大不确定性而导致排放的不确定性等。同时，众多发展中国家自主贡献中都提到其贡献的落实需要相应的资金、技术、能力建设方面的支持，而巴黎会议并未就如何落实这些支持做出具体安排，这也给这些贡献能在多大程度上得到实施带来疑问。此外，国家自主贡献的落实和更新还面临相应程序、规则和指南的约束，发展中国家是否有能力根据具体的登记形式、贡献特征、信息要求、核算规则要求等更新、提交贡献还取决于相应的制度安排。

二、主要问题

1. 关于协定生效

根据相关条款，《巴黎协定》的生效分为两个步骤并需满足两个条件。两个步骤包括签署和参加（批准、接受、核准或加入），两个条件是至少 55 个公约缔约方加入协定并且涵盖全球 55% 的温室气体排放量。目前已有 177 个公约缔约方签署协定，其中 16 个缔约方完成国内程序已加入。根据公约秘书处提供的计算生效所需温室气体排放占比的数据，中、美、欧排放全球占比分别为 20%、18% 和 12%，已可达 50%。可以看出《巴黎协定》生效问题并不大，甚至已有会议开始讨论协定过早生效可能产生的“负面”影响。

关于协定生效，目前有两方面的问题：一是部分发展中国家对加入协定有不同的担忧。一些发展中国家认为，加入协定并推动协定早日生效可能丧失要求发达国家提供 2020 年前行动力度和进一步强化支持力度的主动权；另一些发展中国家则担心在协定生效后还没有参加协定的缔约方会在一个时期内失去参与相关决策的机会。中国已签署了《巴黎协定》，并明确提出将在今年 9 月二十国集团领导人峰会前完成加入协定的国内程序。二是如果协定早生效，谈判进程至少将面临两方面的问题：第一，细节规定和相关机制建设的谈判尚未完成，无法实质性落实巴黎协定。国家自主贡献、全球盘点、强化透明度机制等是《巴黎协定》确定的新机制，按照以往公约谈判进程推进的速度判断，新机制的谈判需要较长时间完成。除此之外，还有一些现有机制的“改造”和强化也需要时间。第二，如何处理与多哈修正案生效的时间差。《多哈修正案》于 2012 年通过后一直没有达到生效条件，如今《巴黎协定》生效的步伐不断加快，《巴黎协定》早于《多哈修正案》生效的可能性并非不存在。发展中国家应敦促有关发达国家加快批约程序，防止发达国家忽视甚至逃避 2020 年前的减排义务。

2. 关于不断提高行动力度

巴黎会议成果通过一系列“自上而下”的程序性和制度性安排，建立了致力于各国不断提高解决“自下而上”的自主贡献与长期温控目标间差距问题的行动力度机制。机制包含但不限于以下三方面内容：①通过指南明确国家自主贡献的范围、特征、信息、频率，并建立贡献的“不倒退、递进性”等原则；②通过强化的透明度机制确保贡献的实施和落实；③通过全球盘点机制从2023年开始，每5年对全球实施协定宗旨及其长期目标的总体行动进展进行盘点，为各国更新和通报国家自主贡献提供参考。

除去透明度机制，不断提高力度机制的后续谈判任务将集中于两方面：一是与国家自主贡献相关的规则，包括自主贡献的特征、信息和核算指南；二是与全球盘点相关的规则，包括全球盘点的模式、信息来源等。上述工作均在巴黎会议决定中有明确授权，将在《巴黎协定》特设工作组第一次会议启动谈判，并由作为《巴黎协定》缔约方会议的公约缔约方会议第一届会议审议和通过。

具体而言，后续谈判焦点主要涉及如下问题：①如何在贡献和盘点相应规则中平衡考虑各要素，并有效建立减缓 / 适应贡献与实施手段 / 支持之间的联系；②如何在相应规则制定中充分考虑发展中国家的实际能力和困难，体现区别，给予发展中国家充分的灵活性；③如何确保不断提高落实力度，切实有效发挥作用，包括如何通过盘点而共享良好做法和经验，促进技术研发和推广，建立弥补差距的激励合作机制等。

3. 关于透明度

巴黎会议成果明确要求2020年后建立强化的透明度机制，该机制应建立在现有透明度机制基础上，制定统一的规则，并给予发展中国家一定灵活度。2020年后，透明度机制将继续采用“缔约方报告 + 技术审评分析 + 多边评估和磋商”的方式，与目前的测量、报告和核证（MRV）进程基本一致。

后续谈判的焦点将集中在如何处理好“统一”和“灵活度”的关系。现有透明度机制为附件一和非附件一国家制定了不同的程序、模式和指南，体现了能力上的“区别”。2020年后透明度机制则更强调“共同”，但将通过“灵活度”来反映不同缔约方之间的能力差距。哪些国家在执行透明度条款时应有灵活度，灵活度体现在哪些方面（报告频率、内容、准确性等）是后续谈判中需要解决的焦点问题。

此外，透明度机制如何服务于全球盘点也将引起各方关注，特别是各国自主贡献的目标和实施进展相关信息将成为全球盘点的重要基础，但在建立两机制联系时应充分注意到“个体”与“整体”的区别，避免因使用各缔约方报告信息而导致全球盘点过于关注个别缔约方的目标力度和行动进展。

4. 关于支持

《巴黎协定》对发达国家根据公约要求继续向发展中国家提供资金、技术和能力建设支持做出了明确规定，为在后续谈判中发达国家继续承担相关义务提供了框架性保障。预计后续谈判将主要解决以下问题。

第一，谁提供支持。协定的资金条款较为明确，发达国家向发展中国家提供资金支持，其他国家自愿提供支持；技术和能力建设条款表述仅为发展中国家应该获得支持。该问题背后的争论是“有能力的”发展中国家也应承担提供支持的义务。

第二，支持的力度。《巴黎协定》资金条款还提出了提高支持力度的概念，但如何将概念转变为可操作的机制安排，特别是扩大到技术和能力建设领域都将充满不确定性。

第三，在其他要素中的体现。支持问题与国家自主贡献、全球盘点以及透明度都有联系，这些巴黎协定下的关键机制不应仅仅聚焦于减缓，而应充分的反映发达国家对发展中国家的支持。

5. 关于加强 2020 年前行动力度

落实已有承诺和加强行动力度是各方建立信任和信心的基础。巴黎会议就加强 2020 年前行动力度做出了一系列安排，包括在第 22 次缔约方会议期间就发达国家 2020 年减缓目标力度和提供支持的充分性开展具有促进作用的对话，到 2020 年前组织举办减缓和适应相关技术专家会以识别更多的行动机会和潜力，加强高级别的政治影响力促进各方合作，以及鼓励非国家主体积极参与应对气候变化行动等。然而，这些安排并不能解决发达国家减缓行动力度不足和资金承诺落实不到位的问题，发展中国家仍需不断向发达国家施加压力，敦促其履行承诺并提高行动力度。

三、工作建议

一是保持大国定力，继续坚持公约原则，坚持发展中国家定位。不论巴黎会议多么成功，《巴黎协定》将来发挥多大的作用，这些都是公约进程的成功，都是公约进程中具有里程碑意义的阶段成果。中国除了推动《巴黎协定》生效，积极落实《巴黎协定》，另一方面，在谈判中还应该坚持公约原则，要强调《巴黎协定》细化规则谈判和后续实施也应以加强公约的实施为目的，防止发达国家用《巴黎协定》逐步取代公约。尽管中国近年来逐步走到了全球气候治理舞台的中央，正发挥着越来越关键的领导作用，但中国仍应坚持发展中国家定位。中国在近中期内不论经济社会发展到什么程度，都应和广大发展中国家站在一起，利用自身的领导力和影响力，共同捍卫发展中国家的发展权利，携手推动公平、“共同但有区别的责任”以及各自能力等公约原则的落实。

二是妥善处理好与大国的关系，保持中欧、中美气候变化合作的热度，维护好政治互信的氛围。中国已与美国、欧盟、巴西、印度、英国、法国等多个国家和缔约方发表气候变化联合声明，与更多的国家建立了气候变化长效合作机制，也在推进气候变化多边进程的同时打造了牢固的双边渠道。特别是与美国的合作，通过三次元首气候变化联合声明的发表，已经将其上升为中美合作的支柱。中美应维护和利用好现有的双边资源，继续对相关大国施加影响，合理管控主要国家对我国的预期，更加主动地在多边谈判进程中发挥领导作用。

三是继续巩固基础四国、立场相近发展中国家战略依托，协调好发展中国家内部、发达与发展中国家各集团之间的关系。基础四国和立场相近发展中国家是我国长期经营的重要谈判集团，也是我国在谈判中重要战略依托。两个集团在维护发展中国家利益、坚持公约原则等方面发挥了重要作用。中国在组织和参与两集团的磋商与协调的过程中对集团各成员逐步了解和熟悉，在管控各方分歧、协调各方利益方面积累了宝贵的经验，已成为两集团的核心力量，影响力逐步增大。但后续谈判无疑将面临新的谈判形势和挑战，我国更应利用好两集团，在平衡发展中国家内部分歧、协调发达国家和发展中国家立场等问题上发挥积极作用。

四是结合国内“十三五”规划任务落实，做好严格履约准备，同时研究提高力度的可行性。《巴黎协定》的成功达成为全球绿色低碳转型注入了强劲动力，为我国国内稳增长、转方式、调结构等国内政策实施创造了适合的外部环境。我国“十三五”规划中将“绿色”纳入经济社会发展的基本理念，并且继续提出控制温室气体排放的强度控制目标，同时研究并逐步引入碳排放总量控制目标，实现强度和总量“双控”。结合国内工作任务，切实履行国际承诺，应进一步采取强化措施落实“十三五”碳强度及总量控制等目标，为国内严格履约和碳排放尽早达峰做好充分准备。同时，也应针对我国国家自主贡献提高目标力度的可能性及影响开展相应研究，为后续全球盘点做准备。

二、气候及低碳政策法规研究

开展低碳发展立法思路初探*

田丹宇　国家应对气候变化战略研究和国际合作中心政策法规部博士
丁　丁　原国家应对气候变化战略研究和国际合作中心政策法规部主任、研究员
徐华清　国家应对气候变化战略研究和国际合作中心副主任、研究员

摘　要：开展低碳发展立法契合了依法治国、加快推进生态文明建设的新形势、新要求。根据我国低碳领域法制不健全的现状以及国内低碳发展相关实践工作的需要，开展低碳发展立法具有充分的必要性和现实基础。本文建议国家加快开展低碳发展立法的进程，明确低碳发展立法工作的基本原则，通过立法构建促进我国低碳发展的制度框架。

关键词：低碳发展　立法　必要性

依法治国是实现国家治理体系和治理能力现代化的必然要求，低碳发展中的重大问题必须运用法治思维来认识，运用法治方式来解决。开展低碳发展立法，是贯彻落实党的十八届三中全会和四中全会精神，加快推进生态文明建设，促进经济新常态下转型升级的重要举措。

一、低碳发展立法契合国家发展的新形势和新要求

1. 低碳发展立法是确保实现我国碳排放峰值目标的重要保障

在 2014 年底中美发布的《气候变化联合声明》中，我国已经向国际社会宣布计划 2030 年左右 CO_2 排放达到峰值且将努力早日达峰。国际重要智库、媒体均认为这是“中美外交

* 原文刊载于《中国能源》杂志 2015 年第 11 期

近几年来第一大事”。通过低碳发展立法，可以保障落实我国2020年单位GDPCO_2排放控制目标和到2030左右CO_2排放峰值目标，进一步向全世界树立我国负责任大国形象。

2. 低碳发展立法是我国全面深化改革、依法治国的有力推手

党的十八大明确提出要着力推进低碳发展，积极开展碳排放权交易试点；十八届四中全会强调要加快建立促进绿色低碳发展的生态文明法律制度。我国目前低碳发展的法律体系尚不健全，低碳发展相关工作只能依据相关政策、规章及规范性文件进行，诸多管理体制和工作机制于法无据。开展低碳发展立法是依法行政的前提条件。用法治思维实现绿色发展是我国实现国家治理能力现代化的必然要求。

3. 低碳发展立法是贯彻落实《中共中央　国务院关于加快推进生态文明建设的意见》，促进经济新常态下转型升级的重要抓手

党的十八大以来，党中央高度重视生态文明制度建设，习近平总书记提出经济发展新常态，提出“既要金山银山，又要绿水青山”的发展目标，要改变原来的高耗能、高排放、粗放型的发展方式，实现经济绿色低碳发展。推进低碳发展立法，一方面可推动我国技术创新和产业升级、优化国内能源结构、转变经济发展方式；另一方面可对高碳排放以及危害生态文明的投资和产业加以约束制止。

二、开展低碳发展立法具有良好的国内外基础

1. 韩国低碳绿色增长基本法为我国立法提供了很好借鉴

2008年韩国总统李明博提出了“绿色增长”的主张，提议把“低碳绿色增长战略”作为韩国新的远景目标，通过低碳绿色增长减少二氧化碳排放、降低能源消耗、提高可再生能源使用比例，通过绿色产业发展创造更多就业岗位、改善国际收支，实现生态环境友好型的经济增长，提高韩国的竞争力。在此背景下，韩国政府于2010年颁布了《低碳绿色增长基本法》，提出在2020年以前把温室气体排放量减少到“温室气体排放基准情景”的30%。该法的主要内容包括：制定绿色增长国家战略，制定绿色经济产业计划，实行气候变化和能源目标管理制度，设定温室气体中长期的减排目标，构筑温室气体综合信息管理体制以及建立低碳交通体系等。韩国《低碳绿色增长基本法》将国家绿色增长战略、减排目标和低碳相关制度上升为法律，对于推动国家低碳发展进程起到重要保障作用，对于我国开展低碳发展立法提供了很好的借鉴。

2. 国内《循环经济促进法》实践为低碳发展立法提供了宝贵经验

近年来，我国在推进生态文明建设，着力推动循环发展以及绿色发展方面先后制定和修订了多部法律。其中《循环经济促进法》对于生产、流通和消费等过程中进行的减量化、再利用、资源化活动进行了法律规制，对于推进循环经济发展，提高资源利用效率，保护和改善环境，实现可持续发展起到了一定的作用。该法构建了循环经济领域的公众参与制度、规划制度、指标评价考核制度、名录制度、能耗水耗的重点监督管理制度、统计制度和标准标识制度。这些制度设计对开展低碳发展立法提供了宝贵的经验。尽管该法在制度设计上框架性的规定较多，可操作性不强，但《循环经济促进法》的立法经验和教训为低碳发展立法提供了宝贵的经验。

3. 国内低碳试点为低碳发展立法奠定了基础

我国从 2010 年在“五省八市”开展了第一批低碳省区和低碳城市试点，并于 2012 年开展了第二批低碳省区和低碳城市试点。几年来各试点地区立足自身实际，坚持先行先试，探索了许多行之有效的低碳发展模式，形成了一批可复制、可推广的低碳发展制度成果，有效提高了当地低碳发展的能力和水平，起到了良好的示范带头作用。低碳试点在模式创新、制度建设和配套政策等方面开展的宝贵探索对于开展低碳发展立法奠定了基础。

4. 国内碳排放权交易市场建设对立法提出了明确需求

党的十八大明确提出要建设碳排放权交易市场的要求。但是碳排放权交易试点已面临的法律法规瓶颈急需在立法层面突破。推动建立全国碳排放权交易市场，需要法律层面对一些重大制度做出规定，如温室气体总量控制制度、碳排放权交易制度、温室气体排放统计、核算与报告制度等。加快开展低碳发展立法，有利于明确市场中各类主体的权利义务，依法保障市场在低碳资源配置中的决定性作用，处理好政府和市场的关系，解决市场体系不完善、政府干预过多和监管不到位问题。

5. 加快生态文明建设为低碳发展立法创造了良好环境

党的十八大将生态文明建设提高到“五位一体”的战略布局高度，从理念层面强调了生态文明的重要性，而十八届三中全会进一步在加强生态文明建设的具体措施和落地政策方面有了重大突破。《中共中央　国务院关于加快推进生态文明建设的意见》明确提出坚持把低碳发展作为基本途径，到 2020 年实现单位国内生产总值 CO_2 排放比 2005 年下降 40% ～ 45% 的目标。生态文明建设是低碳发展的灵魂和目标指向，低碳发展是生态文明建设的重要阵地。低碳发展必须在法治的轨道上运行，并以法治引领、规范、促进和保障。以加快推进生态文明建设为契机，通过开展低碳发展立法，对碳排放强度和总量进行强制性规定，可以形成绿色低碳发展的倒逼机制，早日实现控制温室气体排放行动目标，推动生态文明建设迈上新台阶。

三、低碳发展立法思路

1. 加强低碳发展法律体系建设顶层设计

全国人大常委会 2009 年在《关于积极应对气候变化的决议》中明确要求，要把加强应对气候变化的相关立法作为形成和完善中国特色社会主义法律体系的一项重要任务，纳入立法工作议程。建议加快国家层面的低碳发展立法进程，构建以低碳发展促进法为纲领，以相关条例和部门规章为主干、以配套规范性文件和地方法规规章为支撑的低碳发展法律体系，为低碳发展提供有力的法律保障和制度支持。

2. 明确开展低碳发展立法的原则

为了保证低碳发展政策的可持续性，确保低碳发展事业有法可依，建议在开展低碳发展立法工作过程中遵循以下原则：

①坚持现实性和前瞻性相结合。立法工作将为未来较长一段时间内的低碳发展建章立制，应以国内现有的实践经验积累为基础，但不局限于当前的实践发展水平。对于已被国际经验证明为行之有效的控制温室气体排放制度，应本着前瞻性的精神进行大胆的引入和制度创新，力求通过立法借鉴推动国内低碳发展实践，并且能够在实践发展日新月异的情况下保持法律的稳定性，突出体现十八大报告提出的“加强制度创新”的要求。

②坚持框架性和操作性相结合。在研究中我们对中国低碳发展的法律体系的层次性和体系性进行了整体考虑。鉴于开展低碳发展立法的紧迫性，为减小立法阻力，建议国家层面开展的低碳发展促进法主要是框架性的法，构架出我国低碳发展的基本法律框架，对于条件不成熟的内容预留立法空间，以待未来进一步出台配套条例或细则予以完善。但同时力求立法成果兼具可操作性，对于低碳发展核心的“碳排放总量控制”、“碳排放配额管理”、“碳排放权交易”、“碳排放统计、核算与报告”、“低碳产品标准、标识与认证”等制度尽量具体细化，能够尽快为相关工作提供法律依据和保障。

③坚持全面性和重点性相结合。低碳发展涉及能源、建筑、交通、工业、农业、林业等国民经济多个领域，低碳发展立法应兼顾相关领域低碳发展的主要原则和规则。同时，由于低碳发展的关键在于控制温室气体排放，立法中应围绕控制温室气体排放进行重点制度设计，填补国内关于温室气体管理方面的法律空白。

④坚持禁限性和激励性相结合。国家低碳省市试点经验表明，低碳发展需要动员民智民力，引导公众积极参与。低碳发展立法除了必要的法律强制性措施外，还应采用激励性、自愿性、保障性的法律手段，全方位地促进低碳发展进程。

3. 确定低碳发展立法的主要制度框架

①建立碳排放总量控制制度。通过分阶段对各地区及重点行业制定碳排放总量控制目

标，实现对碳排放总量的有效管理。

②建立碳排放配额管理和交易制度。根据总量控制制度的要求，确定国家以及各省、自治区和直辖市的碳排放配额总量以及排放配额分配的方法。在国家、省（自治区、直辖市）、重点温室气体排放单位三级主体之间建立排放配额分配、管理、交易和清缴机制。积极探索利用市场化手段，以较低成本完成排放控制目标，逐步建立全国碳交易市场。

③建立碳排放统计、核算与报告制度。建立健全涵盖能源、工业、建筑、交通等重点领域的碳排放统计体系，定期编制国家和省级温室气体排放清单，实行重点企业直接报送温室气体排放情况的管理制度。

④建立标准、标识与认证制度。制定重点行业温室气体排放国家标准，制定低碳产品的标准、标识与认证制度，鼓励企业制定严于国家和地方标准的温室气体排放标准。

参考文献

[1] 林灿铃.《国际环境法》，人民出版社 2004 年版，第 340-349 页。

[2] 徐华清.《主要国家气候变化立法进展及比较》，《应对气候变化报告（2011）——德班的困境与中国的战略选择》，第 99 页，王伟光，郑国光主编，社会科学文献出版社，2011 年 11 月版。

[3] 郭红岩.《美国联邦应对气候变化立法所涉重点问题研究》，载《中国政法大学学报》2013 年第 5 期，第 126 页。

[4] 田丹宇.《中国目前气候治理组织机构评析》，载《中国政法大学学报》2013 年第 1 期，第 138-149 页。

中国电力行业碳减排相关政策评价 [1]

刘　强　国家应对气候变化战略研究和国际合作中心战略规划部主任
郑晓奇　国家应对气候变化战略研究和国际合作中心战略规划部助理研究员
田　川　国家应对气候变化战略研究和国际合作中心战略规划部助理研究员

摘　要：随着《巴黎协定》的达成，世界各国正朝着低排放和气候适应型社会转型，低碳发展逐渐成为大多数国家发展道路的选择。对我国来说，要实现低碳发展，必须大力推动“三个转型”，即增长方式的低碳转型、能源系统的低碳转型、消费模式的低碳转型，而如何通过合理的政策措施推动电力行业碳减排，正是能源系统低碳转型的核心所在。为此，本文利用包括笔者工作单位在内的3家机构构建的“能源政策模拟模型”，定量评估了电力行业的碳排放情景和不同政策对碳排放的影响，对电力行业碳减排相关政策组合效果进行了分析，并据此提出了推动电力行业低碳转型的对策建议。

关键词：电力行业　碳减排　政策评价

一、前言

我国政府一直以来都高度重视应对气候变化和低碳发展，进入21世纪以来，陆续出台多项重大举措引导和推动能源系统的低碳转型。2009年，我国政府明确提出到2020年单位GDP碳强度比2005年下降40%～45%、非化石能源占一次能源消费比重达到15%的目标[1]。2012年国家能源局公布了《可再生能源发展“十二五”规划》，明确各类可再生能源的目标、任务和布局[2]。2014年6月，习近平主席在中央财经领导小组会议中阐述了能源革命的思

1　本研究为国家应对气候变化战略研究和国际合作中心与美国能源创新组织、国家发展和改革委员会能源研究所共同完成的课题“中国碳减排政策评价研究”成果之一

想，提出了控制能源消费总量、优化能源供应结构、推动能源技术创新和推动能源体制改革为中心的能源革命总体思路[3,4]。2015 年 6 月，我国政府正式向联合国提交了《强化应对气候变化行动——中国国家自主贡献》，明确提出我国二氧化碳排放到 2030 年左右达到峰值并争取尽早达峰、非化石能源占一次能源消费比重达到 20% 左右等目标[5]。2016 年 3 月，我国政府在“十三五”规划纲要中明确提出，要“加强高耗能行业能耗管控，有效控制电力等重点行业碳排放”，以及‘十三五’期间单位 GDP 碳强度下降 18%、单位 GDP 能源强度下降 15%”等约束性目标[6]。

电力行业作为我国碳排放量最大、消费非化石能源最多的行业，是最需控制碳排放且为推动我国能源系统低碳转型的主要行业，将直接承担能源革命进程中最为核心和重要的任务。随着碳排放目标约束的增强，我国政府针对电力行业出台了多项政策和措施来改善能源结构、提高能源效率，并取得了显著成效。“十一五”以来，我国非化石电力呈快速增长态势，2015 年非化石电力装机容量达到 5.2 亿千瓦，占全社会总装机比重为 34.8%，比 2005 年增加了 10.5%；发电结构不断优化，2015 年非化石电力发电量占总发电的比重达到 25%，比 2005 年增加 7%；电力行业用能效率显著提升，2015 年火电单位供电煤耗为 315 克标煤 / 千瓦时，比 2005 年水平下降了 14.9%[7,8]。2015 年，我国电力行业碳排放约为 35.5 亿吨 CO_2[2]，占全国能源消费碳排放量的 38.2%[9]，总体上电力行业仍是最大的碳排放行业，但单位发电量碳排放呈不断下降趋势。

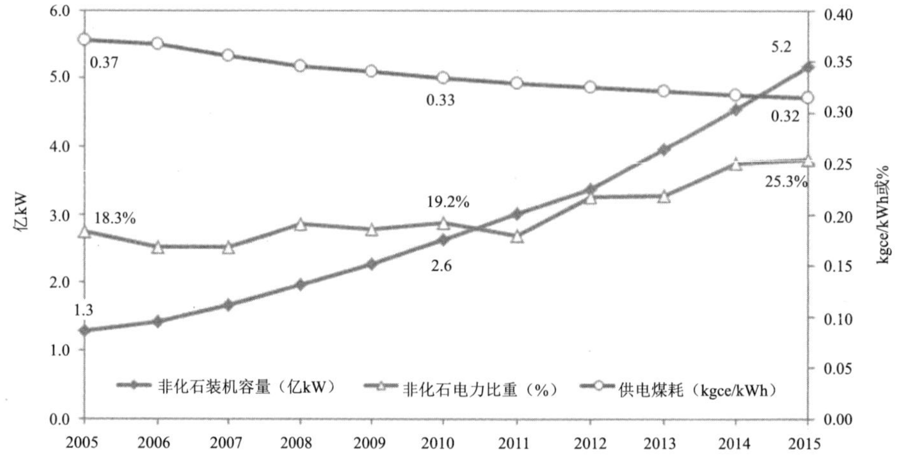

图 1　我国电力行业关键指标变化趋势

为了进一步分析电力行业低碳转型的潜力及政策影响，本研究构建了用于评估电力行业碳排放相关政策的“能源政策模拟模型”，并利用该模型分析了电力行业到 2030 年的碳排放情景，评估了不同情景下电力行业碳减排相关政策的综合影响及优先排序，并据此提出了推动电力行业低碳化发展的对策建议。

2　该数据为作者根据 2015 年全国火力发电现状推算的数据

二、研究方法学

本研究构建的“能源政策模拟模型”是一个系统动力学模型，由国家应对气候变化战略研究和国际合作中心（简称气候战略中心）、美国能源创新组织、国家发展和改革委员会能源研究所（简称能源研究所）共同合作开发，基于 Vensim 技术平台构建而成，其主要的功能是能对各种碳减排相关政策的减排潜力、减排成本、环境影响、社会效益等进行综合评估。该模型以《中国能源统计年鉴》、《中国统计年鉴》等公开出版数据以及气候战略中心、能源研究所做的情景研究数据为基础，共包括 5 个行业系统，即电力、区域供热、工业、交通运输、建筑行业，同时还包含了研发、燃料、碳捕集与封存（CCS）等输入参数模块和现金流、污染物等输出参数模块（模型框架见图 2）。模型共包含能源和气候相关政策 35 大类（细分为 166 项具体政策），可输出 5 个行业系统的 CO_2 和 $PM_{2.5}$ 排放、能源消费量、现金流变化、货币化社会效益等指标。模型分析时间为 2010—2030 年，模拟时间步长为 1 年。

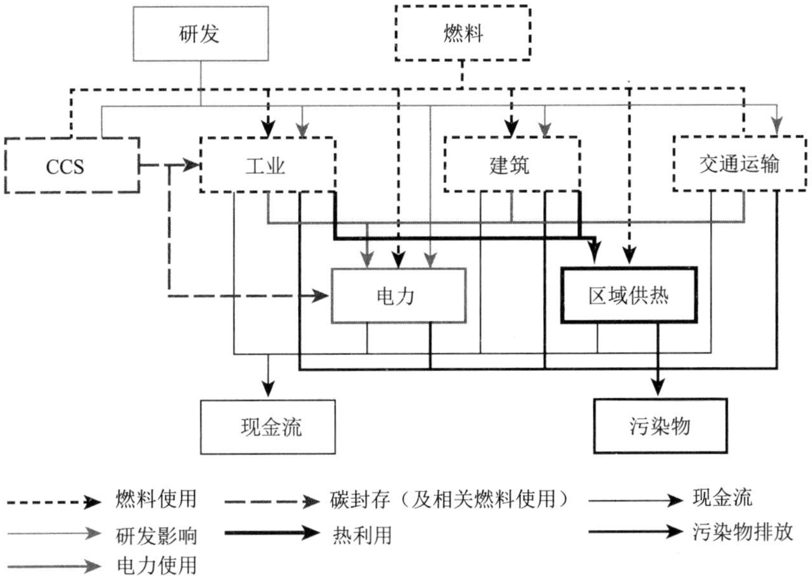

图 2　能源政策模拟模型框架图

本研究主要利用该模型对电力行业的碳减排相关政策进行评估。第一，通过加总工业、建筑和交通等部门的电力消费量，并考虑电力传输损失，从而得出电力需求量；第二，在考虑历史电力生产结构、新建电站投资和运维成本、电力系统节能调度、污染物排放约束等限制条件的基础上，基于成本最小的目标函数，给出满足电力需求的发电量及电源结构，以及相应的碳排放量；第三，当引入电力行业碳减排相关政策或改变政策实施力度后，模型将重新进行模拟，得出新政策情景下成本最优的电源结构和相应的碳排放量。本研究中考虑了电力行业 8 类碳减排相关政策，分别是：可再生能源配额制、上网电价补贴、火电厂提前淘汰、延迟电厂运行年限、强制电力装机容量目标、提高电力需求响应容量比例、增加非抽水蓄能的储能容量和经济成本最小化系统运行。

研究中对每一类政策都设置了一个取值区间，最小值为零，代表该项政策没有实施；最大值分两种，一种是具体数值，代表了该项政策最大强度时所对应的相关参数值，另一种是“字符 1”，表明该项政策已得到实施。在参考情景下，所有政策取值都为零，而在政策情景下，则根据各类政策力度的不同设定不同数值，进而通过比较参考情景和政策情景碳排放量评估由于政策组合或政策实施力度的不同所带来的碳减排量的差别。以可再生能源配额制（RPS）为例，该项政策是通过设定目标年非水可再生能源发电量占比来体现对可再生能源的激励作用，研究中根据当前中国的电力发展及其政策实施状况，将该项政策的取值区间设为 0 ～ 39%，意味着在该项政策的最大强度下，到 2030 年非水可再生能源发电占比将达到 39%。从模型分析结果看，如将该项政策设为最高强度，则相比参考情景，仅通过实施这一项政策，到 2030 年就可减排 8.73 亿吨 CO_2。为分析电力行业不同政策组合所带来的碳减排效果，本研究设定了 3 种电力行业碳排放情景，分别是参考情景、低碳情景和强化低碳情景，其中，参考情景是用于比较其他情景的基准，反映了现有趋势和现行政策的延续，包括影响燃料使用和排放的近期政策，但不考虑新的政策；低碳情景是以 CO_2 排放在 2030 年左右达到峰值为目标，同时考虑非化石能源占一次能源消费比重达到 20% 左右等相关目标；强化低碳情景以碳排放尽早达峰为目标，并更强调采用最佳成本效益的政策组合来实现碳排放控制目标。本研究的重点不在于定量给出三个情景的碳排放量，而是希望通过对不同情景的比较（即低碳情景、强化低碳情景相比较参考情景的减排效果），从减排成本、减排量和相关效益等角度，识别出较优的政策组合。

通过比较不同情景之间碳排放量的变化，可以对政策组合或单个政策的减排效果进行评估和比较，其中，对于政策组合评估来说，更多的是关注在同时实施多种政策的情况下（即考虑多个政策间的关联影响），不同政策所带来的碳减排量排序，从而识别出具有显著减排效果的政策；而对于单个政策评估来说，则重点在于评估单项政策的减排成本效益，进而得到政策的减排成本曲线。

三、研究分析结果

1. 碳排放情景对比分析

从装机容量看，参考情景、低碳情景、强化低碳情景下到 2030 年的电力装机容量将分别达到 25 亿千瓦、24.7 亿千瓦和 25.3 亿千瓦，强化低碳情景下电力装机容量之所以升高，一是因为在该情景下电气化率提升所带来的电力需求量上升；二是风电、光伏等可再生能源发电占比上升，而同样发电量下替代单位火电装机需 2 ～ 3 个单位的风电或光伏等可再生能源装机。另外，到 2030 年，低碳情景下煤电装机占比为 44.5%，比参考情景降低了 4.5%；

而天然气、风电和光伏发电装机占比分别达到 3.6%、17% 和 12%，比参考情景分别上升了 2.5%、1.5% 和 0.4%。相比较而言，在强化低碳情景下煤电装机占比将大幅下降，到 2030 年仅占总装机的 31.7%，而风电和太阳能发电装机比重则大幅上升，两者加总占到总装机容量的一半左右。

从发电量看，参考情景、低碳情景和强化低碳情景下发电量到 2030 年将分别达到 9.05 万亿千瓦时、8.58 万亿千瓦时和 7.61 万亿千瓦时，体现出电力需求侧管理不断强化的趋势。低碳情景下，煤炭发电量占比到 2030 年下降到 52%，比参考情景低 4%；天然气发电由于获得补贴类政策支持，较参考情景有较大幅度提升，到 2030 年占比达到 4.8%；2030 年风电和太阳能发电量相比参考情景也分别上升了 17% 和 14%。在强化低碳情景下，由于采用了强化的可再生能源配额制，风电和太阳能光伏发电量相比参考情景会有大幅提升，到 2030 年发电量比参考情景下分别增长 79% 和 142%。

从碳排放看，三个情景下电力行业碳排放表现出不同变化趋势。在参考情景下，电力行业的 CO_2 排放将保持持续增长态势，到 2030 年达到约 47 亿吨 CO_2；低碳情景下电力行业碳排放量到 2029 年将达峰，峰值水平约为 41 亿吨 CO_2；强化低碳情景下电力行业碳排放量将在 2020 年左右就达峰，峰值水平约为 34 亿吨 CO_2。

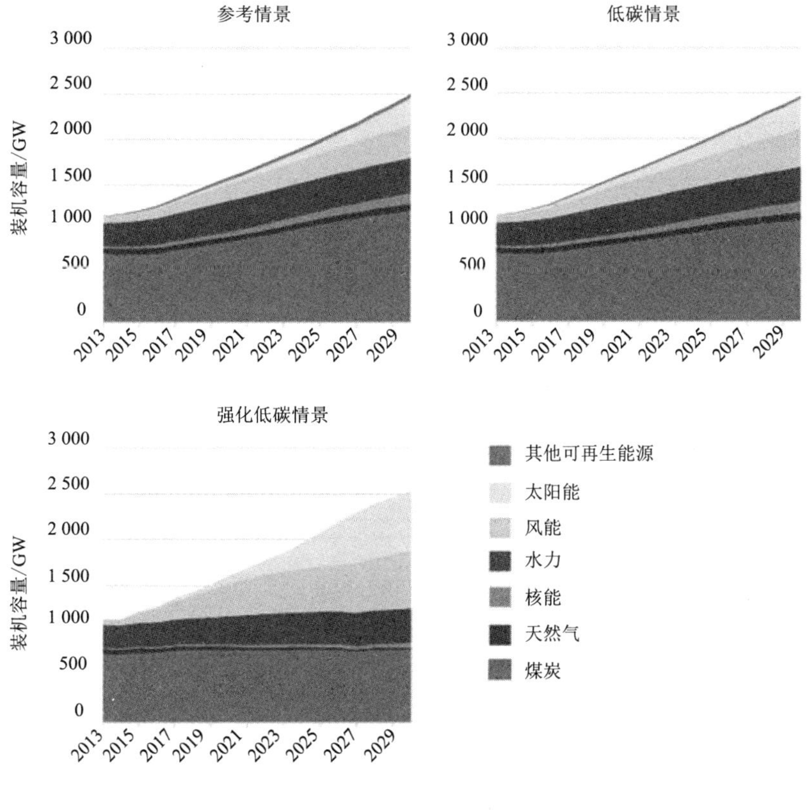

图 3　三个情景下的发电装机容量

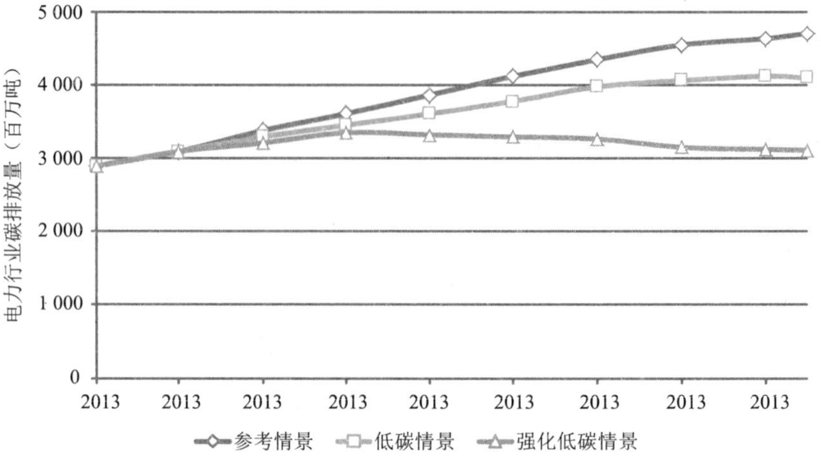

图 4　三个情景下的电力行业 CO_2 排放

2. 低碳情景下的碳减排政策评估

在低碳情景下，最强有力的政策是面向核能和风能的强制电力装机容量目标，其所带来的燃料需求和成本的减少几乎抵消了所有增加的资本成本，对电力行业碳减排的贡献高达 89.04%。风电补贴将降低发电厂边际运行成本，进而鼓励风电投资，但单位风电投资成本高于火电，这导致社会总投资成本上升，因此风电补贴政策对减排贡献相对较小，仅为 5.67%。天然气发电补贴会鼓励修建更多燃气电厂，电厂设备支出将大大增加，其减排贡献为 3.74%。延长水力发电厂和核电厂运行年限尽管成本为负数，但所带来的减排潜力非常有限。提高面向电网的蓄电池储能水平意味着可调度更多的可再生电力，结果也实现了少量减排，但由于成本较高，产生的减排效果亦非常有限。上述评估结果表明，尽管强制电力装机容量目标非常有效，但考虑到当前很多省份存在大量的“弃光”、“弃风”问题，要想发挥此项政策减排效果，还需进一步增加电网的灵活性。

需要说明的是，碳定价政策也会促进电力行业的碳减排效果，但考虑到该项政策是一个跨行业政策，对多个行业都会产生影响，所以本研究不对其做单独讨论。

表 1　低碳情景下电力行业政策减排与成本

低碳情景		
政策	2030 年减排 /CO_2 当量	成本 /（元 / 吨 CO_2 当量）
强制电力装机容量目标	89.04%	68
风电补贴	5.67%	64
天然气发电补贴	3.74%	1 682
延长核电厂运行年限	1.52%	–156
延长水力发电厂运行年限	0.03%	–136

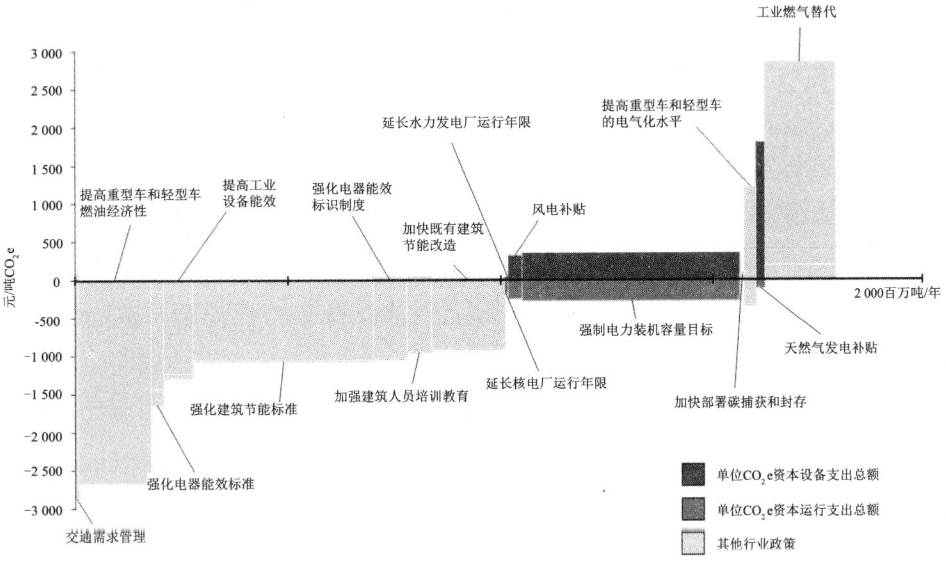

图 5　低碳情景下的电力行业政策成本曲线

3. 强化低碳情景下的碳减排政策评估

在强化低碳情景下，其政策组合与低碳情景下有显著差异，原因一是强化低碳情景下对碳排放约束更强，因此需要更强有力的政策组合来实现；二是因为更强调政策的成本效益，因此模型选择会更倾向于选择经济激励类政策而非管控类政策。

从单项政策的评估结果看，可再生能源配额制是减排潜力最大的政策，到 2030 年可实现接近 9 亿吨 CO_2 的减排量，因为尽管该项政策会导致投资成本增加，但减少的发电燃料需求和运行成本下降可以基本抵消投资成本的增加。

从政策组合的评估结果看，提高电力需求响应容量是电力行业最具减排潜力的一项政策，这不仅是由于此项政策的减排成本效益更高，更关键的是此项政策可以大幅增加电网灵活性，使得太阳能光伏和风电等灵活性受限的发电能顺利上网，进而大大减少排放量。提前

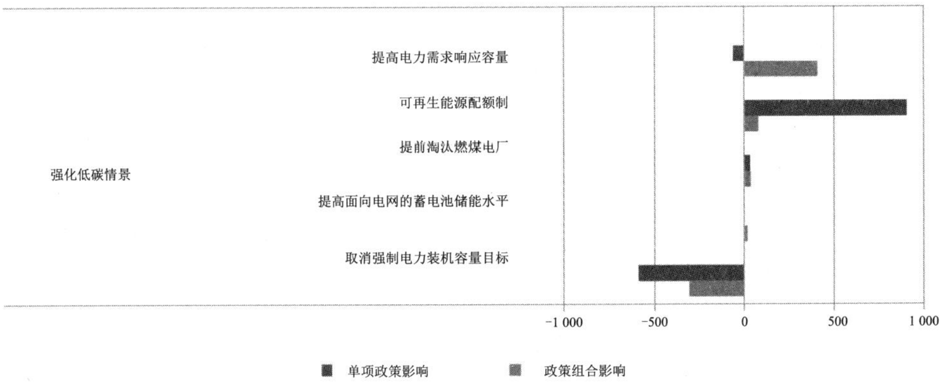

图 6　强化低碳情景下的电力行业政策减排

淘汰燃煤电厂也将带来一定的减排量，但减排量较为有限，因为考虑到过去落后燃煤电厂的淘汰力度，未来仅有少量燃煤电厂会被淘汰，另外该项政策将产生净成本，且所带来的运行成本降低将无法完全抵消新增容量资本的投资。

四、结论和建议

基于上述分析可以看出，对电力行业来说，有多项政策可促进碳排放的控制，如果政策组合得当，有可能推动电力行业碳排放早日达峰，并将碳排放水平控制在较低水平。综合比较电力行业碳减排相关政策，强制电力装机容量目标、提高电力需求响应容量是未来最具成本效益的碳减排政策，减排潜力十分巨大，而补贴类政策、提前淘汰燃煤电厂等政策则减排潜力相对较小。建议我国未来从以下几个方面进一步强化碳减排相关政策的统筹协调。

第一，充分考虑环境管制和环境治理成本，运用更灵活的机制推动非化石能源发电的规模化发展。一方面，要在强化实施可再生能源配额制的同时，加强电力的需求侧管理，减少无效电力需求和削峰填谷，从而实现电力发电端的有效利用。另一方面，要提升电力需求响应能力，通过经济调度来实现发电企业最低成本运行，促使需求侧资源与供应侧资源平等参与竞争，并确保电网灵活性，这不仅有助于以更低成本、更低排放的方式控制电力行业的碳排放，更重要的是能大幅提升“电网”灵活性，为风电、太阳能等间歇性电力的规模化利用奠定坚实基础。

第二，应积极加强输配电基础设施建设，实现电力供应的多样化，从技术上为电力系统的低碳转型提供支撑。一方面，要强化全国统一电网建设，真正做到电源电网之间相协调，区域布局与消纳市场、配套电网以及调峰电源相统筹，确保可再生能源电力能顺利上网输送到负荷中心。另一方面，要加大对大规模可再生能源发电并网、储能技术、电动汽车充电技术、智能电网和特高压输电等低碳技术及设备的研发投入，推动技术应用成本的不断下降和技术应用水平取得突破。

第三，应继续提升火电行业的能源利用效率水平。一方面，要进一步淘汰落后煤炭发电机组，严格控制燃煤机组新建产能，不断提升超临界和超超临界机组在新建燃煤机组中的比例，同时要采取多种积极措施，提高天然气发电的竞争力，提高天然气发电机组在火电中的比例。另一方面，要积极利用碳交易等市场机制促进煤电厂能效提升，在强化煤电厂控制碳排放的意识和基础能力的同时，通过合理的碳排放配额分配和交易机制，降低煤电厂碳减排的成本，引导煤电行业向更清洁、高效的方向转型。

参考文献

[1] 新华网 . 到 2020 年中国单位国内生产总值二氧化碳排放比 2005 年下降 40% ～ 45% [EB/OL]. 2009 [2016-05-10]. http://news.xinhuanet.com/politics/2009-11/26/content_12544442.htm.

[2] 国家能源局 . 可再生能源发展“十二五”规划发布 [EB/OL]. 2012 [2016-05-12]. http://www.nea.gov.cn/2012-08/08/c_131767651.htm.

[3] 新华网 . 习近平：积极推动我国能源生产和消费革命 [EB/OL]. 2014 [2016-05-10]. http://news.xinhuanet.com/politics/2014-06/13/c_1111139161.htm.

[4] 李俊峰 . 推动能源革命应对气候变化 [J]. 中国电力企业管理 , 2015 :30-31.

[5] 国家发展和改革委员会. 我国提交应对气候变化国家自主贡献文件[EB/OL]. 2015 [2016-05-10]. http://qhs.ndrc.gov.cn/gwdt/201507/t20150701_710233.html.

[6] 新华社 . 中华人民共和国国民经济和社会发展第十三个五年规划纲要 [EB/OL]. 2016 [2016-05-10]. http://sh.xinhuanet.com/2016-03/18/c_135200400.htm.

[7] 中国电力企业联合会 . 2013 年电力统计基本数据一览表 [EB/OL]. 2014 [2016-05-10]. http://www.cec.org.cn/guihuayutongji/tongjxinxi/niandushuju/2015-03-06/134849.html.

[8] 中国电力企业联合会 . 2016 年度全国电力供需形势分析预测报告 [EB/OL]. 2016 [2016-05-10]. http://www.cec.org.cn/yaowenkuaidi/2016-02-03/148763.html.

[9] 国家统计局 . 中国统计摘要 2016[M]. 北京 : 中国统计出版社 , 2016 : 45-50.

我国碳捕集、利用和封存的政策评估及相关建议

刘　强　国家应对气候变化战略研究和国际合作中心战略规划部主任
田　川　国家应对气候变化战略研究和国际合作中心战略规划部助理研究员

摘　要：碳捕集、利用和封存（CCUS）是未来全球实现长期深度减排的关键技术，也是我国实现长期绝对减排和能源系统深度低碳转型的重要技术。根据国际能源署、亚洲开发银行等机构的预测，我国到2050年通过CCUS可实现的减排规模将达到15亿～24亿吨CO_2，减排贡献可达11%～18%。鉴于CCUS技术对于全球及我国实现长期减排的重要性，本文对我国CCUS发展的障碍及政策需求进行了分析，总结评估了当前我国CCUS相关政策现状，并据此提出了促进中国CCUS发展的政策建议。

关键词：碳捕集、利用和封存　政策　评估

一、我国发展碳捕集、利用和封存的障碍及政策需求

碳捕集、利用和封存（简称CCUS）成本高昂，需要政策给予直接资金支持。CCUS项目的投资成本及运行成本高昂是阻碍CCUS大规模发展的最主要原因。从企业层面看，一是投资成本巨大，目前CCUS示范工程投资额都在数亿元人民币的规模。调研资料显示，神华集团鄂尔多斯全流程示范工程、华润海丰电厂示范项目总投资成本均为2亿元人民币左右；二是运行成本上升明显，在现有技术条件下，引入CO_2捕集环节将额外增加140～600元/吨CO_2的成本。调研数据显示，CO_2捕集环节使华能集团上海石洞口捕集示范项目的发电成本从大约每千瓦时0.26元提高到0.5元。在中国煤企大面积亏损、油价下跌导致油企利

润微薄的宏观形势下，无论是捕集企业还是埋存企业，CCUS 的部署都将使其面临更加严峻的资金短缺问题。从国家层面看，根据国际能源署（IEA）预测，到 2020 年，中国和印度发展 CCUS 项目将带来 76 亿美元的额外投资成本。目前，我国 CCUS 示范项目资金主要来自国家财政拨款和企业自筹款，辅以国际合作项目资金。2005 年以来，中国政府在促进 CCUS 技术研发领域累计投资额约为 30 多亿元，但仍然远不能满足 CCUS 试验示范项目建设和发展需要。

CCUS 技术水平仍有待改进，需要国家对试验示范项目给予明确的政策支持。现阶段 CCUS 技术仍然存在不少需解决的问题，尤其是在现有 CCUS 技术条件下，部署 CCUS 将使一次能耗增加 10% ～ 20%，这也成为现阶段其难以应用的主要技术障碍之一。试验示范是促进技术突破的重要措施和必然选择，但目前我国 CCUS 试验示范项目总体仍处于起步阶段，存在试验时长较短、示范规模较小等问题。当前我国大部分已建试验示范项目运行期不超过 3 年，单体项目规模均在 10 万吨 CO_2/ 年以下。科技部于 2013 年印发的《"十二五"国家碳捕集利用与封存科技发展专项规划》中，将建成 30 万～ 50 万吨 / 年规模 CCUS 全流程集成示范系统作为"十二五"时期发展目标，但截至目前，上述目标仍未完成。在国家对于 CCUS 试验示范项目的支持常以引导性为主、而非实际资金与财税政策支持的现实情况下，CCUS 试验示范项目发展动力不足。

CCUS 各技术环节涉及行业众多，需要政府进行协调并规范行业发展。CCUS 应用涉及电力、煤炭、石油开采、钢铁、化工等多个行业，各个行业属性和企业需求存在差异，如电力行业捕集到大量的 CO_2 必须依赖下游产业帮助消化，但目前 CO_2 工业化利用市场容量小，一般需要向油企寻求合作，但在油价走低、油企利润薄弱的现有情况下，油企购买捕集所得的 CO_2 的意愿不足。另一方面，CO_2 运输环节的费用及责任承担，包括罐车运输方式下的车辆购买及运行费用、管道运输方式下的基础设施建设费用、CO_2 运输责任等，均存在各利益相关方之间的责任、费用和风险分担等难题。目前，国内 CO_2 供应方与使用方之间的商务合作都需要单独谈判，尚未形成标准的供销协议，既不利于行业规范，也不利于促进双方形成公平且长期的合作关系。

CCUS 与可再生能源等其他低碳技术相比缺乏竞争力，需要通过体制机制创新为 CCUS 发展注入活力。据彭博社新能源财经，2004 年至 2013 年全球投资于清洁能源的金额高达 1.9 万亿美元，而同期投资于 CCUS 的金额仅为 200 亿美元，后者仅为前者的 1%。此外对 CCUS 发展来说，很重要的一个前提条件就是要有合理的碳价，根据全球碳捕集与封存研究院（GCCSI）研究，当碳价格分别为 48 美元 / 吨及 109 美元 / 吨 CO_2 时，配备 CCUS 技术的煤电厂才能与传统燃煤及天然气电厂竞争。然而，我国目前并没有在国家层面为 CCUS 项目提供明确的财税优惠政策，也基本没有考虑将 CCUS 项目带来的碳减排量纳入正在推行的碳市场，因此 CCUS 无法与可再生能源等其他低碳技术竞争。

二、我国 CCUS 相关政策现状

首先，我们可以借鉴一下 CCUS 发展较快的发达国家和集团的经验，例如美国、加拿大、欧盟、澳大利亚等国 CCUS 相关的政策与法律体系都较为完善：一是通过立法手段促进与规范 CCUS 发展，或针对 CCUS 设立了专门法律，或在国家能源法案、气候变化法中明确 CCUS 的战略地位；二是认可发展 CCUS 的重要意义，并从多个维度制定了促进 CCUS 发展的相关政策；三是重视 CCUS 的环境影响和风险管控，并出台相应的法规进行管理。

与上述发达国家和集团相比，我国的 CCUS 发展相关的政策框架还不完善，多为宏观指导性政策。如果对我国已发布的与 CCUS 相关的国家层面政策文件（包括国务院及各部委发布的规划、方案、通知、意见）进行梳理和分类就可以发现，当前我国已发布的相关文件共计 22 项，其中专门针对 CCUS 的专项文件为 3 项。如果将 22 项政策文件按技术引导类、示范鼓励类、设定目标类、其他类型等四类进行划分，技术引导类共 16 项、示范鼓励类共 12 项、设定目标类共 3 项，其他类型为 2 项（某一项政策可能同时属于多个类型）。由此可看出目前国家对于发展 CCUS 持鼓励态度，但仍以引导和鼓励为主，设定具体目标为辅，且没有文件涉及对 CCUS 发展的具体财税支持。

从 CCUS 相关的法律法规看，我国目前还没有制定针对 CCUS 的专门法律法规，CCUS 项目的实施目前多是依照国内原有法律法规进行规范。本文从 CCUS 示范工程实施的六个关键环节，即项目审批、权属确认、项目运营、环境管理、安全监管、关闭管理，识别了各环节分别可参考或依据的法律、行政法规及规章（表 1）。

表 1　我国 CCUS 项目可参考的现有法律法规

	项目批准	权属确认	项目运营	环境管理	安全监管	关闭管理
法律	《建筑法》《招标投标法》《行政许可法》	《物权法》《土地管理法》《合同法》	①捕捉：《安全生产法》；②运输：《公路法》《石油和天然气管道保护法》；③封存或利用：《矿产资源法》	《环境影响评价法》《海洋石油勘探开发环境保护管理条例》《海洋环境保护法》《大气污染防治法》	《安全生产法》《劳动法》《工伤保险条例》《民法通则》《侵权责任法》《刑法》	《环境保护法》《海洋环境保护法》
行政法规	《政府核准和备案投资项目管理条例》《政府核准的投资项目目录(2014 年本)》《国务院关于取消和调整一批行政审批项目等事项的决定》	—	运输：《道路运输条例》	—	①项目角度：《建设工程质量管理条例》《建设工程安全生产管理条例》《关于特大安全事故行政责任追究的规定》；② CO_2 安全监管角度：《危险化学品管理条例》	—

	项目批准	权属确认	项目运营	环境管理	安全监管	关闭管理
规章	《国家发改委行政审批事项清单》	—	《化工企业压力管道管理规定》	《关于加强碳捕集、利用和封存试验示范项目环境保护工作的通知》《建设项目环境影响评价分类管理名录》《二氧化碳捕集、利用与封存环境风险评估技术指南（试行）》	《压力管道安全管理与监察规定》《危险化学品名录》《危险化学品建设项目安全许可实施办法》	—

三、我国 CCUS 相关政策评估

①引导性为主，强制意义不足且高度不够。我国目前仍未在任何法律法规中提及要促进 CCUS 发展，且已有的政策体系以科技部、发改委、环保部等部委发布的部门规章为主，上文中提及的 22 项相关政策中仅有 7 项是由国务院发布的行政法规，且这些行政法规中提及 CCUS 时一般篇幅也较短，仅为方向性的内容。22 项政策文件中，针对 CCUS 的专项政策文件共 3 项，且并未明确具体的政策支持方式，鼓励意义大于强制意义。此外，目前也没有任何政策文件将 CCUS 的发展规模和水平纳入考核范畴，如《“十二五”国家碳捕集利用与封存科技发展专项规划》虽设定了 CCUS“十二五”发展目标，但截至目前该目标仍未达成。

②法律法规总体空白，且可直接参考的法律法规不充分。从表 1 可以看出，我国从各个法律法规层面都缺乏专门针对 CCUS 的相关内容。一是从项目批准看，虽然我国已有一套完整的项目审批流程，并配以相应的法律、行政法规及规章，但在有关的法律、行政法规及规章中，还没有专门针对 CCUS 的内容。二是从权属确认看，我国已通过法律的形式对土地及所有物的权属进行明确，但是我国还没有关于地下空间所有权的有关法律，没有封存后 CO_2 归属权的有关法律，也没有针对可能发生的 CO_2 地下跨界流动的法律规定。三是从项目运营看，我国已有针对 CCUS 各技术环节中部分技术的法律、行政法规及规章制度，CCUS 项目中的捕捉、运输、封存、利用各个环节基本可依照已有的相关法律、行政法规及规章制度进行规范，但目前仍没有建立针对 CCUS 的标准体系。从环境管理看，我国已有较为完善的环境影响评价法律法规体系及操作流程，依照《环境影响评价法》规定，CCUS 项目必须开展环境影响评价工作，但尚无专门针对 CCUS 项目的“环境影响评价技术导则”，只是在近期刚刚发布了《二氧化碳捕集、利用与封存环境风险评估技术指南（试行）》。从安全监管看，我国已通过行政法规将压缩及液态 CO_2 定为危险化学品，因而运输及封存的 CO_2 需按照危险化学品进行管理，但是，对于捕集及压缩环节的 CO_2 是否属于危险化学品或属于一般化学品仍有待明确。从关闭管理看，我国没有任何相关法律、行政法规及规章对关闭后的 CO_2 封存项目进行规范，也没有任何其他行业具有相关的法律、行政法规或规章

对类似的长期责任承担进行规范。因此，CCUS 关闭后长期责任及照管义务的规范没有相关依据，缺乏明确的承担主体。

③政出多门，缺乏统一且成体系的 CCUS 政策框架。CCUS 技术涉及主管部门多，包括发改委、财政部、工信部、科技部、环保部、国土资源部、海洋局等多个部门，如发改委综合考虑其对于能源供给安全、碳减排的影响；科技部主管其技术研发等，因此各个部门对其发展的关注点和态度有所不同。尽管发改委、科技部及环保部等部委基于各自主管业务及关注重点出台了若干推进 CCUS 发展的文件，但目前为止仍然缺乏促进 CCUS 发展的综合性国家战略、政策或监管体系。

④缺乏资金激励型政策，无法为企业提供足够的支持与动力。资金不足是推进我国 CCUS 发展的最主要的障碍。目前，基于国家科技研发计划对 CCUS 试点项目的投资是企业获取财政资金支持的主要渠道，但资金规模远远不能平抑项目成本，且目前并没有针对 CCUS 试验示范项目的专项支持。CCUS 项目的重要贡献在于减少碳排放，但在碳排放外部成本没有内部化的条件下，企业的减排效益无法得到体现，开展 CCUS 试验示范的企业基本属于自发投资行为，很多项目也由于缺乏资金而无法启动或难以持续。

四、推动我国 CCUS 发展的政策建议

①加强 CCUS 顶层设计。一是由国务院或 CCUS 主管部门发布官方的 CCUS 发展规划，并在规划中纳入强制性、有约束力的发展目标，同时可考虑在重点领域设定明确的 CCUS 示范项目数量目标。二是尽快建立由发改委牵头的跨部门协作机制，建立完善政府部门间协调机制，中央政府与地方政府协调机制，政府同研究机构、企业沟通机制，以及不同地区、不同行业之间的联合与协调机制。

②完善 CCUS 相关的法律法规体系。从法律、行政法规、规章三个层面，针对 CCUS 示范项目开展研究，并识别三个层面、六个阶段中的关键性缺失环节，开展重点研究，如针对 CCUS 作为独立项目的项目审批行政法规与规章修订方法研究、针对 CO_2 埋存地下空间所有权及埋存后的 CO_2 归属权的法律补充修订方法研究、针对 CCUS 项目各技术环节的标准体系研究、针对埋存项目关闭后的长期责任承担研究等，并在研究的基础上尽早推动出台相关法律法规。

③加速部署与推进 CCUS 试验示范项目建设。一是平衡各个重点行业、CCUS 各技术环节的试验示范项目投入力量，在捕集成本低、排放源浓度高的煤化工行业以及点源多的电力行业部署几个重点试验示范项目。二是筛选出若干具有重大示范意义及发展潜力的重点 CCUS 示范项目，并给予明确的特殊优惠政策。在短期内难以提供直接资金支持的情况下，可考虑通过重点示范项目挂牌的方式，帮助企业实现其社会责任；在国家层面短期内难以出台统一的支持政策的情况下，可考虑通过创新地方财税政策对重点项目进行特殊支持。

④继续强化 CCUS 重点技术研发。一是进一步加大国家对于 CCUS 技术研发的资金投入力度，对于影响 CCUS 发展前景的关键性技术，通过提供直接的研发资金推动技术取得突破。二是为新建电厂部署 CCUS 预留，应要求新建煤电厂的可行性研究报告涵盖碳捕集和封存预留评估的内容，为未来 CCUS 技术发展提供空间、时间上的灵活性。

⑤加强 CCUS 领域的体制机制创新。一是探索行业间协调合作机制，制定标准的 CO_2 购销协议，以促进 CO_2 强化驱油项目的推广，加强运输管道等基础设施规划以及基础设施共享政策研究。二是探索 CCUS 电力市场预留机制，在准确核算 CCUS 电力所实现的减排量的基础上，将加装并开展 CCUS 的发电额进行折算并纳入省市及地区非化石电力及能源发展目标的完成情况核算。

⑥创新支持 CCUS 发展的经济激励政策。一是加强财政支持力度，提高对 CCUS 示范项目的经费支持力度，并通过相关部门由中央财政对 CCUS 示范项目提供贴息。二是充分利用税收手段，为 CO_2 捕集方、埋存方及利用方根据 CO_2 处理量提供固定额度的税收抵免（美国目前对埋存方及利用方的税收抵免额分别为 10 美元 / 吨 CO_2 及 20 美元 / 吨 CO_2），考虑到捕集方的碳捕集率不一定为 100%，可依据捕集率对抵免额进行相应比例的折扣。三是将 CCUS 项目产生的碳减排量纳入碳排放权交易体系中，特别是要进一步完善相关方法学，或者在企业碳排放核算中考虑 CCUS 项目的减排量，或者允许 CCUS 参与补偿机制项目。

参考文献

[1] ADB. Roadmap for Carbon Capture and Storage Demonstration and Deployment in the People's Republic of China [R]. 2015.
[2] BP. 2035 World Energy Outlook [R]. 2015.
[3] GCCSI. Cost: CCS and other low-carbon technologies 2015 update[R]. 2015.
[4] IEA. CCS-Perspective from the IEA-2014 [A]. National CCS Week of Australia in 2014.
[5] IEA. Energy Technology Perspective 2015 [R]. 2015.
[6] IEA. WEO 2015 Special Report on Energy and Climate Change [R]. 2015.
[7] NCC. Leveling the playing field: policy parity for carbon capture and storage technologies[R]. 2015.
[8] 李晓春 . 二氧化碳地质利用与封存（CGUS）技术现状和比较，碳捕集、利用和封存能力建设培训班上的讲话，2013.
[9] 金红光 . CO_2 捕集技术难题与挑战，延安 CCUS 技术研讨会演讲，2014.
[10] 刘强，田川 . 中国碳捕集、利用与封存的发展现状及对策考虑 [J]. 气候战略问题研究，2015.

聚焦着眼点、着力点和制高点
——对西藏自治区应对气候变化规划研究的几点思考

付　琳　国家应对气候变化战略研究和国际合作中心政策法规部助理研究员
徐华清　国家应对气候变化战略研究和国际合作中心副主任、研究员

摘　要：西藏自治区具有特殊的自然和气候条件，是国家重要的生态安全屏障。气候变化已经并将持续对西藏地区重大而深远的影响。“十三五”时期西藏自治区提升适应气候变化能力刻不容缓，挑战与机遇并存。需要努力实现“适应气候变化能力持续加强、温室气体排放得到有效控制、绿色低碳发展水平明显提升”的三大主要目标，着力提高适应气候变化能力和推动低碳发展两大领域主要任务。谋划制高点，实施国家近零碳排放区示范工程，努力打造自治区适应和减缓两大全球性示范基地。

关键词：西藏自治区　绿色低碳转型　近零排放示范

西藏自治区地处被称为“亚洲水塔”和“地球第三极”的青藏高原腹心，是国家重要的生态安全屏障，也是我国易受气候变化不利影响的脆弱地区之一，气候变化已经并将持续对西藏地区生态环境造成重大而又深远的影响。“十三五”时期是自治区全面建成小康社会的决胜阶段，贯彻落实习近平总书记提出的“美丽西藏”要求和中央第六次西藏工作座谈会精神，科学编制好自治区应对气候变化规划，必须突出地区特色、反映国家意图、体现全球贡献，科学认识、把握和落实西藏自治区应对气候变化的基本特征、目标任务和重大举措，着力于加快推进西藏绿色低碳发展，努力打造适应性与近零排放两大全球性示范基地。

一、把握着眼点，科学认识应对气候变化的基本特征

西藏自治区特殊的自然条件和气候系统，加之边疆民族地区和独特的风俗习惯等区情特点，及其重要的国家生态安全屏障和国家清洁能源基地等国家战略定位，对全区如何抓住战略机遇期，突破传统发展路径依赖，在积极应对气候变化，维护全球生态安全的同时，全面建成小康社会、加快构建国家生态安全屏障提出了严峻的挑战。

1. 重要性与特殊性的双重特征

西藏自治区其独特的高原地形、热力和动力循环系统及特殊的天气气候系统，对我国、亚洲乃至全球的气候调节都起到了重要作用，更有学者将西藏高原称为全球气候的“驱动器”和“放大器”，保护好青藏高原生态既是对中华民族生存和发展的最大贡献，也是积极应对气候变化、维护全球生态安全的重大举措。然而，西藏自治区特殊且极具脆弱、敏感的高原生态环境无疑是极易受到全球气候变暖的不利影响的。西藏自治区约有 92% 的国土面积处于高寒区域，生态系统具有不稳定性、敏感性、易变性等脆弱性特征，生态安全阈值幅度窄，环境人口容量低，植被、高原冻土等高原生态系统的重要组成部分一旦被破坏，难以恢复，因此是构建国家生态安全屏障的重大风险挑战之一。近年来，青藏高原气温升高趋势明显，其气候变暖的速度几乎是全球平均水平的三倍，升温效应比其他地区更为显著，成为全球变暖最典型、也是最为特殊的受害地区，主要表现为高原冻土消融作用加强，冰川退缩加快等。1961—2014 年，西藏高原冻土下界明显上升，最大冻土深度平均每 10 年减小 5.3 厘米，喜马拉雅山脉冰川正以年均 10 ～ 15 米的速度退缩，已成为全球冰川退缩最快的地区之一，那曲地区冻融侵蚀引起的草场退化达 533 万公顷，占该地区草地总面积的 25%。随着人类活动的加强和西藏自治区社会经济的进一步发展，预计在气候变暖的背景下西藏高原的自然灾害将趋于活跃，其潜在气候灾害风险也将进一步增加。

西藏自治区地处我国西南边境，既是特殊的边疆民族地区，又是重要的国家安全屏障，在党和国家战略全局中居于重要地位。在民族区域自治制度下，西藏经济社会发展不断迈上新台阶，1994 年以来，西藏地区生产总值连续 23 年保持两位数增长，尤其是“十二五”期间在大力实施“一产上水平、二产抓重点、三产大发展”的经济发展战略下，地区生产总值年均达到 11.7%，2015 年城镇和农村居民人均可支配收入为 25 457 元和 8 244 元，分别比“十一五”末增长 66.8% 和 1 倍。交通等基础设施及特色产业得到快速发展，2015 年全区公路总里程达 7.8 万公里，比“十一五”末增加 33.7%，电力装机容量达 230 万千瓦，比“十一五”末增长 1.4 倍，青藏、川藏电网实现联网，主电网覆盖 58 个县；2015 年全区接待游客突破 2000 万人次，比“十一五”末增长 1.9 倍，天然饮用水产业产能突破 300 万吨，发展态势强劲，以水电为主的清洁能源业发展潜力巨大，首次实现藏电外送。但由于特殊的自然条件及历史、社会等因素的影响，西藏长期处于欠发达状态，人均能耗和 CO_2 排放水平相对较低，人民

日益增长的物质文化需要同落后的社会生产之间的主要矛盾没有改变，从 1952 年到 2014 年，中央政府对西藏的各项财政补助达到 6 480.8 亿元，占西藏地方公共财政支出的 92.8%，在全国 14 个集中连片特殊困难地区中，西藏和其他藏区是我国目前贫困面最大、贫困程度最深的地区，在国家现行标准下尚有 59 万农牧区贫困人口需在“十三五”期间如期全部脱贫。

2. 挑战与机遇并存的阶段性特征

“十三五”时期，西藏自治区提高适应气候变化能力刻不容缓，提升绿色低碳水平任务艰巨。享有“世界屋脊”之称的青藏高原，其“原生态”的自然生态环境非常脆弱，是我国最易受气候变化不利影响的脆弱地区，气候变化的不利影响将对该地区和全球的生态安全造成严重挑战。近几十年来其因气候变化而引起的气温上升、冰川和冻土层减少、草场退化及气候灾害等问题明显高于全国和全球平均水平，如不抓住“十三五”战略机遇期，积极主动采取适应气候变化的行动，提高适应气候变化的能力和水平，青藏高原的生态环境将进一步加剧恶化，各类极端气候事件造成的影响和损失将不断加重，严重影响西藏自治区的社会经济发展、生态环境稳定以及当地农牧民群众的生命财产安全，并将对国家的生态安全构成严重挑战。目前，西藏自治区经济发展的初级性、依赖性、粗放性特征仍然明显，农牧区和基础设施仍比较薄弱，工业发展水平较低，产业竞争力比较优势不明显，可再生能源在一次能源消费中的比重已处于高位，农牧民生产和生活的温室气体排放占比较高。未来随着经济发展、人民生活和能源保障水平的提高，居民人均生活用电量将达到全国平均水平，能源消费的快速增长必将导致温室气体排放呈现刚性增长，如果考虑到“十三五”时期藏东有色金属产业基地和昌都国家“西电东送”接续能源基地的加快开发和建设，可能会导致全区第二产业比重迅速升高，温室气体排放量也随之大幅增加，而在现有技术条件下，西藏面临降低单位地区生产总值 CO_2 排放、有效控制 CO_2 排放总量面临潜力小、基数低、增幅大等特殊困难。

“十三五”时期也是西藏自治区加快推动绿色低碳转型、加快构建气候适应性社会，增强自我发展和可持续发展能力的重要阶段。《西藏自治区“十三五”时期国民经济和社会发展规划纲要》明确要求把积极应对气候变化作为生态文明建设的重要举措，坚持适应优先、绿色发展和全民参与，发挥应对气候变化对能源节约、生态建设、环境保护、防灾减灾的引领作用，提高适应气候变化能力，推动绿色低碳循环发展。西藏自治区作为后发地区，借助控制温室气体排放目标形成的倒逼机制以及推进低碳绿色循环发展催生的新产业形成、新技术突破和新机制探索孕育的巨大发展潜力，用好中央赋予的特殊优惠政策，用好对口支援的强大优势，还是完全有可能突破传统发展路径依赖，走上绿色低碳的发展道路，从而实现西藏经济的跨越式发展和可持续发展。“十三五”时期，对于藏中南拉萨等重点开发区域，可以通过有效控制电力、建材行业碳排放，大力发展低碳能源、低碳交通与低碳物流，加快培育新的低碳经济增长点和特色产业，积极开展低碳城市、园区和社区试点，加快推进低碳城市建设，率先走上绿色低碳的新型工业化和城镇化发展道路；对于藏西北羌塘高原荒漠生态功能区和藏东南高原边缘森林生态功能区等限制开发区域，通过严格控制温室气体排放增长，积极开发利用可再生能源，因地制宜发展特色低碳产业，大力发展绿色低碳旅游，实施近零排放示范区工程，引导公众向绿色生活方式转变，增强绿色低碳的生态产品生产能力；对于西藏拉鲁湿地等国家级自然保护区和其他禁止开发区域，通过牢固树立气候红线意识，加大气候变化脆弱地区生态工程建设与扶贫力度，引导贫困人口逐步有序转移，为建设美丽西藏留下更多生态财富。

二、找准着力点，重点推进三大目标与两大领域主要任务

作为国家重要的生态安全屏障、重要的战略资源储备基地和面向南亚开放的重要通道，“十三五”时期西藏自治区应对气候变化工作应继续贯彻落实党和国家的治藏方略，坚持目标导向和问题导向相统，努力实现“适应气候变化能力持续增强、温室气体排放得到有效控制、绿色低碳发展水平明显提升”的三大主要目标，着力提高适应气候变化能力和推动低碳发展两大主要任务。

1. 三大目标

①适应气候变化能力持续增强。江河源头区、草原、河湖、湿地、天然林等生态系统得到有效保护，重点水源地的防洪除涝抗旱能力显著增强，农牧业有害生物成灾率得到控制；制定并实施自治区适应气候变化专项行动计划，气候变化适应性示范基地建设取得进展。到2020年，自然湿地保护率达到90%左右，活立木蓄积量达到23亿立方米，农田有效灌溉面积达到420万亩，退牧还草面积达到1.6万亩，气候适应性社会建设初见成效。

②温室气体排放得到有效控制。初步构建以水电为主、多能并举、互联互通的清洁低碳、安全高效、可持续发展的综合能源体系，能源保障水平大幅提高；国家低碳城市、园区和社区试点工作扎实推进，国家近零碳排放区示范工程建设取得进展；大力增加森林、农田、草原和湿地碳汇，碳汇能力得到提高；大力改进传统的牲畜饲养方式，鼓励农牧业低碳技术的引进研发，非 CO_2 温室气体排放得到有效控制。到2020年，单位 GDPCO_2 排放比2015年下降15%左右，单位 GDP 能源消耗下降7.5%左右，CO_2 排放总量控制在600万吨左右，非化石能源占一次能源消费比重达到45%左右，绿色低碳发展水平进一步提升。

③应对气候变化能力显著增强。到“十三五”期末，自治区温室气体排放基础统计、核算报告和评估考核体系基本建立，应对气候变化的目标管理能力不断提高；气候变化的监测、预测和预警以及气候变化风险评估与信息共享系统不断优化，应对气候变化的防灾减灾能力显著增强；重点排放企业控制温室气体排放的责任不断强化，低碳技术及气候适应技术研发及推广应用能力持续增强；建立起一支具有较强应对气候变化知识能力的干部队伍和专业研究支撑机构，应对气候变化的决策与支撑能力不断提高。

2. 两大领域主要任务

主动适应气候变化是自治区“十三五”时期应对气候变化工作的首要任务。针对当前及今后一段时间已经产生及可能出现的气候变化影响与风险，应强化生态西藏建设，加强城乡基础设施建设及水资源等保护，健全应对极端天气与气候灾害的管理体制与工作机制。

①扎实推进国家生态安全屏障和生态西藏建设，全面落实青藏高原适应任务。以国家生态安全战略格局为目标，重点实施好《西藏生态安全屏障保护与建设规划（2008—2030）》确定的天然草地保护工程等 3 大类 10 项工程。在重大生产力布局、城市基础设施、重大项目规划设计以及南亚开放重要通道建设中，应充分考虑气候变化因素，重点落实好《国家适应气候变化战略》提出的青藏高原生态屏障区的适应任务，提升高原特色农牧业、重点水源涵养地、森林生态系统以及基础设施的适应水平。选择具有代表性和重大全球生态安全价值的国家级生态屏障区或其他重点生态功能区，通过适应性技术的综合集成示范，开展气候变化适应性全球示范基地建设。

②适时提升城乡及基础设施设计、建设与维护标准，主动适应全球气候变化。在重大工程和城市基础设施项目建设的可行性论证、设计规划、建设方案、技术标准等方面，加强气候风险的识别、评估、预警与管理，提高重大工程项目的适应气候变化能力。提升城市能源供应管网、公共交通、通讯系统等基础设施的设计和建设标准，特别是城市生命线系统的耐热、耐寒、耐冰冻或耐涝安全标准，提高城市和小城镇应对极端天气和气候事件的能力。加强对青藏铁路、川藏公路等区内重大交通运输基础设施冻土环境及其他环境要素的监测，根据地温、水分和冻土变化等修订基础设施设计建设、运行调度和养护维修的技术标准。

③深入开展气候变化影响的研究、监测与评估工作，建立健全预测预警体系。加快建设功能齐全、布局合理的气候变化监测体系，加强对永久 / 季节性冻土区、冰川及永久积雪区等重要生态涵养功能区的监测，密切监测重点脆弱区域高山雪线、冰川积雪融水、最大冻土深度等气候变化关键指标，实现对全区气候变化及生态环境的长期动态监测。加强西藏高原气候变化科学研究，深化气候变化对农牧业、水资源、森林生态系统、人体健康等的影响评估分析，开展气候变化综合影响评估和应对措施研究。建立自治区气候变化预测预警和信息发布与共享系统，提高对极端天气及气候事件的预警能力和风险防范水平。

主动控制碳排放是自治区“十三五”时期应对气候变化工作的艰巨任务。考虑到当前及今后一段时间温室气体排放特征以及未来社会经济发展及现代能源体系建设的需要，应强化优势与特色产业的低碳发展，加快清洁低碳能源建设，努力增加森林等生态系统碳汇。

①加快构建绿色低碳的产业体系，推动经济绿色低碳发展。按照“一产上水平、二产抓重点、三产大发展”的经济发展战略，加快转变发展方式，将特色明显、优势突出、规模化发展的旅游文化、清洁能源、天然饮用水等强区产业重点培育成为低碳产业。加快淘汰水泥等落后产能，加大低碳技术和产品推广应用力度，制定电力、建材、有色等行业单位产品

温室气体排放标准，提高传统产业新建项目碳排放准入门槛，有效推进传统产业低碳化转型升级和改造。推进交通运输低碳发展，实行公共交通优先，鼓励公共自行车等绿色出行，支持新能源汽车推广应用，鼓励居民购买新能源汽车。实施绿色建筑行动，引导公众向绿色生活方式转变。积极推行低碳旅游，加快低碳化旅游基础设施和旅游文化建设。积极开展国家低碳城市、低碳工业园区和低碳社区试点工作，主动参与国家碳排放权交易，加快推进低碳城市建设，实施国家近零碳排放区示范工程。

②加快建设清洁低碳能源体系，推动能源绿色低碳转型。优化能源开发布局，大力开发雅鲁藏布江中游等河流水能资源，着力打造藏东南“西电东送”接续基地，重点开发藏西北地区及其他地区太阳能、风能、地热能等可再生能源，加快建设河流电源项目、藏中燃气电站、大型并网光伏、光热电站建设，鼓励发展分布式光伏发电系统，力争到2020年全区电力装机容量达460万千瓦。优化能源利用结构，提高电力和天然气消费比重，持续降低煤炭消费比重，严格控制石油消费增长，加快城乡居民传统生物质能消费替代，打造全国首个“零煤炭利用”，清洁低碳能源消费比重超过55%。加大区外优质能源输入，适时建设格尔木至拉萨输气管线，扩大格尔木至拉萨输油管线产能。

③加快实施生态系统碳汇体系，推动生态系统提质增效。坚持保护优先、综合治理，加快实施西藏生态安全屏障保护与建设规划，保持森林、荒漠、草原、河湖、湿地等自然生态系统稳定性，增强生态服务功能。加快森林资源培育，大力开展植树造林和迹地更新工程，加大封山育林力度，着力实施防护林体系建设、重点区域生态公益林建设等生态安全屏障建设工程，加大对低产低效林改造、中幼林抚育的管理力度，实行最严格的森林保护和采伐限额管理措施，进一步巩固并提升森林生态系统固碳能力。实施湿地保育、限牧、管护等湿地保护工程，提高湿地生态系统健康稳定性及固碳能力，提高草地、湿地、农田以及自然生态保护区的碳汇能力。

三、谋划制高点，努力打造适应和减缓两大全球性基地

基于对西藏自治区应对气候变化重要性与特殊性的双重特征以及挑战与机遇并存的科学认识，从着力推进应对气候变化三大目标与两大领域重点任务要求出发，结合国家适应气候变化战略总体考虑及“十三五”控制温室气体排放的总体要求，坚持立足国内、区内与全球视野相统筹，努力打造自治区适应和减缓两大全球性示范基地，既是加快国家生态安全屏障建设，维护全球生态安全的重大举措，也是主动应对气候变化，建设好世界重要旅游目的地的重要抓手。

1. 开展国家适应试点示范工程，打造具有全球示范意义的适应性基地

通过开展适应性试点示范工程，强化适应性政策、技术、标准和工程的集成示范，采取

积极主动的适应性行动，及时调整人类社会经济活动，充分发挥自然环境和生态系统的自适应能力，能够有效减轻气候变化对自然生态系统和社会经济系统的不利影响。《国家适应气候变化战略》明确要求选择有条件的地区开展试点示范，并已选择上海市等14个地区开展适应试点示范工程，探索和推广有效的经验和好的做法。《城市适应气候变化行动方案》也明确提出选择30个典型城市，开展气候适应型城市建设试点。

西藏自治区率先打造全球适应性基地，既可以为青藏高原适应气候变化提供“试验田”，更可以为全球高原地区提升适应气候变化能力提供“样板田”。根据自治区特殊的气候条件和重要的生态战略地位，建议在自治区“十三五”期间重点构建的藏西北羌塘高原荒漠生态屏障区、念青唐古拉山南翼水源涵养和生物多样性保护区、昌都地区北部河流上游水源涵养区等“三屏五区”中，选择具有代表性且对气候变化比较敏感的预防区或保护区，通过编制并有效实施适应试点示范工程方案，在重大工程和基础设施建设中充分考虑气候变化因素，全面评估气候变化的影响和损害，加强气候风险的识别、评估、预警与管理，加强高原区草原载畜能力评估以及草原草甸修复活动，强化冰川—湿地—荒漠综合监测与管理，开展重点适应性技术的综合集成示范，统筹并强化气候敏感脆弱领域、区域和人群的适应行动，主动增强适应措施的针对性，探索建立适应气候变化领域的国际合作机制，积极将自治区打造成具有全球示范意义与影响力的适应性基地。同时，也应考虑在自治区“十三五”期间重点建设的拉鲁湿地国家级自然保护区、桑珠孜区年楚河周边湿地、德庆格桑颇章湿地等城镇周边湿地保护项目中，选择具有重要生态服务功能价值、受气候变化等人为干扰较大的城郊湿地保护工程，开展气候适应型城市建设试点，建设气候适应型城市。

2. 实施国家近零碳排放区示范工程，打造全球近零碳排放区示范基地

通过实施近零碳排放区示范工程，强化控制温室气体排放的目标、政策与行动，开展低碳技术与产品以及重大低碳工程与项目的集成示范，对于探索经济发展与碳排放脱钩并实现近零排放，从而创造绿色低碳发展的新模式、新道路，进而引领全球低碳发展新时代具有重要意义。国务院印发的《“十二五”控制温室气体排放工作方案》明确提出通过低碳试验试点，形成一批各具特色的低碳省区和城市，建成一批具有典型示范意义的低碳园区和低碳社区，推广一批具有良好减排效果的低碳技术和产品。《中共中央关于制定国民经济和社会发展第十三个五年规划的建议》中首次提出实施近零碳排放区示范工程。国家“十三五”规划纲要要求深化各类低碳试点，实施近零碳排放区示范工程。自治区“十三五”规划纲要也明确提出大力开展节能低碳建设，实施国家近零碳排放区示范工程。

西藏自治区率先打造全球近零碳排放区示范基地，既可以为自治区开展国家低碳城市、园区和社区试点提供“升级版”，也可以为全球低排放地区率先实现零排放探索“终级版”。根据自治区特殊的排放结构和巨大的清洁能源资源，建议在自治区“十三五”时期重点建设的山南、林芝、日喀则等国家生态文明先行示范区中选择其中之一实施近零碳排放区示范工

程，在加快城镇生产方式和生活方式绿色低碳化改造，培育生态文明主流价值观，提升城市生态功能的同时，结合自治区“十三五”时期拟重点开展的资源综合利用示范工程、再生资源回收示范工程和农业循环经济示范工程，加快建设清洁低碳、安全高效的现代能源体系，在工业、建筑、交通等重点行业和领域实施低碳技术创新及产业化示范工程，建设近零碳排放示范工程，加快形成绿色低碳的城镇建设运营模式、产业布局、产业结构、生产方式和生活方式，并通过激励政策和市场机制的有效设计和低碳技术和低碳产品的集成示范，形成可推广、可复制的低碳发展新模式。

武汉市国家低碳城市试点工作调研报告

周泽宇　国家应对气候变化战略研究和国际合作中心政策法规部助理研究员
杨　秀　国家应对气候变化战略研究和国际合作中心政策法规部副研究员
王雪纯　国家应对气候变化战略研究和国际合作中心政策法规部副研究员、科研助理
徐华清　国家应对气候变化战略研究和国际合作中心副主任、研究员

摘　要：武汉市作为全国第二批低碳城市试点，以 CO_2 排放峰值为目标，以低碳项目和技术为载体，以试点示范为引领，努力进行低碳发展模式的探索，围绕试点工作实施方案，扎实推进全省碳排放权交易制度、新建项目碳排放评价制度、区域碳计量研究及国际合作、低碳智慧管理平台建设等方面核心工作。本文还在分析武汉市目前问题的基础上，对其下阶段深化试点工作提出了相关建议。

关键词：武汉市　碳排放　低碳试点　峰值目标

为进一步梳理国家低碳城市试点工作进展与成效，总结试点城市在低碳发展模式探索等方面好的做法，推动试点城市研究提出碳排放峰值目标及分解落实机制，为国家低碳发展相关立法研究、制度设计及“十三五”深化低碳试点工作提供技术支撑，笔者于 2016 年 1 月 25—26 日赴湖北省武汉市调研。调研组听取了武汉市发展改革委、武汉市节能监测中心等单位有关同志的介绍，并就地方推进低碳发展面临的困难挑战及意见建议进行了交流与讨论。结合本中心对武汉市低碳试点工作的跟踪与分析，现将相关情况总结如下。

一、武汉市低碳试点工作进展与成效

武汉市于 2012 年 11 月被国家发展改革委列为全国第二批低碳试点的城市，在市委、市政府的领导下，武汉市围绕实现 CO_2 排放峰值目标，努力探索以低碳转型为重点、试点示

范为引领、制度创新为支撑的低碳发展模式，试点工作扎实推进，并取得了初步的成效。

①以碳排放峰值目标为导向，加快形成低碳发展倒逼机制。武汉市将积极应对气候变化，加快推进低碳城市建设作为生态文明建设的重大举措和重要抓手，不断强化碳排放峰值目标的导向作用，以科学规划引导城市低碳发展。早在 2011 年，武汉市政府就印发了《武汉市“十二五”时期节能降耗与应对气候变化实施方案》，明确提出妥善应对资源环境巨大压力和应对气候变化严峻挑战，充分发挥资源环境约束对转变发展方式的倒逼作用，确保到“十二五”期末，全市万元生产总值 CO_2 排放量比“十一五”末期下降 19%。2013 年，在市政府印发的《武汉市低碳试点工作实施方案》中明确提出，力争到 2020 年实现能源利用 CO_2 排放量达到峰值，单位地区生产总值 CO_2 排放量比 2005 年下降 56% 左右，基本建立以低碳排放为特征的现代产业体系，基本形成具有示范效应的低碳生产生活“武汉模式”。2013 年以来，武汉市发展改革委先后启动了“武汉市 2020 年低碳发展规划研究”、“武汉市碳排放峰值预测及减排路径研究”等课题，通过对人口、城市化率、人均 GDP、产业结构、能耗强度、能源结构等因素的情景分析，初步提出了 2022 年的达峰年份，提出了低碳发展的主要目标和重点任务。2015 年 9 月在美国洛杉矶召开的第一届中美气候智慧型 / 低碳城市峰会期间，武汉和其他城市共同签署了《中美气候领导宣言》，明确承诺将于 2022 年左右达到 CO_2 排放峰值的低碳发展战略目标，并计划在“十三五”期间投资近 1 000 亿元，用于建设包括低碳工业园区改造等在内的 6 大类共 120 余项重大低碳工程。通过上述举措，不断加深对峰值目标的科学认识和政治共识，强化低碳发展的目标约束和制度创新，加快形成促进低碳发展的倒逼机制。据分析，2014 年，武汉市单位地区生产总值 CO_2 排放强度比 2010 年下降 15.7%，2015 年全市规模以上工业增加值单位能耗下降 9.5% 左右，有望超额完成“十二五”碳排放强度下降目标。

②以低碳项目和技术为载体，着力推进城市低碳转型。武汉市以实施战略性新型产业为主导的工业倍增计划和现代服务业升级计划为抓手，以低碳项目、低碳技术和低碳产品为载体，着力形成以低碳发展为特征的现代产业体系和城市基础实施。一是组织和实施了一批重点低碳工程和项目。截至目前，已有 16 个重点低碳示范工程与项目建成投产，花山生态新城、武汉四新生态新城等生态城示范项目正在加快建设中，20 个园区低碳循环改造项目基本完成，金口垃圾填埋场生态修复项目还荣获了第 21 届联合国气候变化大会“C40 城市气候领袖群第三届城市奖”；二是加快推进低碳智慧交通体系建设。大力发展低碳轨道交通，目前轨道交通运营里程已达 126 公里，尚有 11 条地铁路线正在同时建设，新能源汽车使用量达到 4 000 辆左右，公共交通出行率达到 43.6%，建成慢行交通系统 160 公里，公共自行车站点近 800 个，投入运营公共自行车 2 万辆，“江城易单车”手机 APP 还为市民提供了便捷的租车功能；三是着力构建特大中心城市碳汇体系建设。以园博园建设为龙头，以张公堤城市森林公园、三环线生态隔离带、绿道、城市主干道绿化建设为重点，带动了全市园林绿化整体大提升，2015 年新增绿道 233.7 公里；四是注重加强重大低碳技术的研发与推广。中美清

洁能源联合研究中心“清洁煤”产学研联盟依托华中科技大学建成了国内首套 3MW 富氧燃烧与 CO_2 捕捉综合试验台，积极推进低碳产业专业技术平台建设，支持了 126 项低碳产业技术研发建设项目。2015 年武汉市经济结构调整呈现“两升两降”新态势，第三产业比重达到了 51%，比 2014 年提升了 2%, 高新技术产业增加值达到 2235.65 亿元，占 GDP 比重比上年提升了 0.3%，而重化工业占比下降了 3.2%，单位规模以上工业增加值能耗则下降了 9.5% 左右。

③以试点示范为引领，着力推进重点低碳示范区建设。武汉市以国家、湖北及市级低碳新城、园区、社区试点为契机，着力推进以集中展示低碳绿色发展为特色、以制度创新为重点的示范区建设，形成了一批“可看可学可推广”的典范。武汉华山生态新城作为国家首批低碳城（镇）试点，重点探索了政府引导、企业主导的市场化运行机制以及低碳生产生活综合体建设规范。武汉青山经济开发区作为国家首批低碳工业园区试点，重点推动传统产业的低碳化转型、升级和改造，探索低碳循环发展新模式与新机制。东湖新技术开发区和百步亭社区是湖北省第一批低碳园区和低碳社区，前者重点发展光电子信息、生物技术、环保节能、高端装备制造、高技术服务业等低碳产业，力争低碳产业比重超过 90%。百步亭社区通过低碳交通系统、万树工程系统、垃圾减量处理系统、绿色建筑系统、公共配套服务系统、健康运动系统和管理信息化系统等八大类低碳项目的集中建设与示范，探索建立了低碳社区建设规范和行为准则，并在此基础上编制了《武汉市低碳城区、低碳社区试点实施方案编制指南》，建立了低碳城区评价指标体系，为低碳城镇、低碳社区试点与示范建设提供技术支撑。

二、武汉市低碳试点工作特色与亮点

作为第二批低碳试点城市，武汉市紧紧围绕《武汉市低碳城市试点工作实施方案》，在创新体制机制、深化国际合作、强化平台建设等方面积极探索，努力为全国中西部大城市低碳发展积累经验、提供示范。

①主动参与全省碳排放权交易制度，打造碳市场创新中心。从 2013 年开始，武汉市发展改革委对全市年综合能源消费在 1 万吨标准煤以上的 50 余家工业企业进行了碳排放初步盘查，积极推动 17 家重点企业纳入湖北省碳排放权交易试点工作；积极参与并配合湖北省发展改革委组织开展的湖北省碳交易政策体系建设，扎实推进国家碳排放权交易试点相关工作，先后推出了碳资产质押贷款、碳众筹项目、配额托管、引入境外投资、建立低碳产业基金等创新之举，截至 2015 年底，湖北碳市场交易活跃，累计成交配额 2 495 万吨，交易总额达到 6 亿元左右。

②探索建立新建项目碳排放评价制度，打造能评的升级版。武汉市人民政府在《武汉市低碳城市试点工作实施方案》中明确提出建立新建项目碳核准准入制度，市发展改革委研究出台了《市发展改革委关于在武汉市固定资产投资项目节能评估和审查中增加碳排放指标评

估的通知》和《武汉市固定资产投资项目碳排放指标评估指南》，明确要求节能评估文件编制机构在编制节能评估文件时，增加碳排放测算、评价、控制措施等内容并填写摘要表，并对评审、审查和监察等机构的相关工作提出了明确要求，确保既不新增项目审批事项、延长审批时间，又能强化企业的低碳发展意识，并对项目的温室气体排放实施源头控制，倒逼企业的低碳转型、升级和改造。2015 年度共完成评审项目 1 397 个，项目总投资额为 6472.68 亿元，年二氧化碳排放总量为 467.27 万吨，经评估和审查核减的二氧化碳排放量 15.23 万吨，约占排放总量的 3.26%。

③积极开展区域碳计量研究及国际合作，打造碳标准高地。早在 2011 年 9 月，武汉市有关部门就研究发布了《温室气体排放量化、核查、报告和改进的实施指南》，该指南成为国内首个地方性碳核查执行标准，并被国家标准化委员会批准作为省标发布实施。近年来，武汉市在开展市级温室气体清单编制工作的同时，还积极开展碳计量国际合作，与法国波尔多市签署了“碳值计量法”（Bilan Carbone）合作协议，学习、消化对方碳值计量法，筛选本地部分重点企业运用碳值计量法进行测量，力争尽快建立武汉重点行业温室气体排放标准。与此同时，还积极推行低碳产品认证，武汉长利玻璃（汉南）有限公司获得了国家发展改革委和认监委颁发的首批低碳产品认证证书。另外，通过与法方在碳计量、绿色公共建筑、生态示范城建设等方面开展合作以及加入“C40 城市气候领袖群”等网络，借助先进国家的经验、资金和技术，以推动武汉市低碳发展，深化城市低碳发展合作，扩大中国低碳城市的影响。

④率先探索节能与低碳融合智慧系统，打造低碳管理平台。为统筹推进全市节能智慧管理系统建设与城市碳排放管理工作，提升全市能源管理和低碳建设信息化的整体水平，在《武汉市节能智慧管理系统建设实施方案》的基础上，2014 年，武汉市发展改革委启动建设了“武汉市节能低碳智慧管理平台”，试图用 3 年左右的时间，将约 500 家主要用能和排放单位纳入监管范围，初步构建监管指标体系，健全互联互通标准，完善节能低碳制度，并实时掌握重点行业、重点企业和关键工序的能耗和碳排放数据，为全省和全国节能低碳智慧管理系统建设奠定数据、技术和管理基础。武汉市发展改革委还会同有关部门建设了“武汉低碳新生活服务平台”，运用现代网络信息技术，搭建公益性、实用性低碳生活综合服务平台，实现低碳商品交易与兑换、节能补贴产品网上申购、低碳基金服务、低碳志愿者联盟、低碳出行倡导、二手商品寄售与交换、低碳企业家俱乐部等七大服务功能，扩大公众参与，引导低碳消费。

三、武汉市低碳试点工作面临的挑战与初步建议

调研发现，武汉市产业结构与生活用能是影响全市碳排放峰值实现及低碳城市建设成效的关键。2015 年，武汉市 GDP 已达到 10 905.6 亿元，随着国家长江经济带的实施，“十三五”规划 GDP 年均增幅将达到 8.5%，未来一段时期将有一批重大工程项目上马，且“偏重”的产业结构短期内难以得到转变，碳排放总量将在一定时期内保持上升趋势，这无疑增加了碳

排放量提前达峰的难度。武汉市属于典型的夏热冬冷地区，全年非舒适气温长达9个月，近年来随着住房面积的增加和居住条件的改善，绝大部分居民采用分户供暖、制冷，提升生活方式的绿色低碳水平显然面临着严峻的形势。

调研还发现，武汉市仍然存在着基础数据不足、未来形势研判不充分的问题，制约着城市碳排放峰值目标的分解与落实。主要表现为：在经济发展新常态下，对于碳排放峰值目标的科学认识和政策含义尚有差距，提出的“争取在2022年左右达到二氧化碳排放峰值”目标时间及数量低于预期；温室气体清单编制及碳排放核算的统计基础仍比较薄弱，尚未建立完整、系统的城市、区县以及企业层面温室气体排放一本账，在开展项目碳排放评估时也无法评估项目对区域碳排放总量、增量的影响。基于以上分析，我们对下一阶段深化低碳试点工作提出两点建议。

①坚持生态优先，引领绿色低碳长江经济带建设。习近平在推动长江经济带发展座谈会上强调，长江是中华民族的母亲河，也是中华民族发展的重要支撑，要在生态环境容量“过紧日子”的前提下，自觉推动绿色循环低碳发展，有条件的地区率先形成节约能源资源和保护生态环境的产业结构、增长方式、消费模式，真正使黄金水道产生“黄金效益”。作为长江中游城市群中心城市，武汉市应进一步强化在国家长江经济带战略中的责任地位和辐射作用，严格控制沿江高耗能、重化工产业的发展与布局，努力推动钢铁、化工等重点行业CO_2排放的有效控制，带动形成新能源汽车产业等低碳产业走廊，加快构建服务流域的低碳综合运输体系，率先兑现碳排放达峰承诺；作为沿江中西部低碳试点城市，武汉市应深化低碳城市试点工作，进一步建立和完善促进低碳发展的总量控制制度、排放交易制度、重大项目碳排放评价等制度，尽快研究提出具有先进性和示范价值的行业碳排放标准、低碳城镇、园区和社区建设规范与评价标准，推动建立长江中游低碳发展共建共享联盟以及碳排放信息共享平台。

②科学研判峰值，落实碳排放目标分解落实机制。《中共中央关于制定国民经济和社会发展第十三个五年规划的建议》中明确提出要支持优化开发区域率先实现碳排放峰值目标。武汉市作为国家中心城市以及第二批国家低碳试点城市，应积极适应引领经济新常态，加快绿色低碳转型，抢抓机遇、主动作为。研究确定武汉市碳排放峰值及其实现路径，是促进产业低碳化转型、升级和改造，引导低碳消费模式和生活方式，把握控制温室气体排放工作主动权的关键所在，也是加快形成绿色低碳倒逼机制，加快推进生态文明建设的内在需要，更是谋划发展战略、实现“大武汉复兴战略”的重大举措。建议加强对碳排放峰值目标的科学研判，提升对碳排放峰值目标战略意义的认识，在摸清历史和排放现状、理清行业碳排放数据、分析“十二五”碳排放控制目标完成情况的基础上，科学假设新常态下武汉未来的社会经济发展与碳排放情景，充分考虑国家低碳试点城市的示范、带动与突破作用，尽快研究提出具有先进性和可操作性的2020年左右碳排放达峰目标及分解落实方案，将峰值目标分解落实到区县与重点部门和行业，并与重点工程和重大项目布局相匹配，与体制机制创新相衔接。

贵州低碳试点城市调研

田丹宇　国家应对气候变化战略研究和国家合作中心政策法规部助理研究员
刘　强　国家应对气候变化战略研究和国家合作中心战略规划部主任、副研究员
田　川　国家应对气候变化战略研究和国家合作中心战略规划部研究实习员
郑晓奇　国家应对气候变化战略研究和国家合作中心战略规划部实习研究员

摘　要：贵州省贵阳和遵义作为西南地区的低碳试点城市，在推进低碳转型过程中进行了积极探索，形成了地方特色。本文在实地调研的基础上，总结两市的低碳试点工作进展与成效，梳理了两市低碳转型的特色与亮点，并对其今后深入推进试点工作提出了政策建议。

关键词：贵州　低碳试点　低碳路径

贵州省的贵阳市和遵义市为国家低碳城市试点，几年来两市在低碳模式探索和制度创新方面开展了诸多探索，对于研究下一步深化西南地区低碳发展的可行路径，总结可复制、可推广的低碳发展经验，具有重要意义。

一、两市低碳试点工作进展与成效

贵阳市自2010年作为全国首批低碳城市试点以来，把“全国低碳试点城市”作为城市名片，统筹城市经济社会发展和生态文明建设，提出了“既要赶，又要转”的战略目标，努力探索西部地区“在保护中发展”的低碳路径。遵义市自2013年被列为国家第二批低碳试点城市以来，坚持把发展低碳经济作为实现后发赶超的有力抓手，各项低碳试点工作有序推进。

1. 以低碳发展规划及配套政策为主导，构建城市低碳发展的体制机制

贵阳市成立了由市长任组长的低碳城市试点工作领导小组，建立了部门联席会议制度；组建了贵阳市低碳发展领域的专业智囊团和低碳发展专家顾问委员会，借力专家智慧为城市低碳发展保驾护航；出台了《贵阳市低碳城市试点工作实施方案》《贵阳市低碳发展中长期规划（2011—2020）》《贵阳市2014—2015年节能减排低碳发展攻坚方案》《贵阳市建设生态文明城市条例》等一系列低碳发展的政策文件；此外还正在筹备编制《贵阳市应对气候变化专项规划（2014—2020年）》和《贵阳市应对气候变化条例》，加快构建低碳发展的政策法规体系。

遵义市按照《遵义市低碳试点工作初步实施方案》的要求，成立了以市长为组长、相关职能部门为成员的低碳试点工作领导小组，将低碳试点的各项任务分解到相关职能部门；将低碳发展相关要求纳入《遵义市国民经济和社会发展“十二五”规划纲要》，启动了低碳发展专项规划的编制；形成以遵义市环科所为代表的研究团队，开展低碳发展研究，为稳步推进低碳试点工作提供智力支持。

2. 以重点领域为突破口，构建以低排放为特征的低碳产业体系

贵阳市将工业、能源和建筑作为控制温室气体排放的主要领域，建立以低碳、绿色、环保、循环为特征的低碳产业体系。一是推动工业转型升级。编制了《贵阳市产业发展指导目录》，杜绝新增“两高”项目，2014年淘汰了24家企业的落后产能，全市产业结构不断优化，三次产业比重由2005年的6.7 ∶ 47.4 ∶ 45.9调整为2012年的4.2 ∶ 42.2 ∶ 53.6；二是优化能源结构。推进“缅气入筑”（贵阳简称筑）工程。2014年底，居民用气全部实现天然气供给，建成开阳、清镇两个生物质燃料基地，一期装机容量为49.5兆瓦的花溪云顶风电场投入运行，全市水电、风电发电量已占总发电量的47%；三是推行绿色建筑。出台《贵阳市绿色建筑实施方案》和《贵阳市国家机关办公建筑和大型公共建筑能耗监测平台建设实施方案》，推广土壤源热泵、污水源热泵、地表水源热泵、太阳能光热等技术在建筑中的应用，2014年，贵阳市使用可再生能源技术的建筑面积达449万平方米。

遵义市则实施了“新型工业化、绿色城镇化、农业现代化”三化同步的低碳发展战略，通过优化产业结构、发展可再生能源、节能与提高能效、增加碳汇等措施推动尽早达峰。一是发展低排放的特色轻工业。将烟、酒、茶等特色轻工业作为经济发展重点，推进茅台酒厂循环经济示范园技改，打造“遵义名烟基地”，提升茶叶种植加工水平，形成西部赤水河流域白酒工业走廊和东部烟草、茶叶加工带的产业空间布局；二是发展可再生能源。形成了以电能为主，煤炭为辅，农村沼气、城市天然气为补充的能源消费模式。2014年，全市能源消费为1 400万吨标准煤，其中清洁能源使用量达924吨标准煤，占总量的66%；三是节能提效。2014年关闭淘汰落后产能11户，中心城区累计改造4吨以下燃煤锅炉182台，单位生产总值能耗下降5.65%；四是增加碳汇。2014年完成造林75万亩，成功创建国家环保模

范城市，森林覆盖率达 53.6%。经测算，遵义市 2014 年单位 GDP 能耗为 1.49 吨标准煤 / 万元，实现“十二五”时期累计节能目标进度 93.61%，预计 2015 年单位 GDP 二氧化碳排放比 2010 年下降 22% 以上，此外还提出了到 2030 年左右达到碳排放峰值的目标。

3. 开展多层次试点示范，低碳发展理念深入人心

贵阳市作为第一批国家低碳试点，同时也是全国首个循环经济试点城市、2013 年度智慧试点城市和全国首个“国家森林城市”，全力推进低碳社区试点和低碳工业园区试点工作。贵阳市先后实施了“乌当碧水人家”、“温泉新城”等一批市级低碳社区试点，探索形成具有贵阳特色的低碳社区“G”模式，建立社区低碳指标统计办法和贵阳市低碳社区评价指标体系，为低碳社区建设和改造提供可以量化的评价标准；贵阳市高新区于 2014 年 6 月获得国家低碳工业园区试点，编制了《贵阳国家高新区低碳经济示范园实施方案》，充分发挥高新区的区位优势和发展特色。贵阳市还积极组织形式多样的“低碳日”、“地球一小时”、“垃圾换水”等环保公益活动，鼓励市民践行绿色生活方式。在全市低碳社区、示范试点内推广绿色建筑、实施节能低碳改造、推行垃圾分类回收、传播低碳社区文化，低碳发展理念深入人心。

遵义市在低碳试点建设过程中，打造了茅台镇绿色低碳城镇、凤冈富锌富硒茶低碳示范区、高新技术园区循环化改造等低碳园区，累计创建了 5 个国家级生态示范区、39 个生态乡镇、3 个省级生态县、24 个生态乡镇和 45 个生态村，积极探索适合园区、集镇发展的低碳绿色发展模式；开工建设遵义县太阳坪风电项目和凤冈县、道真县生物质发电项目、住建局公共机构节能示范项目，创建打造了一批示范性强、带动面广、关联度高的低碳项目，发挥了引导示范作用，扎实推进低碳发展。同时，遵义市通过强化低碳教育宣传，向社会普及低碳发展知识，营造低碳发展氛围，加大节能低碳产品推广力度，培育厉行节约、低碳办公、合理消费的低碳文化，并于 2015 年 1 月被评为贵州省首个国家环保模范城市。

二、两市低碳试点工作特色与亮点

贵阳和遵义作为西南地区的低碳试点城市，在推进低碳试点建设的过程中形成了地方特色，其发展路径对于探索发展中地区的创新发展路径、推进生态文明建设具有重要意义。

1. 因地制宜，发展新兴低碳产业

贵阳市本着在保护中发展的原则，大力发展金融、旅游、会展等低碳产业。在金融领域，实施“引金入筑”工程，有近 20 家金融机构签约入住贵阳国际金融中心。截至 2013 年 9 月，贵阳市全市金融机构人民币存款 5 684 亿元，同比增长 31%，占全省地、市、州的 43%；主打旅游业，发挥生态、气候、人文优势，打造“爽爽贵阳、避暑之都”品牌，推进旅游标准化、国际化建设，优化提升一批景区景点；发展贵阳特色的会展经济，通过举办“生态文明

贵阳国际论坛”以及中国科协年会、酒博会、旅游产业发展大会等重大会展活动，使会展经济效益年均增长30%以上。迄今，生态文明贵阳国际论坛已连续举办7届，成为中国生态文明建设领域中的一大国际品牌。

遵义市积极发展“红色旅游”，加快茅台、土城、苟坝、沙滩、赤水文化旅游创新区和长征文化博览园、赤水景区、中国茶海景区建设，深度开发娄山关景区，打造《传奇遵义》常态演出精品剧目和中国长征、茅台酒、仡佬等文化旅游节，打造“红色遵义、人文遵义、醉美遵义”旅游形象品牌。

2. 创新驱动，构筑低碳发展的智慧城市

贵阳因四季温差小的气候特点被评为“最适合投资数据中心的城市”，是唯一被授予“2014年中国智慧治理领军城市”称号的西部省会城市。贵阳将发展大数据产业作为实现后发赶超、产业转型和新型工业化的战略选择，努力打造高度信息化、全面网络化的“智慧贵阳”、“数谷贵阳”。截至2014年，大数据产业规模达660亿元，“云上企业”超过2 900家，预计2017年“呼叫中心”将带动就业50万人（贵阳市人口约400万）。以上可见，大数据产业在很大程度上能够使贵阳以相对较低的排放代价实现经济的较快发展。同时，贵阳还建立了节能低碳监测平台，制定了《贵阳市节能低碳在线监测平台方案》，一期对全市7户重点用能企业、10个区市县、两栋重点耗能建筑实现在线监测，这些依托城市良好的数据产业基础的项目为贵阳节能降碳起到了较好的服务作用。

3. 全方位推动交通领域低碳发展

贵阳市是国家甲醇汽车试点城市，国家新能源汽车推广应用示范城市，在促进交通领域低碳发展、控制交通领域碳排放方面做了大量的探索工作，取得了不错的成效。贵阳市以“疏老城、建新城”为核心推进城市建设，规划建设1.5环快速路，促使城市交通流由“中心集聚”向“环网分担”转变，以此改进交通运输的整体效率。城乡路网不断完善，“三条环路、十六条射线”的现代化交通路网体系全面完成，这些都进一步缓解了交通拥堵，减少车辆尾气排放。此外，贵阳还启动编制了《贵阳市快速公交系统专项规划》，推广使用清洁能源和混合动力汽车，积极发展公共交通和轨道交通。贵阳市公交公司根据贵阳市的能源和道路特点，因地制宜，研制推广了气电双燃料混合动力汽车和甲醇燃料车，产生了良好的减排效果。

三、两市低碳试点工作的建议

贵阳、遵义两市均处于快速工业化、城镇化过程中，低碳转型难度较大。两市虽然已经在低碳城市建设方面进行了有益的探索，并取得了不错的成效，但低碳发展仍面临不少挑战，未来需要在进一步强化碳排放管控的同时，探索符合地方特色的创新发展路径，努力实

现跨越式发展。

①需尽快研究提出碳排放峰值目标及其实现路径。调研发现，遵义市提出力争到2030年左右达到碳排放峰值目标，但缺乏明确的达峰路径；而贵阳市并未提出峰值目标，对于峰值目标的测算也缺乏研究。我国已经提出在2030年左右达峰，因此建议两市进一步强化应对气候变化和低碳发展的顶层设计和战略研究，提出碳排放峰值目标及可行的实现路径，并将相关目标纳入未来的规划当中。

②进一步提高温室气体排放核算能力。调研中发现，贵阳、遵义两市的关键排放源没有基础数据支撑，温室气体统计核算领域的专业学者缺乏，低碳领域的研究机构和技术平台能力较弱，缺少基础数据统计及监测平台，影响了地方低碳发展进程。建议两市尽快开展本地区温室气体排放清单编制，摸清排放家底，同时加强数据收集和核算系统建设，建立相关温室气体排放数据的管理体制，为低碳发展做好数据基础支撑工作。

③鼓励两市积极开展低碳城市间的国内、国际合作。贵阳、遵义等西部地区是全国的生态屏障，关乎国家的生态安全。全国各地特别是东部发达地区应帮助西部地区走向经济发展与生态改善的“双赢之路”，同时西部低碳试点地区也应主动汲取东部发展的经验教训，结合自身特点实现可持续发展。同时，建议贵阳、遵义两市总结城市低碳发展的经验和成果，积极参加中美气候智慧型城市合作。响应国家“一带一路”战略思路，与“一带一路”沿线国家城市结成“低碳姊妹城市”，共享低碳发展经验。同时，积极探索气候变化“南南合作”框架下的低碳城市合作模式，推进本地区绿色产能国际化。

④进一步加强制度创新和模式探索。贵阳和遵义在温室气体排放交易方面起步较晚，2014年，全省首单中国自愿减排(CCER)项目上海金融机构购买贵州盘江煤层气开发利用有限责任公司80万吨CCER指标成功交易，实现碳交易的零突破。建议贵阳、遵义两市积极做好参加全国碳排放交易市场的前期准备，加强对城市碳资产的盘查工作，并推进贵阳市环境能源交易中心在参与碳排放权交易中的积极作用。

⑤加强应对气候变化人才队伍建设。发挥好“贵阳市低碳发展专家顾问委员会”的智囊作用，建立贵阳市低碳发展研究中心等专业研究机构，打造本土应对气候变化的专业研究团队。在国家下一步打造低碳城市试点升级版的过程中，邀请更多国际、国内专家学者为贵阳和遵义两市的低碳发展建言献策，探索出一条适合西部地区发展阶段的低碳发展之路。

舟山柔性直流输电示范工程调研

田　川　国家应对气候变化战略研究和国际合作中心战略规划部助理研究员
郑晓奇　国家应对气候变化战略研究和国际合作中心战略规划部助理研究员
樊　星　国家应对气候变化战略研究和国际合作中心国际合作部研究实习员
李俊峰　国家应对气候变化战略研究和国际合作中心主任、研究员

摘　要：柔性直流技术是一种新型的高压直流输电技术，可广泛应用于分布式可再生能源并网、电网互联、城市及海岛供电等领域。浙江舟山柔性直流输电示范工程是目前世界上已投运的端数最多、电压等级最高以及单端容量最大的多端柔性直流工程。笔者调研总结国家电网公司对浙江舟山柔性直流输电技术、海洋输电技术的应用示范以及舟山市供电及输配电情况，比较分析了柔性直流输电的技术优势和发展意义，最后提出了促进柔性直流输电技术大规模发展的政策建议。

关键词：柔性直流输电　技术优势　政策建议

柔性直流输电作为新型输电技术，与传统交直流输电技术相比在交流系统互连、新能源并网和孤岛供电方面具有显著的技术优势[1]。为深入了解柔性直流输电技术，研究该技术对于我国实现低碳发展的促进作用，探索该技术对于促进海上风能、潮汐能等可再生能源电力发展的意义，笔者于2016年4月26日至28日赴浙江省舟山市调研，调研组听取了国家电网公司对于柔性直流输电技术、海洋输电技术、舟山市供电及输配电情况的介绍，并就推进我国非化石能源发展、促进柔性直流输电技术发展及推广应用所面临的机遇和挑战开展了交流讨论。现将相关情况总结如下。

一、调研背景

随着联合国气候变化大会《巴黎协定》的达成，世界各国正朝着低排放和气候适应型社会转型，低碳发展逐渐成为大多数国家发展道路的选择。能源系统的低碳转型作为低碳发展的基础，其核心是摆脱对化石能源的依赖，并以非化石能源尤其是可再生能源替代传统化石能源。对于我国来说，大力发展风力、水力、太阳能等可再生能源，提高其占能源消费比重是我国主动控制碳排放的主要目标任务。《中华人民共和国国民经济和社会发展第十三个五年规划纲要》提出要主动控制碳排放，而在我国的《强化应对气候变化行动——中国国家自主贡献》《中美气候变化联合声明》等文件中也明确提出了非化石能源占一次能源消费比重达到 20% 的发展目标。在此背景下，中国科学院和中国工程院都安排了在碳排放约束下的我国新一代能源系统研究，本中心参与了上述研究项目，承担碳排放约束下新技术、新机制对新一代能源系统影响的研究。也正因为如此，本中心将对一系列影响未来能源系统的新技术和新机制进行调研，而此次柔性直流技术调研即是研究项目调研活动之一。

二、柔性直流技术及舟山柔性直流输电示范工程介绍

柔性直流技术是一种新型的高压直流输电技术，可广泛应用于分布式可再生能源并网、电网互联、城市及海岛供电等领域。该技术由加拿大学者在 1990 年提出，其原理是基于电压源换流器（VSC）技术，利用绝缘栅双极晶体管（IGBT）开关迅速地转换电网工作点并且独立地控制有功和无功功率，从而能够实现特定条件下对有功功率和无功功率的最佳控制，并具有非常灵活的调控性能 [2,3]。世界范围看，自 1997 年 ABB 公司在瑞典 Hellsjon 首次进行柔性直流输电系统工程试验以来，目前世界范围内已有约 20 个工程投入运行，包括 1999 年瑞典投运的哥特兰工程（世界第一个风电场接入电网柔性直流工程）、2002 年美国投运的 Cross Sound Cable 工程、2005 年挪威投运的泰瑞尔工程等 [2]。

对于我国来说，柔性直流输电技术研究起源于 2006 年，近十年来取得了一系列自主创新成果，2011 年投运的上海南汇柔性直流输电示范工程实现了南汇风电场的接入，大幅度提高了风电场的低电压穿越能力 [4]；2012 年在大连建设的连接北部主网和市区南部港东地区的柔性直流输电工程，通过成功研制出世界首套 1000 兆瓦 /±320 千伏换流阀及阀基控制器，标志着中国在柔性直流输电换流阀领域已经达到世界最高水平 [5]；2013 年在广东南澳风电场基地投运的三端柔性直流输电工程，则标志着世界首个多端柔性直流输电工程的建成 [6]。此外 2014 年，浙江舟山 ±200 kV 五端柔性直流输电示范工程（简称舟山柔性直流示范工程）正式投运，成为世界首个五端柔性直流输电工程。

舟山柔性直流示范工程是目前世界上已投运的端数最多、电压等级最高以及单端容量最大的多端柔性直流工程，具有完全自主知识产权。该工程主要包括五个换流站工程、四段直

流电缆工程、配套送出工程和一个试验能力建设项目。五个换流站是位于五个岛屿的 ±200 kV 舟定、舟岱、舟衢、舟洋、舟泗换流站，容量分别为 400 MW、300 MW、100 MW、100 MW、100 MW。连接五站的四段直流电缆由八根直流电缆组成，总长为 280.8 公里，其中海缆总长度为 258 公里，陆缆总长度为 22.8 公里。配套送出工程为新建 220 千伏交流线路 2 回，共计 22.1 公里，新建 110 千伏交流线路 3 回，共 9.25 公里。舟山柔性直流示范工程的建成及投运，标志着我国已成为世界柔性直流输电领域的技术先锋，并抢占了世界多端柔性直流输电技术的制高点 [7,8]。此外，舟山柔性直流示范工程更是加强了舟山诸岛的电气联系，对增强区域网架结构、提高供电可靠性起到了积极的作用，同时也解决了海上风电等新能源灵活接入、电缆充电功率和冲击性负荷带来的稳定性及电能质量等问题，为浙江舟山群岛新区经济社会发展提供了强劲动力。

三、柔性直流技术优势与发展意义

柔性直流作为新一代直流输电技术，在促进可再生能源发展及提高电力系统效率等方面，具有以下几方面的独特优势及意义。一是传输灵活稳定，满足用电可靠性要求。一方面可以实现电能逆变和反转，在不改变控制方式、不转换滤波、不关断换流站的情况下快速转换功率方向，是具有较高可靠性的并联多端直流系统 [8]。另一方面，柔性直流输电系统可以直接控制输出电压，快速控制频率，保证发电机完全进入稳定状态。柔性直流输电系统还能够逐步激发变压器等设备，不会产生过大的励磁电流 [2]。此优势为风电等可再生电力的上网提供了有利条件，同时也符合现代化大都市供电方式和对电力可靠性的需求。二是输电线损低，促进电力系统效率提高。柔性直流输电可以实现交流与直流的互变，能向无源系统供电，在潮流反转时，直流电流方向反转，而直流电压极性不变。IGBT 可控硅交流技术，能够减少线损，有效提高电力传输效率 [9]。三是多端并联，有利于分布式能源上网。由于分布式发电装置相对分散，且有些电源输出的电力难以直接并入传统电网，而柔性直流输电技术具有的电能反转优势可实现多端并联，也为分布式电源的并网提供了可行的技术平台 [8,9]。综上所述，柔性直流输电技术的发展，有利于促进独立电网之间的支流互联、提高电力系统的整体效率、支持可再生能源的并网，该技术的推广应用将对中国实现低碳发展起到积极而重大作用，是具有战略性及前瞻性的技术选择之一。

四、相关建议

①加大柔性直流技术领域科研投入力度。柔性直流技术作为电力领域最前沿、最迫切、最有挑战性和最具应用前景的高端技术，我国应加大对柔性直流技术基础理论研究、关键技术研究、样机研制等方面的投入力度。在柔性直流技术国内起步晚、研究难度大、可参考国

外资料有限的现实情况下，我国应坚持走自主创新之路，力求掌握完全自主知识产权，进一步提高国内柔性直流技术研发水平。

②开展柔性直流技术示范工程。目前在国内，尽管已有上海南汇柔性直流输电工程、福建厦门 ±320 千伏柔性直流输电科技示范工程、鲁西柔性及常规背靠背直流、舟山柔性直流输电示范工程等示范工程，但我国仍应在此基础上进一步扩大示范工程数量，探索在三北地区等地开展远距离多端柔性直流输电技术示范工程，以促进实现柔性直流技术的大规模推广。

③推动可再生能源电源和电网协调发展。电网企业升级改造既有电网或规划新的电网项目时，应配合国家可再生能源发展战略，积极引进或自主研发可再生能源电网友好型技术，如储能技术、智能电网技术、柔性直流技术等。为此，可再生能源发电企业应加快技术进步，释放边际运行成本低的优势，逐步解决并网消纳难题。

④加强电力跨省跨区互联及输送。鉴于我国可再生能源电力装机主要集中在三北地区的现实情况，需通过特高压及柔性直流等先进远距离输电技术将三北地区富余的清洁电力输送到东中部地区，但这需打破目前仍存在的跨省跨区输电壁垒，从输电基础设施建设方面促进电网跨省跨区互联，从体制机制方面需打破地域间隔阂，促进跨区跨省电力市场发展，实现电力跨区优化配置。

参考文献

[1] 汤广福，贺之渊，庞辉．柔性直流输电工程技术研究、应用及发展 [J]. 电力系统自动化，2013, 37(15): 3-14

[2] 王存平．柔性直流输电系统技术优势及仿真研究 [J]. 2015, 电气应用：224-227[3] 胡海航，李敬如，杨卫红．柔性直流输电技术的发展与展望 [J]. 2011, 电力建设：62-66

[4] 乔卫东，毛颖科．上海柔性直流输电示范工程综述 [J]. 2011, 华东电力，39 (7): 1137-1140

[5] 马为民，蒋维勇，李亚男．大连柔性直流输电工程的系统设计 [J]. 2013, 电力建设，34(5): 1-5

[6] 王旭辉．南网建成世界首个多端柔性直流输电工程—我国柔性直流输电技术世界领先 [N]. 中国能源报，2014(20)

[7] 高强，林烨，黄立超，罗伟．舟山多端柔性直流输电工程综述 [J]. 电网与清洁能源，31(2):33-38

[8] 马为民，吴方劼，杨一鸣，张涛．柔性直流输电技术的现状及应用前景分析 [J]. 2014, 高电压技术，40(8): 2429-2439

[9] 李岩，罗雨，许树凯，周月宾，袁志昌．柔性直流输电技术：应用、进步与期望 [J]. 2015, 南方电网技术，9(1): 7-13

我国地方应对气候变化规划评估与建议

刘　强　国家应对气候变化战略研究和国际合作中心战略规划部主任
曹　颖　国家应对气候变化战略研究和国际合作中心战略规划部副研究员
李晓梅　国家应对气候变化战略研究和国际合作中心战略规划部研究实习员

摘　要："十二五"规划以来，为使国家层面的规划目标和任务能够在地方层面更好地贯彻执行并进一步落到实处，全国各省（自治区、直辖市）都积极开展了地方应对气候变化规划的编制工作。为提升地方编制应对气候变化规划的能力，在国家发改委气候司的指导下，国家应对气候变化战略研究和国际合作中心组织国内相关专家，对地方（省级）应对气候变化专项规划编制工作进行了系统评估。本文对各地方规划编制情况进行了总结，识别了地方在应对气候变化规划编制过程中存在的主要问题，并提出了今后进一步完善地方应对气候变化规划编制的政策建议。

关键词：地方　应对气候变化规划　问题分析　政策建议

一、地方应对气候变化规划编制情况

截至2014年底，全国30个省（自治区、直辖市）均完成了应对气候变化规划的编制工作，其中少数几个规划将节能和应对气候变化相关内容结合在了一起，其余各省均为独立、完整的"十二五"期间应对气候变化规划，其中23个省（自治区、直辖市）制定并发布了应对气候变化规划。

从目前已经发布的各省级应对气候变化规划看，其框架基本相同，内容上一般包括五个部分：①工作进展；②面临的形势、困难、挑战和机遇；③指导思想、原则以及主要目标、指标；④主要任务；⑤保障措施。但从规划目标年份来说，各省级应对气候变化规划不尽相同，22个省提出了2015年规划目标，13个省份提出了2020年的规划目标，且有12个省市同时提出了2015年和2020年规划目标。此外，从具体内容上看，有9个省份提出了重点工程，其余省份未提及重点工程。在各省提出的重点工程中，以开展市、县、镇、园区、社区、碳交易等各级各类试点为主，另外还包括提高农业、林业适应能力、增加森林碳汇、推广低碳技术等方面。

二、地方应对气候变化规划编制中的主要问题分析

（1）缺乏可考核、针对性的量化指标

从已编制完成的规划文本中来看，部分省市在规划的编制过程中，缺少对于规划目标和主要指标的量化表述，包括经济增长水平、能源消费总量、碳排放总量、能源结构等指标。不少省份将其应对气候变化目标笼统表述为全面完成国家下达的温室气体减排指标，而在基于本省经济发展和能源利用、控制温室气体排放的具体措施等基础上提出量化减排目标或总量控制目标的省份较少，在适应气候变化方面更是缺乏明确量化目标。

（2）内容的系统性和针对性不强

一是应对气候变化的基础与现状描述不充分，应对气候变化的形势和问题识别不足且论述不充分。二是部分省份适应气候变化内容比较薄弱。三是应对气候变化规划对区域特色体现不足。不少规划提出的减缓和适应气候变化行动大同小异，没有结合地方的特点和特殊性。四是关于省内差别化的考虑不足，对区域差别化政策的设计不足。五是保障措施内容相近，针对性不强。六是应对气候变化的重点工程不突出，规划抓手不够。七是规划中往往会出现与应对气候变化工作联系不紧密的内容，说明各地对气候变化问题的认识仍有待强化。

（3）针对规划目标及影响的分析不足

从各省规划编制来看，对规划目标的影响和内涵分析普遍不足，尤其是忽略了应对气候变化目标对特定空间区域、特定行业产生的实际影响，缺乏将应对气候变化目标与经济社会发展和环境目标的整合，规划编制没有发挥政策整合的功能，导致不同部门、不同政策之间缺乏衔接，甚至存在一定矛盾。同时，各省级应对气候变化规划虽注重强调节能降碳，但却忽视了相关工作对人民群众生活产生的不利影响，也缺乏针对性的解决方案。

（4）规划的可操作性不强

从部分地区应对气候变化规划编制来看，存在规划目标流于形式，缺乏相应的总体策略、细化政策和行动计划，导致应对气候变化规划的可操作性不强。在规划文本表达和结构逻辑上，许多规划文本的上下承接性较弱，包括目标缺乏量化、策略和行动缺乏必要的支持信息，专项内容规划缺乏联系等。此外，规划中还存在与“高层级”规划承接不足和“平行级”规划协调不足等问题，从纵向上看，缺乏对国家规划的有效贯彻，从横向上看，所编制的应对

气候变化规划与地方的《国民经济和社会发展规划》《产业发展规划》《土地利用总体规划》《交通发展规划》和《环境保护规划》等相关规划存在脱节、相互不兼容、不匹配的问题，这不仅直接降低了规划文本质量，也影响到规划的顺利实施。

三、完善地方应对气候变化规划编制的政策建议

（1）兼顾经济发展与应对气候变化

经济的快速发展、经济实力的增强有助于提高地方应对气候变化的能力，但同时，经济的快速发展也会造成碳排放量的增加，相应增加应对气候变化的压力。“十一五”规划以来，我国政府不断强化对温室气体的控制力度，先后明确提出了2020年碳排放强度降低40%～45%、2030年左右碳排放达峰及碳强度相比2005年下降60%～65%的控排目标。2011年，国务院发布的《“十二五”控制温室气体排放工作方案》对各省提出了明确的“十二五”碳排放控制目标，并强调各省（区、市）要将大幅度降低CO_2排放强度纳入本地区经济社会发展规划和年度计划，处理好经济发展和控制温室气体排放的关系。因此，在省市层面应对气候变化规划编制过程中，必须正确处理好应对气候变化和经济发展的关系，应确保各省市在保持经济发展速度和质量的前提下，提出科学可行的、具有地方特色的应对气候变化主要途径和措施。如温室气体排放强度控制目标应当和当地产业结构、经济增速相符合。如果没有在加快转变经济发展方式这一主线上下工夫，仍一味追求高的增长速度，即便实现了碳强度控制目标，其二氧化碳排放总量及增幅仍将相当惊人，也难以实现我国提出的2030年碳排放达峰的总体目标。

（2）强化应对气候变化规划与其他相关规划的协调

如何协调各省正在编制的《应对气候变化规划》与其他相关专题规划、计划等之间的关系，是规划编制工程中需要着重考虑的问题。各省编制的应对气候变化规划从省级层面上来看是一种宏观、综合规划，对全省“十三五”乃至更长时期的应对气候变化工作将起到宏观战略指导的作用，这一规划的编制离不开其他相关专题规划的支撑；同时，在编制其他相关规划的时候，也要充分贯彻应对气候变化的核心理念，将应对气候变化规划作为其他相关规划编制的基本依据之一。

（3）充分兼顾减缓和适应工作

从我国现实国情来看，由于生态环境脆弱、海岸线漫长、人均资源占有量低等基本国情的现实制约，中国极易受到气候变化的不利影响。《中国适应气候变化战略》也进一步指出，现在中国适应气候变化的法律法规不够健全，各类规划制定过程中对气候变化因素的考虑普遍不足。因此，在编制省级层面的应对气候变化规划时，既要考虑减缓气候变化的政策要求，也要考虑适应气候变化的相关要求，要把减缓和适应放在同等重要的位置，并在设置规划指标时能够有所体现，包括农业领域、水资源领域、海洋领域、卫生健康领域和气象领域的相

关指标。

（4）夯实规划目标所需的数据基础

确定合理的规划目标是应对气候变化规划的核心内容之一，这不仅有助于明确今后应对气候变化的方向，还有利于评价应对气候变化工作成效。应对气候变化规划的目标应能总体上对应对气候变化工作提供指导，同时还要考虑目标的可操作性、可计算性和可考核性，要做到这点其基础工作就是收集详尽、准确的统计数据。从目前情况来看，试点省份已经完成了省级的温室气体排放清单，非试点省份部分完成了清单的编制，仍有部分省份尚未完成清单的编制，在此情况下，地方政府应在编制应对气候变化规划的过程中“摸清家底”，完善相关统计数据，建立坚实的数据基础，并加强相关的核算能力，为确保规划编制的科学性提供有效支撑。

（5）建立并完善规划评价指标体系

目前，各省编制的应对气候变化规划并没有统一的评价指标体系，这使得在推进各省应对气候变化工作方面存在一定的不一致性。同时，从省级应对气候变化的编制情况看，仍然存在着一定的认知误区，如简单地将资源高效利用等同于低碳建设，或者简单地将节能减排等同于低碳发展。应对气候变化规划的实施效果很大程度上取决于量化考核指标的系统性，因此应按照“凸重点、少而精”的原则建立定量考核、易分解落实的指标体系，确保各省应对气候变化规划中各项措施能够真正得到落实和执行。

基于指标体系的低碳试点城市评价*

杨　秀　国家应对气候变化战略研究和国际合作中心政策法规部副研究员
丁　丁　原国家应对气候变化战略研究和国际合作中心政策法规部主任、研究员
蔡　蒙　原国家应对气候变化战略研究和国际合作中心政策法规部科研助理
付　琳　国家应对气候变化战略研究和国际合作中心政策法规部助理研究员

摘　要：我国已开展了两批低碳试点省区和试点城市工作，进行了“自下而上”的低碳发展方式的探索。而科学、综合、权威、系统的指标体系有利于在综合评价的基础上，探索低碳城市发展模式，指导城市发展中的结构优化，形成节能高效的经济体系，最终实现城市的低碳与可持续发展。本研究构建了低碳城市评价指标体系，旨在全面、客观地反映城市的社会经济发展现状、排放现状和地区特点。本研究对两批共36个试点城市的应用该指标体系进行了评估，对城市特点进行识别，并将城市分为领先型、发展型、后发型和探索型四类，并结合全国的排放峰值目标，提出了全国分城市类型。

关键词：低碳城市　指标体系　低碳试点　评价　排放峰值

城市是人类社会经济活动、生产生活的核心地带与主要聚集地，城市所产生的与能源相关的CO_2排放量占全球总排放量的71%～76%之多，是温室气体排放的主体。现阶段，我国处于快速城镇化阶段，正在进入以提升质量为主的发展转型期，面临着人口众多、资源相对短缺、生态环境比较脆弱、城乡和区域发展不均的现状。城市低碳发展的主要功能和作用体现在：减少碳排放和降低能耗的同时，使城市的发展更加集约紧凑，减少资源要素的投入，尽快实现峰值，最终实现经济社会发展与能源、CO_2脱钩。因此，实现城市的低碳发展，建

* 本文原载于《中国人口·资源与环境》杂志2015年9月刊

立以低碳为特征的工业、能源、建筑、交通等行业体系和消费模式，是加快转变经济增长方式、促进城市健康有序发展的重要途径。

我国已有多个城市自发开展了低碳发展的实践与探索。2010 年 7 月 19 日，国家发展改革委下发通知，确定在广东、辽宁、湖北、陕西、云南五省和天津、重庆、深圳、厦门、杭州、南昌、贵阳、保定八市（五省八市）开展第一批低碳试点；2012 年 11 月 29 日，国家发展改革委再次确定在北京市、上海市、石家庄市等 29 个省市开展第二批国家低碳省区和低碳城市试点（简称低碳试点地区）工作。以上两批国家低碳试点地区共包括 6 个省份、36 个城市。

2010 年，五省八市试点省市 GDP 总量占全国 GDP 总量的 57%，人口占全国人口总数的 42%，能源消费占全国能源消费总量的 58%，基于化石能源消费的 CO_2 排放占全国排放总量的 56%[1]。从地域分布看，低碳试点地区涵盖了我国华北、华东、华南等三个经济发达地区和处于经济快速增长期的西南地区，以及经济欠发达的中西部地区和东北老工业区，这些地区具有我国不同发展阶段的特点。

根据国家发展改革委要求，低碳试点地区需在低碳发展的六个方面开展试点工作。除探索低碳发展模式和实现途径、为其他地区提供可借鉴经验外，低碳试点地区还应当成为低碳发展的典范，即与同类型、同发展阶段的城市相比，在评价低碳发展的相关指标方面体现出先进性（如碳排放总量相对较低），或提出更严格的碳排放约束目标（如率先实现碳排放峰值）。

低碳试点地区的低碳发展现状包括低碳发展水平、低碳发展模式的建立、发展目标的制定、体制机制的创新以及配套政策的颁布等。研究和评估低碳试点地区的低碳发展现状，需充分考虑其特点，并运用科学的分析工具予以深入分析。通过建立低碳城市指标体系，定量衡量城市的低碳发展现状，分析其发展特点，有助于有针对性地提出城市低碳发展的模式与实现途径。

一、低碳城市相关指标体系综述

低碳城市的内涵丰富而复杂，目前较难找到公认的绝对标准。国际上对于低碳城市评价指标的筛选尚处于研究探讨阶段，尚无统一界定。

本文整理了由国际机构制定的、具有较大影响力的几种与低碳城市相关的指标体系。其中，由联合国人居署于 1993 年制定的“城市指标”以住房、社会发展和消除贫困、环境管理、管理等为框架，共提出 42 项指标，用于衡量城市的可持续发展目标[2]。由城市指标基金组织于 2007 年制定的“全球城市指标”，以城市服务、生活质量为框架，共提出 74 项指标，侧重总人口在 10 万以上的城市，并首先在拉美与加勒比地区启动[3]。经济学人智库和西门子公司于 2009 年制定“欧洲绿色城市指数”，以 CO_2 排放、能源、建筑、交通、水、废弃物和土地利用、空气质量、环境治理为主要框架，并被应用于欧洲 30 个主要城市[4]；2011 年再度制定“亚洲绿色城市指数”，以能源和 CO_2、土地利用和建筑、交通、废弃物、水、卫生、空气质量和环境治理为主要框架，并应用于亚洲地区的主要城市[5]。

由于国际上针对社区或城市的可持续评价体系一般立足于当地国情，因而在支撑我国低碳城市指标体系的研究借鉴上，必然存在一定的局限性。对于上述指标体系的定量和定性指标我们绝不能照搬照抄：一方面是由于其考虑因素的简单化使量化指标和定性指标较模糊；另一方面，由于各国的评价体系信息化程度不同，指标的建立标准、依据不统一，评价指标移植性、扩展性不强，因此不具有普适性，难以在世界范围内应用。

在研究设立低碳城市指标体系之前，我国有关部委已经设立了诸如生态城市、生态文明建设试点示范区指标等一系列低碳城市相关的指标体系，但在低碳城市领域尚未发布权威的标准或指南。在研究领域，我国部分低碳城市相关的研究机构和学者已经对低碳城市的评价指标体系做出探索研究。近年来，我国部委相继发布了低碳城市相关的城市建设评价指标体系，其中不少已经被应用于相关城市（区、县）。如 2004 年住建部颁布了“国家生态园林城市标准”，共设立了 19 项指标。环保部则分别于 2007、2008 和 2013 年颁布了“生态县、生态市、生态省建设指标（修订稿）”、“‘十一五’国家环境保护模范城市考核指标（修订）”和“国家生态文明建设试点示范区指标（试行）”，分别设立了 19 项、26 项和 29 项指标。2012 年，国家能源局颁布了“新能源示范城市评价指标体系”。2013 年，国家发展改革委发布“国家循环经济示范城市建设评价指标”和“国家生态文明先行示范区建设目标体系”，国家发展改革委、国家统计局还联合发布了“应对气候变化统计指标体系”[6]，以上三个体系分别设置了 67、51 和 36 项指标。

我国具备较大影响力的研究机构也对低碳城市评价指标体系进行了有益探索。此外，还有不少学者建立起种类多样的低碳城市评价指标体系并进行了案例研究，部分研究还基于研究建立的指标体系对多个城市进行了评价、比较和排序。如 2010 年，国家统计局中国经济景气监测中心联合北京师范大学、西南财经大学，以经济增长绿化度、资源环境承载能力和政府政策支持力度为框架，制定了“中国绿色发展指数”[7]，设立了 57 项指标，并应用于全国 30 个评测省（区、市）。2011 年，世界自然基金会（WWF）以低碳产出、低碳消费、低碳资源、低碳政策为框架，制定了“城市低碳经济发展水平衡量指标体系”[8]，共设立 12 项指标，并以深圳市作为典型城市进行案例分析。2010 年，哥伦比亚大学、清华大学、麦肯锡公司以基本需求、资源效率、环境清洁度、建筑环境、对可持续性的承诺为框架，制定了“城市可持续性发展指数”[9]，设立 18 项指标，并应用于“十一五”规划中提到要加强环保建设的 113 个城市。2012 年，世界银行以碳排放量、能源、绿色建筑、可持续交通、合理的城市形态为框架，制定了“低碳指标清单”[10]，设立 8 项指标，并根据所选指标将中国城市（重庆、北京、上海、天津）和国际城市进行比较。2012 年，中国社会科学院城市发展与环境研究所以经济转型、社会转型、设施低碳、资源低碳、环境低碳为框架，制定“中国城市低碳发展评价综合指标体系”[11]，设立 10 项指标，并应用于我国 110 座城市。2013 年，中国能源研究室、劳伦斯伯克利国家实验室以能源 / 气候、水资源、空气、废弃物、交通、经济健康、土地利用、社会健康为框架，制定了“ELITE Cities 低碳生态城市指标体系”[12]，设立 33 项指标，目前正在进行典型城市案例研究。

从现有的低碳城市相关指标体系来看，大多数指标体系的评价指标选取涉及了城市低碳发展的相关领域，其中经济系统、社会系统、环境系统、科技系统和政策系统出现的频率较高。内涵上，经济系统能够反映产业结构的优化程度和经济效益提升情况；社会系统主要反映人民生活质量的提高；环境系统主要反映城市整体的碳汇能力和城市生态环境的改善；科技系统主要反映资源循环利用效率的提高、温室气体排放强度和能源消耗污染物排放的下降；政策系统主要反映政府的低碳政策与公众的和谐。

目前，尚没有能够直接用来科学权威、全面客观地对低碳试点城市的发展状况和发展模式进行定量评估的指标体系及相应数据。因此，亟须依据科学性（即充分反映城市建设中“低碳”的本质内涵）、代表性（即充分体现低碳城市建设的最关键要素）、可操作性（即相关数据容易获取，数据质量高）和普适性（即适用于不同城市类型）原则，建立起一套低碳城市指标体系，在广泛收集数据的基础上对低碳试点城市进行分类评估，指导低碳城市的建设与发展。

二、低碳城市评价指标体系构建

评价低碳城市的低碳发展现状，可以通过以下三个步骤来实现：第一，构建指标体系，并以此对城市进行分类；第二，对各类别城市的低碳发展现状和变化情况进行评估，分析各类别城市的特点，包括其当前的首要任务、面临的主要挑战等；第三，提出各类别城市的低碳发展模式，及其实现低碳发展的可能途径。

基于上述研究目的和原则，本文构建了如图 1 的低碳城市评价指标体系框架。具体包括碳排放相关指标、社会经济指标和排放目标等三种类型的 10 个具体指标，既能够评估城市

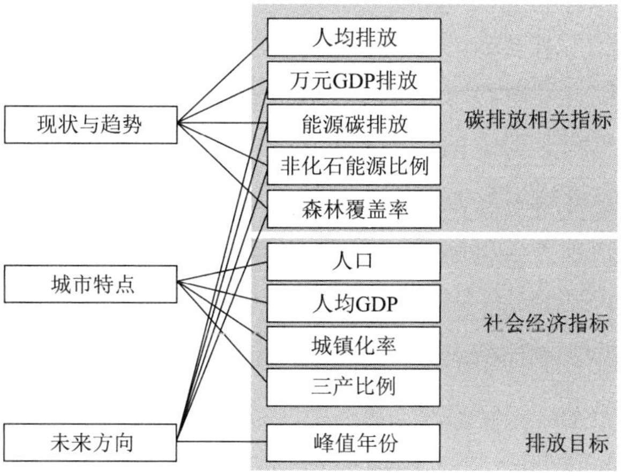

图 1　低碳城市评价指标体系框架

的碳排放现状与趋势，反映城市特点，也能够反映城市未来的低碳发展方向。

三、基于指标的城市分类

衡量城市低碳发展现状的核心指标主要包括人均 GDP 水平和人均碳排放水平两个。人均 GDP 可以用来定量“发展”，是衡量地区经济发展状况和人民生活水平的指标；人均碳排放水平能够反映某一地区的“低碳”状况。本文依据这两项指标对我国低碳试点城市进行了低碳发展现状的分类。如图 2 所示，2010 年全国人均 GDP 为 2.99 万元 / 人，人均碳排放 5.48 吨 CO_2/ 人 [13]。我国 36 个低碳试点城市的经济发展水平和碳排放水平各异。部分低碳试点城市，如大部分东部沿海城市，人均 GDP 和碳排放水平均高于全国平均水平，而一些处于快速城镇化过程中的中西部低碳试点城市仍然面临着经济发展的迫切需求，人均 GDP 和碳排放均低于全国平均水平（图 2）[1]。

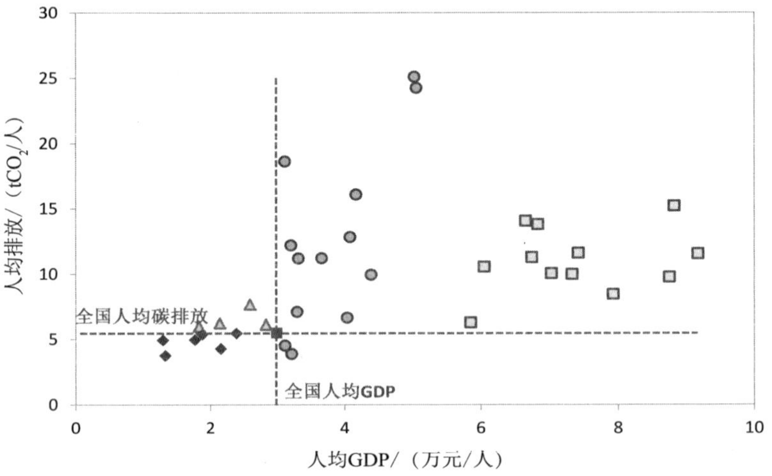

图 2　低碳试点城市的经济发展和碳排放基本情况

根据全国和低碳试点城市的人均碳排放和人均 GDP 这两项指标，可以将我国 36 个低碳试点城市分为领先型、发展型、后发型和探索型等四类。根据联合国的划分标准，人均 GDP 超过 8 000 美元即为中上等收入国家和地区。因此，本文将人均 GDP 超过 8 000 美元的城市归类为“领先型地区”，人均 GDP 超过全国平均水平但低于 8 000 美元的城市归类为“发展型地区”，人均 GDP 低于全国平均水平而碳排放则高于全国平均水平的城市为“后发型地区”，人均 GDP 和人均碳排放水平均低于全国平均水平的城市为“探索型地区”（表 1）。

分类后的低碳试点城市呈现较为明显的地域分布特点。除武汉外，属于领先型地区的低碳试点城市均分布在东部沿海地区；属于发展型地区的低碳试点城市大部分位于秦岭淮河一线以北（13 个城市中的 10 个）；属于后发型和探索型地区的低碳试点城市处于中部和西部，且大部分分布在秦岭—淮河以南（11 个城市中的 9 个），部分城市具有很好的自然资源禀赋。

表 1　基于人均 GDP 和人均碳排放水平对低碳试点城市的分类

分类	地区描述	城市
领先型（12 个）	人均 GDP 高于 8 000 美元；人均碳排放水平高于全国平均水平	深圳、苏州、广州、北京、上海、青岛、天津、宁波、杭州、镇江、武汉、厦门
发展型（13 个）	人均 GDP 介于全国平均水平和 8 000 美元之间；大部分发展型地区的人均碳排放水平高于全国平均水平	金昌、济源、秦皇岛、乌鲁木齐、吉林、呼伦贝尔、晋城、石家庄、南昌、昆明、延安、温州、淮安
后发型（4 个）	人均 GDP 低于全国平均水平；人均碳排放水平高于全国平均水平	贵阳、池州、景德镇、遵义
探索型（7 个）	人均 GDP 和碳排放水平均低于全国平均水平	重庆、广元、保定、赣州、大兴安岭、桂林、南平

四、对低碳试点城市的分类分析

根据上述低碳城市评价指标体系和分类结果，本文对低碳试点城市的低碳发展现状、城市特征和未来发展方向进行分析评估，归纳各类地区的特点与发展水平，并以此为基础，提出低碳发展路径。基于低碳试点城市评价指标的分类比较如图 3 所示[1]。

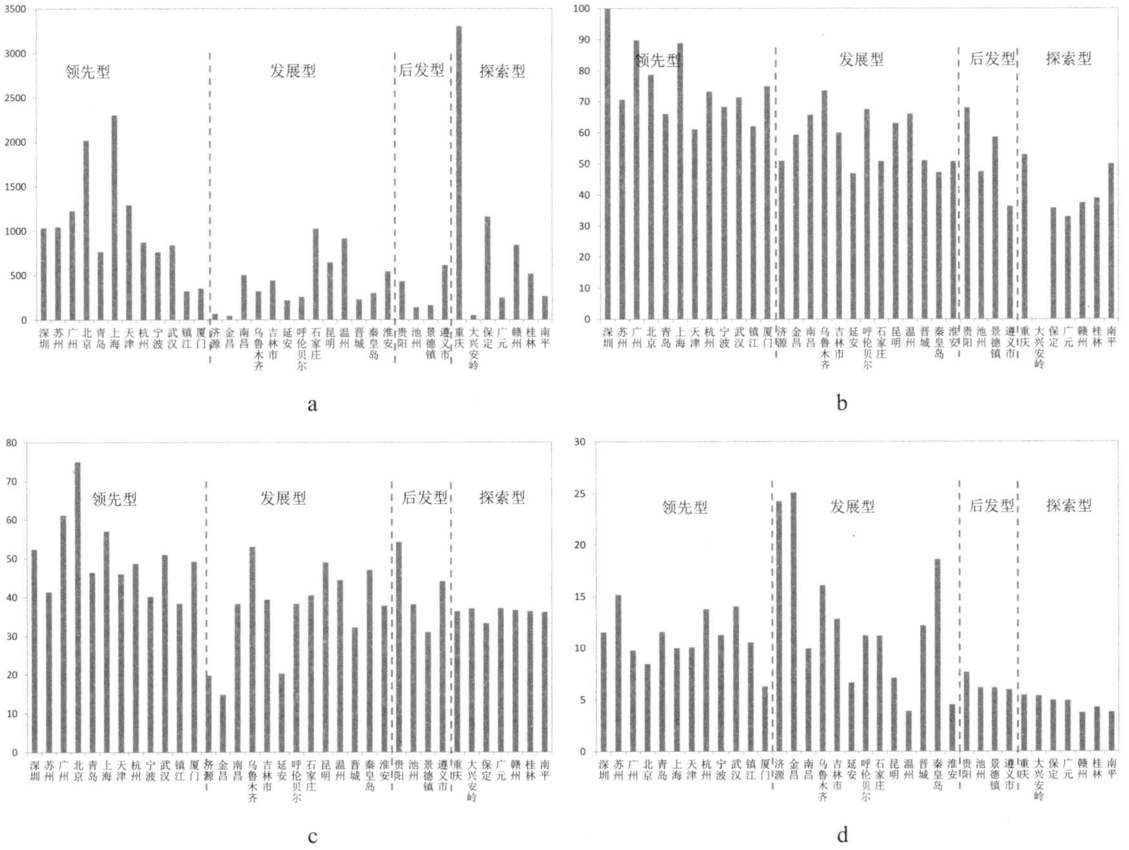

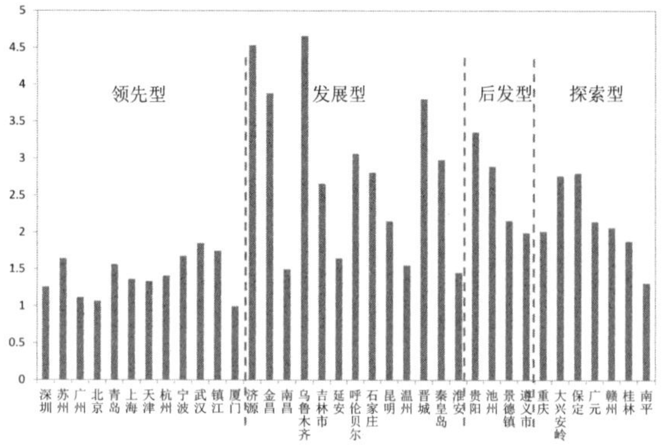

e

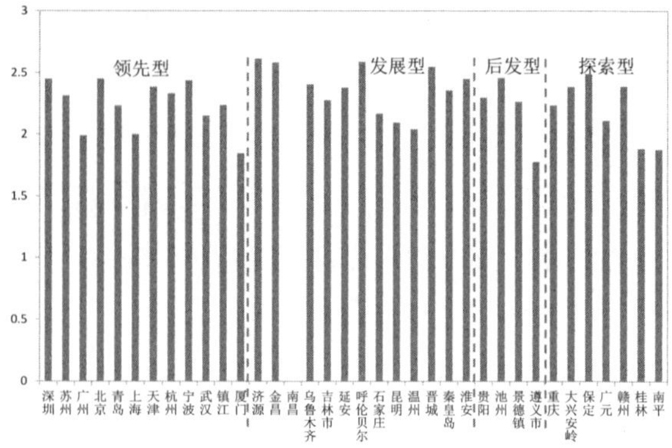

f

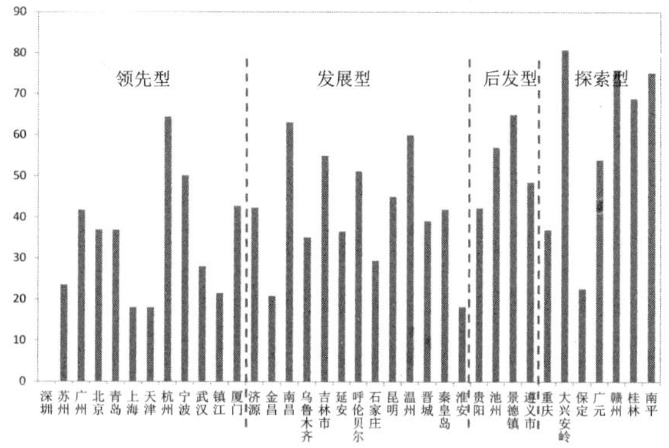

g

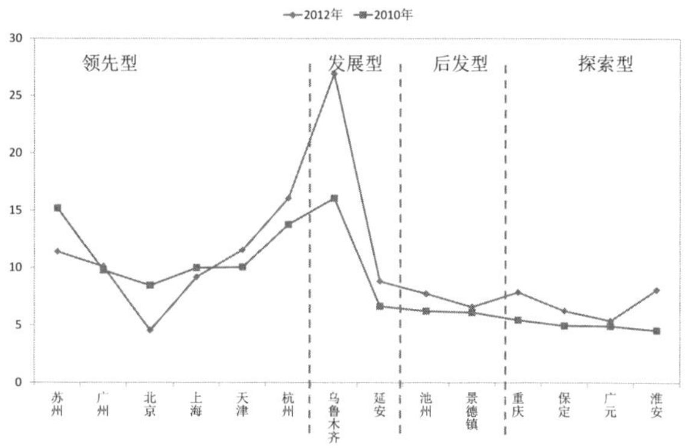

h

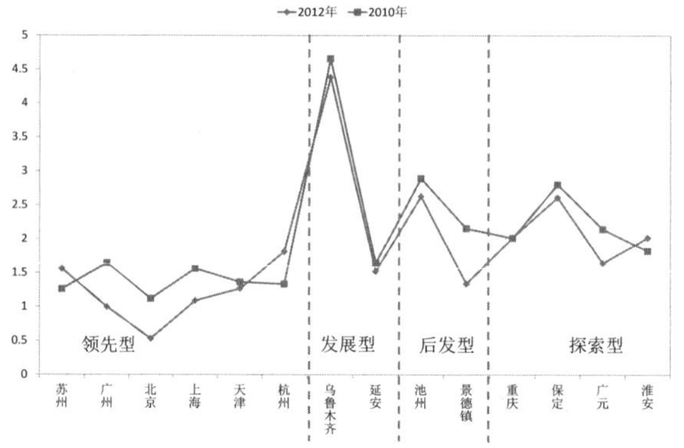

i

图 3. a–g 试点城市 2010 年人口（万人）、城镇化率（%）、第三产业比例（%）、人均碳排放（吨 CO_2/ 人）、万元 GDP 碳排放（吨 CO_2/ 万元）、能源碳排放（吨二氧化碳当量 / 吨 CO_2）、森林覆盖率（%）；图 3. h 部分试点城市 2010–2012 年人均排放的变化（吨 CO_2/ 人）；图 3. i 部分试点城市 2010–2012 年万元 GDP 排放变化（吨 CO_2/ 万元）

1. 领先型地区的特点和低碳发展路径

除武汉市外，领先型低碳试点城市全部位于东部沿海地区。比较图 3 所示的定量指标，领先型低碳试点城市呈现出以下特点。

①人口众多。领先型地区的低碳试点城市的平均人口数量为 1 069 万，大大超过低碳试点城市的平均人口数量（约为 722 万）。其中一半的城市是属于人口数量超过 1 000 万的超大

城市，包括深圳、苏州、广州、北京、上海和天津；1/3 是人口数量超过 500 万的特大城市，包括青岛、杭州、宁波和武汉；余下的镇江和厦门两个城市，人口数量也在 300 万以上。

②城镇化率远高于其他类型地区。大部分领先型低碳试点城市的城镇化率超过 70%，深圳则达到了 100%。12 个领先型低碳试点城市的平均城镇化率为 75%，远高于所有低碳试点城市的平均值（约为 60%）。我国已提出严格控制特大城市人口规模，未来领先型低碳试点城市的城市规模扩大速率将会放缓。同时，较高的城镇化率也说明该类型地区已经进入城镇化中后期，城市基础设施建设已接近完成。

③第三产业比重略高于其他类型。除苏州、宁波和镇江外，领先型低碳试点城市的第三产业比重均高于全国平均值，多数已进入后工业化阶段 [15]。

④万元 GDP 碳排放水平低。由于经济发达、技术先进、第三产业比重高，领先型低碳试点城市的经济效率明显高于其他类型地区，12 个低碳试点城市平均万元 GDP 碳排放量是全国平均水平的 77%，仅为发展型低碳试点城市平均水平的 50%。

⑤部分低碳试点城市的排放已达平台或进入下降区间。与 2010 年相比，北京和上海 2012 年的人均排放都出现了下降，广州的人均排放停止了增长。而从排放总量看，北京已经出现了阶段性高点，近期进入下降区间。

领先型地区主要分布在我国经济最为发达的地区，这也将是我国率先完成城镇化和工业化的地区，因此，它们也应在我国 2030 年左右实现排放峰值目标中做出更大贡献，即应当第一批达到碳排放峰值，为其他地区碳排放增长留出更多空间。此外，领先型低碳试点城市大多位于东部沿海地区，也是近年来我国雾霾影响的“重灾区”，而该地区人民已经大多过上小康生活，相对而言，对环境质量的追求高于其他地区。由于温室气体排放在很大程度上与环境污染物同根同源，因此，尽快实现环境治理、改善大气质量，既是人民群众的现实需要，也是该类型地区实现低碳发展的迫切需求。

从排放看，该类型地区的工业碳排放已经达到峰值，伴随其未来人民生活水平的继续提高，导致的交通、建筑和生活碳排放的持续增长，将成为领先型地区排放增长的最主要驱动因素。以北京市为例 [16]，2000—2012 年，第一产业的能源消费比重均不超过 2%；第二产业的能耗水平变化不大，从 2004 年的 2 477 万吨二氧化碳当量（tce）增长到 2007 年的 2 621 万 tce 时达到峰值，2012 年则下降到 2 150 万 tce；而同期第三产业和生活能耗（主要是建筑和交通能耗）则从 2 366 万 tce 增长到 4 589 万 tce，增长了将近一倍，占总能耗的比重也从 48% 上升到 67%，占据了当前能源消费的绝大部分。由此可见，领先型地区的低碳发展面临的最大挑战是建筑和交通用能增加带来的碳排放的迅速增长。

因此，对领先型地区，排放目标方面应着重关注排放总量，重点控制交通、建筑和生活领域排放的过快增长。低碳发展途径当着力于合理的城市规划与基础设施建设，倡导形成低碳生活方式和消费模式，提高建筑与交通能效，在用能上提高清洁能源利用率。可基于碳排放的绝对量、建筑和交通排放相关的指标对此类地区进行评估，衡量其低碳发展状况。领先型地区的具体评价指标详见表 2。

2. 发展型地区的特点和低碳发展路径

发展型低碳试点城市主要分布在我国的北方地区（东北、西北、华北）。比较图 3 所示的定量指标，发展型低碳试点城市呈现出以下特点。

发展型低碳试点城市的人均 GDP 在 4 000 ～ 8 000 美元之间，经济发展仍是当前的重要目标，经济发展模式各异。其中，吉林、金昌、石家庄、济源、乌鲁木齐和晋城是重工业、老工业和能源基地，淮安和温州是农业和轻工业较为发达的城市，昆明和秦皇岛则是以旅游业为主导的城市。

大部分发展型低碳试点城市的城镇化率在 50% 上下，总体处于快速城镇化过程中。随着未来城镇化率的进一步提高，还将带来大量的城镇基础设施建设。

①第三产业比重低。除乌鲁木齐、昆明和温州外，发展型低碳试点城市的第三产业比重普遍低于全国平均水平（2010 年全国第三产业比重约为 43%），而济源（第三产业比重约为 19.7%）、金昌（第三产业比重约为 14.8%）和延安（第三产业比重约为 20.2%）更是以第二产业为主导产业的城市。

②万元 GDP 排放高。发展型低碳试点城市的万元 GDP 碳排放水平是四种类型地区中最高的，除南昌、延安和温州外，其他城市的万元 GDP 碳排放均高于全国平均水平。乌鲁木齐（2010 年万元 GDP 碳排放约为 4.66 吨 CO_2/ 万元）和济源（2010 年万元 GDP 碳排放约为 4.53 吨 CO_2/ 万元）的万元 GDP 碳排放水平最高，达到全国平均水平的 2.5 倍。

③人均碳排放和万元 GDP 碳排放仍处在上升区间。从 2012 年和 2010 年数据比较来看，发展型低碳试点城市的人均碳排放呈现出明显增长，而万元 GDP 碳排放仅略有下降，下降幅度落后于全国平均水平。

对属于该类型的低碳试点城市来说，经济发展仍为当前要务。同时，排放强度和人均排放均较高，又亟须通过转型实现低碳发展，寻求经济持续发展与控制排放的平衡。该类型地区处于快速工业化、城镇化过程中，人均生活消费排放相对较低，工业、建筑和交通排放均呈较快增长趋势，为碳排放的控制工作带来较大压力。部分发展型地区的工业结构以高耗能、高排放产业为主导，工业部门排放强度降低的难度大。

鉴于发展型地区试点城市特点，寻求低碳发展路径是它们未来发展的可行办法。对于重工业、能源工业发达的城市而言，应重点关注产业布局调整，减缓新增重工业产能，实现现有产业的升级改造，同时调整能源结构，实现经济低碳转型。此外，在它们的城镇化过程中应坚持以低碳为特征，抓好城市规划和功能区划布局，做好低碳交通基础设施建设，建设节能低碳建筑；在提高人民生活水平的过程中，引导和促进低碳生活方式和消费模式的形成。针对发展型地区的可持续发展，应进行排放强度和排放总量的双重约束，并兼顾工业、建筑和交通排放相关的指标评估其低碳发展情况。发展型地区的具体评价指标详见表 2。

表 2　分类型城市的分类评估汇总

分类	发展阶段	主要挑战	重点领域	低碳路径	关注指标
领先型	中上等收入	• 提高生活水平 • 改善环境 • 尽快实现峰值	• 排放总量 • 交通、建筑和生活领域排放	• 尽快设定总量控制目标 • 提高建筑与交通能效 • 促进低碳生活方式和消费模式的形成 • 提高清洁能源利用率	• 人均碳排放、人均生活碳排放 • 能源碳强度 • 人均建筑面积、户均机动车保有量、绿色交通方式出行率
发展型	工业化中期快速城镇化	• 促进经济发展 • 实现转型 • 保护环境	• 排放强度 • 工业、建筑和交通排放兼顾	• 调整产业布局，减缓新增重工业产能，现有产业的升级改造 • 以低碳为特征的城镇化 • 低碳生活方式和消费模式	• 万元 GDP 排放、人均碳排放 • 第三产业增加值占 GDP 的比重 • 能源碳强度 • 人均建筑面积、绿色交通方式出行率
后发型	工业化中前期，快速城镇化	• 促进经济发展 • 实现跨越式发展 • 未来的城市形态	• 排放总量和强度 • 工业排放	• 注重能效 • 发挥后发优势，走新型工业化道路 • 低碳理念下的城乡建设	• 万元 GDP 排放 • 建成区人口密度、道路交通密度 • 第三产业增加值占 GDP 的比重 • 能源碳强度
探索型		• 城市建设的潜在排放 • 未来的城市形态 • 平衡工业发展与生态环境保护	• 控排压力不大，避免快速增长	• 结合资源禀赋发展相关产业 • 重民生，保护原有生活方式和地方特色	• 建成区人口密度、道路交通密度 • 第三产业增加值占 GDP 的比重 • 能源碳强度

3. 后发型地区的特点和低碳发展路径

后发型低碳试点城市大多位于华南中部和我国西部地区，分析比较图 4 的定量指标，后发型低碳试点城市主要呈现出以下特点。

①万元 GDP 排放高。2010 年，后发型低碳试点城市的万元 GDP 排放平均值为 2.60 吨 CO_2/ 万元，约比全国平均值高 18%。当前，我国后发型低碳试点城市正处在工业化进程中，且发展模式相对粗放。

②城镇化率低于全国平均水平。后发型低碳试点城市的平均城镇化率低于全国平均水平。当前，该类型地区正面临着经济发展的迫切需求，并处于快速城镇化过程中，由此带来的大量基础设施建设会形成较高的潜在排放。

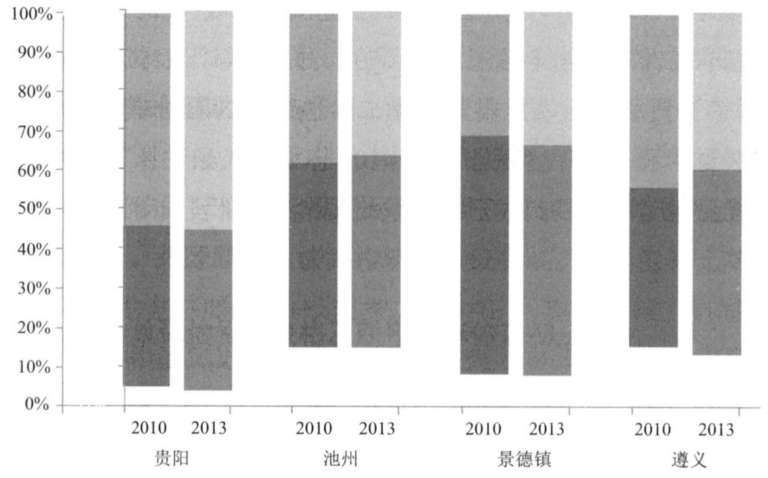

图 4　后发型城市的三产比例变化（图中分别为 2010 和 2013 年的三产比例，自上而下依次为一产、二产和三产比例）

③后发型低碳试点城市位于我国的中西部地区。中西部地区的环境容量远低于东部沿海地区，加之西北部地区严重缺水，水资源短缺已经成为制约西北经济发展的瓶颈，且水资源一旦污染，污水治理难度较大。因此，该类型地区在工业化和城镇化过程中受到的环境、能源和资源约束更强。城市规模和空间布局将对城市居民日常工作与休闲的通勤距离和能耗起到决定性作用，因此该类型地区的城镇化模式将直接影响其未来的交通排放情况。

④如何实现跨越式发展是后发型地区低碳发展面临的主要挑战。与领先型和发展型地区不同，后发型地区需要更加注重能效，发挥后发优势，走新型工业化道路，以低碳理念进行城乡建设，避免在承接产业转移过程中出现“先污染再治理”现象。

⑤未来城镇化和工业化道路带来的城市形态、产业布局的变化是后发型地区需要关注的焦点。排放控制方面，后发型地区应着力于降低排放强度，同时尽量避免排放总量的快速增长。后发型地区的具体评价指标详见表 2。

4. 探索型地区的特点和低碳发展路径

比较图 3 的定量指标，可发现探索型低碳试点城市呈现出以下特点。

①城镇化率低。除淮安市和南平市，其他探索型低碳试点城市的城镇化率均低于全国平均水平。探索型低碳试点城市尚处于城镇化中前期，城镇格局尚未完成，仍有大量城市基础设施建设尚未完成[20]。

②第三产业比重低。探索型低碳试点城市尚处于工业化的中前期，其第三产业比重全部低于 40%，低于全国平均水平（43.2%）。

③探索型低碳试点城市的能源结构仅处在低碳试点地区的中游水平（赣州市除外）。虽然探索型低碳试点城市的经济发展水平普遍滞后，但却并不具备显著的能源结构优势，这也是探索型地区未来发展过程中面临的挑战之一。

④人均碳排放水平较低，但呈显著增长趋势。2010—2012年，探索型低碳试点地区人均碳排放量的增长较为明显。随着经济增长和工业化、城镇化进程的不断推进，该类型地区的人均碳排放量还将进一步增长。当前，探索型低碳试点城市的人均碳排放水平较低，这与其当前经济发展水平和产业结构有关。探索型低碳试点城市大多资源禀赋好，具有良好的生态环境和生态资源，如大兴安岭地区、桂林市、南平市、广元市等[21]。

由于该类型地区处于经济加速发展阶段，其工业化、城镇化进程的不断加快和居民消费水平的逐步提高，都决定了能源消费需求和碳排放总量将呈上升趋势。然而，探索型低碳试点城市正处在城市布局构建过程中，发展模式尚未固化。与后发型地区类似，其城镇化模式将直接影响探索型地区未来的交通排放。此外，探索型地区的产业格局尚未成熟，在探索低碳发展模式时，应当结合当地资源禀赋，发挥自然资源优势，大力发展旅游、生态农业、绿色食品等相关产业，切勿盲目追求GDP的增长而承接东部、中部转移的高排放、高污染产业。探索型地区可适当减缓经济发展速度，发展要重民生，保护原有的生活方式，维持地方特色，建设社会主义新农村。

探索型地区控制当前碳排放量的压力不大，因此应重点关注未来城镇化和工业化进程带来的城市形态和产业布局的转变，以及能源体系的建设。探索型地区的具体评价指标详见表2。

五、讨论

1. 本研究方法的意义

由于我国地域辽阔，对处在不同发展阶段、具有不同特点和发展基础的地区，不可能走出同一种低碳发展模式，更无法通过同一种途径来实现低碳发展。低碳试点则是自下而上对低碳发展模式和途径的探索，旨在通过地方根据自身特点，自主开展工作，再由中央政府对其经验与教训进行总结后，向全国推广。

本研究着眼于描述低碳试点城市的特点，分析低碳试点城市之间的差异。研究从城市低碳发展相关的众多指标中，选出反映我国城市基本规律的核心指标，构建较为科学的指标体系和分析框架，依此进行聚类分析，对低碳试点城市划分为四种类型，并分别提出差异化的低碳发展模式与发展途径。研究可为提出全国性的低碳发展政策指导、深化试点城市的低碳发展和实施相关的政策措施提供参考。

2. 基于本研究方法提出的全国低碳发展路线图

根据我国的排放目标：2030年左右CO_2排放达到峰值且努力早日达峰；2030年左右非化石能源占一次能源消费比重提高到20%左右。化石能源消费的CO_2峰值排放量应控制在 110 亿～ 120 亿吨，人均不超过 8 吨，低于日本、欧盟人均约 9.5 吨的峰值水平。目前，我国已经基本完成工业化发展阶段，正处在城镇化率 30% ～ 70% 快速发展区间，城市人口与规模仍有较大的增长潜力，城镇化水平和质量的稳步提升将带来 CO_2 排放的进一步增长。考虑到不同地区的排放特点和差异，届时我国分地区的排放应在 7 ～ 14 吨 CO_2/ 人的区间内。

目前，已有 30 个试点城市提出了排放峰值的年份目标。其中，领先型地区均提出了在 2020 年之前（含）实现排放峰值的目标，其他三类地区则根据自身特点，分别提出了相对较晚实现排放峰值的目标。到 2020 年我国将全面建成小康社会，到 2050 年将建成富强民主文明和谐的社会主义现代化国家，2030 年左右成为我国实现低碳发展的一个重要时间节点。

目前，要破解能源生产和消费资源环境代价过高，同时基于生态保护红线的硬约束，低碳试点的目的是先行先试，低碳城市发展既是范式也是探索，基于低碳试点城市的发展现状的评估与分析，提出我国各类型城市的低碳发展基础、面临挑战和发展路径，可为下一步加强全国低碳发展的政府引导，出台促进低碳发展政策措施，推动相关制度的建设与开展提供经验。

综合全国和试点地区的排放现状与目标，考虑不同类型城市的发展阶段和发展需求的区别，本研究提出我国不同类型地区中长期（2015—2020，2020—2030）的排放趋势路线建议：

①领先型地区。人均 GDP 持续增长，人均排放基本停止增加或减缓增速，在 2020 年前后实现排放峰值，经过一段时期的平台期，到 2030 年左右实现人均排放的下降，达到人均排放 8 吨 CO_2 以下。

②发展型地区。当前的排放水平较高，大多已超过 9 吨 CO_2/ 人的可能峰值，未来应避免进一步过快过高地增加排放，应从当前起，着力减缓排放增速，在 2025 年前后实现一个相对较高的排放峰值，到 2030 年将排放控制在 7 ～ 14 吨 CO_2 区间。

③探索型和后发型地区。当前的排放水平在 3 ～ 7 吨 CO_2/ 人，应允许其排放伴随 GDP 的增加而有一定的增长，到 2030 年前后实现排放峰值，尽量实现一个相对较低的排放峰值，将排放水平控制在 9 吨 CO_2/ 人左右。

参考文献

[1] 42 个低碳试点省市的试点工作实施方案和国民经济和社会发展统计公报 .

[2] UN-HABITAT, 2009. Urban Indicators Guidelines [R]. http://www.who.int/kobe_centre/publications/urban_indicators_unhabitat/en/.

[3] Facility, G.C.I., 2008. 全球城市指标——评估与检测城市绩效的一种综合方式 [R].

[4] Unit, E.I., Aktiengesellschaft, S., 2009. European green city index: assessing the environmental impact of Europe’s major cities [R]. Siemens AG.

[5] Unit, E.I., Siemens, A., 2011. Asian Green City Index. Assessing the environmental performance of Asia’s major cities [R].

[6] 国家发展改革委　国家统计局印发关于加强应对气候变化统计工作的意见的通知 [EB]（发改气候 [2013]937 号）.
[7] 北京师范大学科学发展观与经济可持续发展研究基地，西南财经大学绿色经济与经济可持续发展研究基地，2013 中国绿色发展指数报告 [R]，北京师范大学出版社，2013 年 9 月 .
[8] 雷红鹏，庄贵阳，张楚 . 把脉中国低碳城市发展——策略与方法 [M]. 北京：中国环境科学出版社，2011.
[9] 城市可持续性发展指数：衡量中国城市的新工具，城市中国研究计划报告 [R]，http://urbanchinainitiative.typepad.com/files/usi_cn.pdf.
[10] Baeumler, A., Ijjasz-Vasquez, E., Mehndiratta, S., 2012. Sustainable Low-Carbon City Development in China [R]. 世界银行研究报告，http://documents.worldbank.org/curated/en/2012/02/ 15879709/sustainable-low-carbon-city-development-china.
[11] 朱守先，梁本凡，2012. 中国城市低碳发展评价综合指标构建与应用 . 城市发展研究 [M], 93-98.
[12] He, G., Zhou, N., Williams, C., Fridley, D., 2013. ELITE Cities: A Low-carbon eco-city evaluation tool for China. ECEEE 2013 Summer Study [R]. European Council for Energy Efficient Economy.
[13] 国家统计局，中国统计年鉴 2012 [M]，中国统计出版社，2012 年 1 月 .
[14] 北京市低碳试点工作实施方案 [EB]，2012 年 7 月 .
[15] 青岛市低碳试点工作实施方案 [EB]，2012 年 7 月 .
[16] 北京市统计局，国家统计局北京市调查总队，北京市统计年鉴 2013 [M]，中国统计出版社，2013 年 8 月 .
[17] 济源市低碳试点工作实施方案 [EB]，2012 年 7 月 .
[18] 延安市低碳试点工作实施方案 [EB]，2012 年 7 月 .
[19] 金昌市低碳试点工作实施方案 [EB]，2012 年 7 月 .
[20] 南平市低碳试点工作实施方案 [EB]，2012 年 7 月 .
[21] 大兴安岭低碳试点工作实施方案 [EB]，2012 年 7 月 .

中美低碳/气候智慧型城市峰会成果解读

田丹宇　国家应对气候变化战略研究和国际合作中心政策法规部助理研究员

摘　要：2015年9月15—16日，第一届中美低碳/气候智慧型城市峰会在美国洛杉矶成功举行，会议彰显了两国应对气候变化的决心，搭建了两国低碳城市的合作平台，宣传了我国低碳省市试点成果。本文在梳理会议成果的基础上，对落实峰会成果推进率先达峰城市联盟提出了相关建议。

关键词：中美峰会　气候智慧型城市　低碳城市

2015年9月15—16日，第一届中美低碳/气候智慧型城市峰会在美国洛杉矶成功举行。习近平主席特别代表、国务委员杨洁篪和美国副总统拜登出席峰会闭幕式并做重要讲话。与会的中美省州市代表联合发表了《中美气候领导宣言》，中国北京市、深圳市等11个省市发起了“率先达峰城市联盟”，美国加利福尼亚州、洛杉矶市等18个州市公布了其碳减排目标与路径。我中心作为“中美气候领袖峰会之低碳能源城市论坛”承办方，重点对我国低碳城市发展成果及低碳能源转型政策进行了大力宣介。作为落实《中美气候变化联合声明》的重要举措，此次峰会取得了积极的成果。

一、彰显中美两个大国应对气候变化决心，助推巴黎会议进程

2014年中美两国元首在《中美气候变化联合声明》中提出了两国各自2020年后应对气候变化的行动目标和启动低碳/气候智慧型城市的倡议。本次峰会将两国气候变化领域的合作从国家元首层级深入到了省州和城市层级，标志着两国在携手应对气候变化问题上更加务实和深入，彰显了两个大国积极应对气候变化的决心和行动，在国际社会引发极大反响，为

年底巴黎会议营造了积极正面的氛围。

中美两国分别在国际气候谈判的“77国集团+中国”和“伞形国家集团”中处于领军地位。峰会的召开既为一周后习近平主席访美做好了铺垫，将气候变化问题再次打造为两国元首会晤的亮点，又为两个月后的巴黎气候大会传达出强烈的信号，对促进构建中美新型大国关系、推动全球可持续发展具有重要意义，有助于推进巴黎气候大会达成积极成果。

二、展示我国低碳省市试点成果，树立负责任大国形象

国家发展改革委自2010年以来分两批在42个省市开展了国家低碳省区和低碳城市试点，2015年正值开展低碳试点工作五周年。几年来，各试点地区强化低碳发展目标导向作用，立足实际制定了相关的配套政策，完善了温室气体排放数据统计和管理体系，加快构建低碳产业体系，积极倡导低碳绿色生活方式和消费模式，一些城市还围绕峰值目标，积极探索城市碳排放核算与管理、企业碳排放核算报告、碳排放权交易、项目碳排放影响评估、低碳产品认证等行之有效的促进低碳发展相关制度和管理模式，有效提升了低碳发展水平。根据国家发展改革委组织开展的控制温室气体排放目标责任评价考核工作结果，2014年列入试点的10个省、直辖市碳强度比2010年平均下降幅度约为21.5%，明显高于全国总体下降15.8%的幅度。

在本次峰会期间中方举办了“中国低碳城市成就展”，北京、深圳等省市政府领导就推动绿色低碳发展的进展、成效和经验做了主题发言，成为中国低碳省区、低碳城市试点成果在国际社会的第一次集体亮相。中国实施的低碳试点政策是探索国家可持续发展路径、落实《中共中央　国务院关于加快推进生态文明建设的意见》、促进新常态下经济转型升级的重要举措，也是尽早实现我国2020年单位GDPCO_2排放控制目标和2030年左右CO_2排放峰值目标的重要抓手。此次峰会向国际社会展示了我国低碳试点工作在促进省市层面低碳转型取得的成就，成为2015年6月提出国家自主贡献目标之后的又一重要国家行动，彰显了我国积极应对气候变化、切实作为负责任大国形象的决心。

三、促进中美两国低碳发展，成为全球城市低碳转型先锋

为落实《中美气候变化联合声明》中提出的“两国在此领域领先城市将分享其最佳实践、设立新的目标并展示城市层面在减少碳排放和构建适应能力方面的领导力”的安排，参加此次峰会的中美省州市联合发表了《中美气候领导宣言》，共同宣布在各自城市和地区采取“设定富有雄心的目标”、“报告温室气体排放清单”、“建立气候行动方案”和“加强双边伙伴关系与合作”四项行动。

中方参会的11个省市结盟则表示要率先达峰，并确定了具有先进性的峰值目标（见图1）

和低碳发展路径，其中北京、广州和镇江提出的峰值年份比国家目标整体提前十年。中方参会省市提出的控制二氧化碳排放行动主要包括“实施低碳发展规划，调整能源、经济和产业结构，推广清洁能源，提高能效，推进碳排放权交易，发展低碳技术，开展低碳交通、绿色建筑、低碳社区等试点示范，引导低碳生活消费，增加森林碳汇，完善低碳发展体制机制”等。其中镇江提出了建设碳排放管理平台、实施区域碳考核、开展项目碳评估、推行企业碳管理的区域低碳发展发展模式，贵阳提出了加快构建以大数据为引领的现代产业体系，海南提出了加快发展以旅游业为龙头的现代服务业等特色低碳产业。

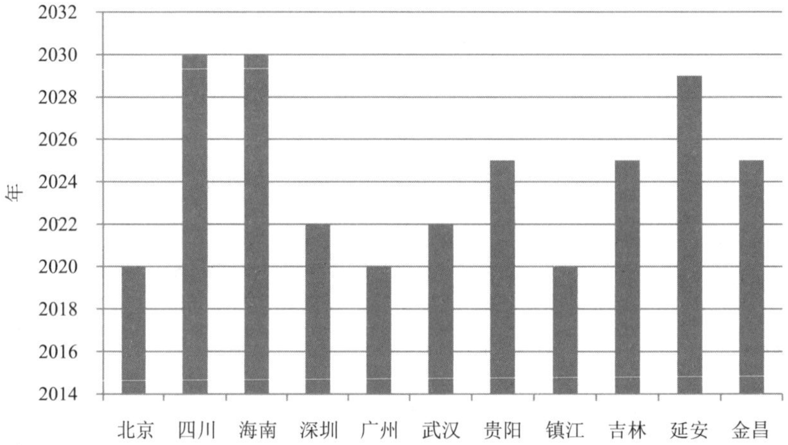

图 1　中国参会省市提出的峰值目标

美国参加《中美气候领导宣言》的 18 个地区公布了各自分阶段的减排目标和行动，其中有 9 个地区提出了 2020 年的中期减排目标[1]，14 个地区承诺了 2050 年的长期减排目标[2]，而兰开斯特和西雅图则提出了更具先进性的零碳（碳中性）目标。这些地区提出的低碳行动主要集中在建筑、交通和能源等重点领域，建筑领域的措施主要包括“在公共建筑和新建居民区推广使用可再生能源，实施绿色建筑分区，对机场进行节能改造”；交通领域的措施主要包括“推广使用纯电车和混合动力电车，以可再生柴油代替石油提炼的柴油，优化城市路网”；

1　关于美国参会地区的 2020 年温室气体减排中期目标，加州承诺到 2020 年将温室气体排放降低 17%，达到 1990 年水平；康涅狄格州承诺到 2020 年以 1990 年为基准减排 10%；亚特兰大承诺到 2020 年以 2009 年为基准减排 20%；波士顿承诺到 2020 年以 2005 年为基准减排 25%；波特兰城承诺到 2020 年实现 100% 的可再生能源发电；盐湖城承诺到 2020 年将市政碳排放痕迹降至 2005 年排放水平以下 20%；奥克兰承诺到 2020 年温室气体以 2005 年为基准减排 36%；迈阿密 - 戴德县承诺到 2020 年温室气体以 2008 年为基准减排 20%；菲尼克斯承诺到 2020 年城市建筑物排放以 2009 年为基准减少 20%。

2　关于美国参会地区的 2050 年温室气体减排长期目标，加州承诺到 2050 年以 1990 年为基准减排 80%；康涅狄格州承诺到 2050 年以 2001 年为基准减排 80%；波士顿承诺到 2050 年以 2005 年为基准减排 80%；洛杉矶承诺到 2050 年以 1990 年为基准减排 80%；华盛顿特区承诺到 2050 年以 2006 年为基准减排 80%；西雅图承诺到 2050 年达到碳中性（碳封存和碳排放的量基本一致）；波特兰承诺到 2050 年以 1990 年为基准减排 80%；休斯顿承诺到 2050 年以 2007 年为基准减排 80%；盐湖城承诺到 2050 年以 2005 年为基准减排 80% 以下；纽约承诺到 2050 年以 2005 年为基准减排 80%；奥克兰承诺到 2050 年以 2005 年为基准减排 83%；迈阿密 - 戴德县承诺到 2050 年以 2008 年为基准减排 80%；菲尼克斯承诺到 2050 年以 2005 年为基准减排 80%；旧金山承诺到 2050 年以 1990 年为基准减排 80%。

能源领域的措施主要包括“发展太阳能、风能和海洋能等清洁能源，增加可再生资源发电比例、购买可再生能源”。加州还提出了减少甲烷和炭黑等短寿命期温室气体排放，康涅狄格州也提出组建州长气候变化委员会等。

不积跬步，无以至千里。本次参会的两国省州市兼具了不同的经济水平、发展阶段和排放状况的代表性，联合宣布了控排目标和行动计划，有利于强化目标倒逼机制，促进各地区低碳发展。中美两国都已经在《中美气候变化联合声明》中提出了应对气候变化和绿色低碳发展目标任务，并已公布了国家自主贡献。来自省州和城市层面的率先达峰行动和减排贡献正是自下而上达成国家目标的基础。作为世界最主要的经济体和排放大国，中美两国在地方层面采取的切实低碳行动，将有助于推进全球绿色低碳转型进程，也为其他城市树立了良好的榜样。

四、加强两国城市间合作，开启气候变化合作机制化新模式

中国正处于城镇化、工业化深入推进之中，温室气体排放快速增长，学习美国在城市建设、城市规划管理、人才技术、城市适应气候变化方面的经验，有利于中国的城市突破经济增长带来的碳锁定效应，尽快实现跨越式的低碳转型。而中国在城镇化过程中所蕴含的发展潜力和市场空间也可以为美国经济带来新的市场机遇和活力。开展双边低碳城市 / 气候智慧城市交流与合作，也有利于争取国际资金和技术支持。

在本次峰会上，国家发展改革委、北京市政府等 9 个单位与美方对口合作单位签署了低碳发展合作协议或谅解备忘录，并宣布下一届中美低碳 / 气候智慧型城市峰会将于 2016 年在北京举办，这将成为加强两国城市间合作的一个长期的平台。本届峰会的成功举办已成为两国城市建立应对气候变化国际合作机制的一个良好开端。

五、关于落实峰会成果推进率先达峰城市联盟的几点建议

本次峰会成为进一步深化我国低碳试点工作的良好契机，下一步应以推进率先达峰城市联盟地区率先达峰为目标、以探索特色低碳发展模式为动力，以健全低碳发展体系为主线，以培育生态文明理念为支撑，进一步加强与美国对口地区的合作交流，引领全国低碳发展。

第一，落实峰值目标，强化目标倒逼机制。鼓励联盟地区根据《中美气候领导宣言》提出的碳排放峰值目标和行动计划，在所辖地区及重点企业间完成目标分解。通过因地制宜地提高可再生能源比重、发展第三产业、淘汰落后产能、节能增效、增加碳汇、发展分布式能源、提高废弃物资源化利用率等方式控制温室气体排放，保障按计划达到峰值并争取提前达峰。

第二，创新低碳发展模式，打造地区特色亮点。深入推进低碳工业园区、低碳交通、低碳建筑、低碳社区、低碳商业、低碳产品试点示范，丰富试点内容。继续先行先试，探索开

展碳排放权交易、自愿减排协议、生态补偿等有利于减排的市场化机制，激励各类排放主体积极控制温室气体排放。全面提升试点地区相关的低碳模式创新水平，因地制宜探索低碳发展的有效模式，建立有利于促进低碳发展的创新体制机制。

第三，落实低碳发展规划，健全低碳发展体系。一是形成有利于低碳发展的政策体系，推进联盟地区完成低碳发展规划及配套政策编制，完善相关产业政策、投资政策、财税政策和金融政策，将低碳发展目标纳入本地区“十三五”发展规划。二是积极推进以低碳排放为特征的低碳产业体系。加快发展低碳建筑、低碳交通、新能源等战略性新兴产业，重点领域节能减碳取得明显成效，温室气体排放增速继续减缓。三是完善温室气体排放数据统计和管理体系。鼓励联盟地区进一步落实《关于加强应对气候变化统计工作的意见》，完成本地区温室气体排放清单编制，建立完整的数据收集和核算系统，研究本地区重点企业温室气体排放核算报告管理细则，探索建立温室气体排放数据的管理体制，为低碳发展做好数据支撑。

第四，积极倡导低碳绿色生活方式和消费模式。鼓励联盟地区开展各具特色的“低碳日”活动，加强低碳发展的宣传教育，倡导绿色低碳的生活方式和消费模式，提高全社会生态文明意识。完善应对气候变化信息公开和公众参与制度，引导公众积极参与低碳发展进程。

第五，加强中美地区层面双边合作，推广试点经验。各地方政府应为落实本次峰会签署的低碳发展合作协议或谅解备忘录提供资金支持和政策保障。有关部门应及时总结中美省州市在低碳发展方面的成功经验、有效做法和典型案例，对于可复制、可推广的经验做法加大在全国范围的推广，以各低碳试点的星火形成全国低碳发展的燎原之势。

参考文献

[1] 《中美气候领导宣言》2015 年 9 月 24 日 .
[2] 《中美气候变化联合声明》2014 年 11 月 12 日 .

三、温室气体控排问题研究

“十二五”时期我国应对气候变化及温室气体排放统计、核算与考核体系建设及“十三五”建议

徐华清　国家应对气候变化战略研究和国际合作中心副主任、研究员
王　田　国家应对气候变化战略研究和国际合作中心统计考核部助理研究员
李　靖　国家应对气候变化战略研究和国际合作中心统计考核部助理研究员
马翠梅　国家应对气候变化战略研究和国际合作中心统计考核部助理研究员
李　湘　国家应对气候变化战略研究和国际合作中心统计考核部研究实习员

摘　要：“十二五”期间，我国初步建立了温室气体排放基础统计制度，通过顶层设计和试点示范，稳步推进国家、地方、企业三级温室气体排放核算和报告制度建设，制定了地方温室气体排放清单编制指南和重点行业、企业温室气体排放核算指南，初步建立了省级温室气体清单报告、重点企业直接报送能源和温室气体排放数据制度，构建了对地方控制温室气体排放考核常态化机制。本文建议在“十三五”期间加快完善基础统计、核算报告和评估考核三大体系，加快推进国家、地方和企业数据信息系统支撑平台建设，加快建立应对气候变化信息发布制度及管理体制。

关键词：统计　核算　考核　制度设计

2009 年 11 月，国务院常务会议决定将碳强度下降目标作为约束性指标纳入国民经济和社会发展中长期规划，并制定相应的国内统计、监测、考核办法。有效控制温室气体排放，积极应对气候变化，要求我们尽快构建一套科学、完整、统一的应对气候变化统计指标体系，建立温室气体排放统计核算体系，健全二氧化碳排放控制目标评估考核体系，以便客观反映

我国应对气候变化基本情况，系统展示我国控制温室气体排放努力与成效，督促落实控制温室气体排放政策与行动，推动我国应对气候变化工作走向信息透明化、管理规范化、决策科学化，为实现我国控制温室气体排放行动目标、积极履行国际义务提供重要保障。

“十二五”时期是我国应对气候变化及控制温室气体排放统计指标、核算报告与评估考核三大体系建设取得重大进展的五年。2011 年 3 月，全国人大通过的“十二五”规划纲要中明确要求建立完善温室气体排放统计核算制度，加强应对气候变化统计工作。国务院印发的《“十二五”控制温室气体排放工作方案》中进一步要求构建国家、地方、企业三级温室气体排放基础统计和核算工作体系，并加强对各省（区、市）“十二五”CO_2 排放强度下降目标完成情况的评估考核。经过近五年的实践与探索，我国应对气候变化及温室气体排放统计、核算与考核制度体系基本建立，工作机制初步形成，为推动建立公平合理的国际“可测量、可报告和可核实”制度，开创我国应对气候变化事业新局面奠定了良好的基础。

一、应对气候变化及温室气体排放基础统计体系基本建立

国家发展改革委会同国家统计局印发的《关于加强应对气候变化统计工作的意见》，针对应对气候变化工作的新形势，明确要求建立应对气候变化统计指标体系，建立健全覆盖能源活动、工业生产过程、农业、林业、废弃物处理等领域的温室气体排放基础统计和调查制度，不断提高应对气候变化统计能力。

1. 应对气候变化统计指标体系初步构建

为加强应对气候变化统计工作，科学设置反映气候变化特征和应对气候变化状况的统计指标，综合反映我国应对气候变化的努力和成效，在国家发展改革委与科技部组织开展的国家重点基础研究发展计划“我国 2020 年温室气体控制目标、实现路径及支撑体系”专项研究成果的基础上，结合我国的基本国情和现有统计基础，国家发展改革委会同国家统计局于 2013 年 5 月印发了《关于加强应对气候变化统计工作的意见》，研究提出了应对气候变化统计指标体系，包括气候变化及影响、适应气候变化、控制温室气体排放、应对气候变化的资金投入以及应对气候变化相关管理等 5 大类 19 个小类共 36 项指标。其中控制温室气体排放指标主要反映我国在控制温室气体排放方面的目标与行动，主要包括综合、温室气体排放、调整产业结构、节约能源与提高能效、发展非化石能源、增加森林碳汇、控制工业、农业等部门温室气体排放 7 小类共 16 项指标，并在此基础上正式建立了应对气候变化统计报表制度。

2. 温室气体排放基础统计制度初步建立

在现有统计制度基础上，将温室气体排放基础统计指标纳入政府统计指标体系，建立健全了与温室气体清单编制相匹配的基础统计体系。一是进一步完善了能源统计制度。细化

和增加了能源统计品种指标，主要是将原煤细分为烟煤、无烟煤、褐煤、其他煤炭，修改完善了能源平衡表，完善或修订了工业、服务业以及公共机构的能源统计制度，组织开展了交通运输企业能耗统计监测试点等。二是初步构建了工业、农业、土地利用变化与林业、废弃物处理等相关领域与温室气体排放紧密关联的活动量及排放特征参数的统计与调查制度。

3. 应对气候变化统计工作机制基本形成

2014 年，成立了由国家发展改革委、统计局等 23 个部门组成的应对气候变化统计工作领导小组，建立了以政府综合统计为核心、相关部门分工协作的工作机制。2014 年以来，国家统计局印发了《应对气候变化统计指标体系》、《应对气候变化部门统计报表制度（试行）》和《政府综合统计系统应对气候变化统计数据需求表》等文件，初步收集和审核了 2013 年应对气候变化统计数据。与此同时，国家发展改革委通过清洁机制发展基金赠款项目支持国家统计局及各地有关研究机构，通过组织开展《温室气体排放基础统计制度和能力建设》等项目，积极开展各地区统计部门从事应对气候变化统计人员的专业能力建设，统计部门还在 15 个省（区、市）开展了应对气候变化统计工作试点，应对气候变化基础统计队伍能力得到加强。

二、温室气体排放核算与报告体系基本建成

《“十二五”控制温室气体排放工作方案》要求，定期编制国家温室气体清单，做好二氧化碳排放及碳强度下降率的年度核算工作。制定地方温室气体清单编制指南，组织开展省级清单编制工作。研究制定重点行业企业温室气体排放核算指南，并实行重点企业直接报送能源和温室气体排放数据制度。

1. 国家层面清单编制和年度核算体系逐步走向常态化

①国家温室气体清单编制方法不断改进和完善。国家温室气体清单编制和报告的范围包括能源活动、工业生产过程、农业活动、土地利用变化和林业、废弃物处理等五大领域，涉及的温室气体包括二氧化碳、甲烷、氧化亚氮、氢氟碳化物、全氟化碳、六氟化硫等六种温室气体。清单编制机构在参考《IPCC 国家温室气体清单编制指南 (1996 年修订版)》《IPCC 国家温室气体清单优良作法指南和不确定性管理》、《2006 IPCC 国家温室气体清单编制指南》提出的清单编制方法的基础上，结合我国的实际情况，包括关键排放源类型、活动水平以及排放因子数据的可获得性等，深入分析了 IPCC 方法在我国的适用性，不断改进并完善各领域关键排放源的温室气体清单的估算方法，确保清单编制方法的科学性和规范化。

②国家温室气体清单编制工作机制逐步走向常态化。在 2012 年向《联合国气候变化框架公约》第十八次缔约方大会提交《中国气候变化第二次国家信息通报》，报告 2005 年国家

温室气体气体清单的同时，根据有关规定，国家发展改革委组织有关研究机构和高校启动了向全球环境基金（GEF）申请《中国准备第三次气候变化国家信息通报的能力建设》项目的程序，并于 2014 年 12 月通过公开招标确定了分包任务的承担单位，初步形成了由国家气候战略中心、清华大学、中国科学院、中国农科院、中国林科院和中国环科院等单位为主体的国家温室气体清单编制工作架构，由此也启动了 2010 年和 2012 年国家温室气体清单编制相关工作，并将进一步完善国家温室气体清单数据管理系统，使清单管理体系更加科学，为清单编制常态化和规范化提供技术支撑。

③ CO_2 排放核算工作不断满足形势分析需要。为弥补国家温室气体清单编制滞后，加强对年度 CO_2 排放核算及碳排放强度下降目标完成情况的跟踪分析及预测预警工作，确保完成"十二五"碳排放强度降低 17% 这一约束性目标，国家发展改革委气候司委托国家气候战略中心开展了年度能源活动 CO_2 排放及碳强度下降指标的初步核算工作，并从 2013 年起，碳强度测算及形势分析工作频率已由年度逐渐调整为半年度和季度，以便更加及时把握二氧化碳排放状况，评估相关政策实施效果，同时对短期内下降趋势和目标完成情况进行预判。自 2015 年下半年起，根据国务院的有关要求，初步建立了月度分析碳强度目标降低情况及影响因素的测算方法，为有关部门及时采取相应政策和行动提供数据支撑，常态化测算及形势分析工作机制已经初步建立。

2. 地方层面清单编制和碳排放核算体系逐步走向规范化

①地方温室气体清单编制方法得到规范。在"我国 2020 年温室气体控制目标、实现路径及支撑体系"专项研究开展的 7 省市清单编制试点工作及相关能力建设基础上，国家发展改革委于 2011 年 3 月发布了《关于印发省级温室气体清单编制指南（试行）的通知》。省级温室气体清单指南共包括七章内容，第一至五章分别为能源活动、工业生产过程、农业、土地利用变化和林业及废弃物处理等五个领域的清单编制方法，第六章为不确定性分析，第七章为质量保证和质量控制。指南明确了省级温室气体清单编制的工作流程主要包括：排放源与吸收汇的界定、确定估算方法、收集活动水平和排放因子数据、估算排放量和清除量、核查和验证、评估不确定性及报告清单结果等。指南的发布不仅加强了省级清单编制的科学性、规范性和可操作性，也为编制方法科学、数据透明、格式一致、结果可比的省级温室气体清单提供了具体指导。北京市发展改革委还委托国家气候战略中心等单位，研究制定了《北京市区县温室气体清单指南》。

②地方温室气体清单编制工作有序推进。辽宁、云南、浙江、陕西、天津、广东和湖北等 7 个省级温室气体清单编制试点地区，在中央专家指导下，依托地方相关清单编制团队开展了 2005 年本地区温室气体清单编制工作，率先于 2012 年完成了 2005 年清单报告。其他 24 个省（区、市）和新疆生产建设兵团的清单编制工作也在清洁发展机制基金赠款项目的大力支持下，于 2014 年底基本完成了 2005 年及 2010 年两年的清单报告。2015 年 1 月，国

家发展改革委办公厅又下发了《关于开展下一阶段省级温室气体清单编制工作的通知》，原则上要求各地区于 2015 年底完成 2012 年和 2014 年省级温室气体清单的编制工作。浙江省人民政府办公厅还于 2011 年 12 月转发了由省应对气候变化领导小组办公室关于《浙江省温室气体清单编制工作方案》的通知，明确了全省清单编制工作的管理体制和工作机制。据不完全统计，目前已有约 150 个城市完成或启动了地方清单编制工作。

③地方温室气体清单编制能力不断加强。国家发展改革委气候司通过组织开展国内外相关能力建设项目，全方位、多层次对全国地方政府部门负责清单编制及清单编制机构人员进行能力建设培训。2011 年 7 月，气候司组织召开了全国省级温室气体清单指南培训班，31 个省（区、市）、4 个计划单列市、8 个副省级省会城市以及新疆生产建设兵团发展改革委负责此项工作的有关同志及参与地方温室气体清单编制的相关技术人员共计 400 余名代表参加了培训。2012 年至 2013 年，在国家发展改革委与联合国开发计划署合作项目支持下，国家气候战略中心牵头组织专家编写了《低碳发展及省级温室气体清单培训教材》，并分别在华东、华南、华中、华北、西南、西北等 6 大片区举办低碳发展及省级温室气体清单编制培训班，为地方分享清单编制经验、解决实际问题提供了交流平台。

④地方年度二氧化碳排放核算及目标跟踪分析逐步推进。各省（区、市）以开展省级人民政府单位地区生产总值二氧化碳排放降低目标责任评估考核为契机，不断完善核算方法，加强对碳排放强度目标的评估及跟踪分析。国家发展改革委结合《省级人民政府单位地区生产总值二氧化碳排放降低目标评价考核办法》，研究提出了单位地区生产总值 CO_2 排放计算方法及数据来源以及数据核查表填报说明。国家发展改革委气候司还于 2014 年 4 月举办了“省级人民政府单位地区生产总值二氧化碳排放降低目标责任评价考核”能力建设研讨会，结合考核管理平台的使用和在线填报等内容，就地区 CO_2 排放的年度核算方法和数据核查表填报进行了讲解与交流。各地区结合年度考核自评估工作，跟踪分析本地区碳强度降低目标完成情况，逐步形成了地方 CO_2 排放及碳强度下降目标年度核算常态化工作机制。

3. 企业层面温室气体排放核算和报告体系基本建成

①重点行业企业温室气体排放核算方法与报告指南全部发布。国家发展改革委组织国家气候战略中心等单位近两年组织开展了化工、钢铁、电力、水泥等行业企业温室气体排放核算方法与报告指南研究工作，分三批陆续发布了 23 个重点行业及 1 个工业其他行业企业温室气体排放核算方法与报告指南，并对全国 31 个省（自治区、直辖市）及新疆生产建设兵团发改系统及技术支撑单位开展能力建设培训，有助于企业准确核算温室气体排放量、挖掘企业控排潜力，也为国家发展改革委建立并实施重点企业温室气体报告制度奠定基础。北京、上海、天津、重庆、广东、深圳和湖北等 7 个碳排放权交易试点地区，率先编制了纳入本地区交易的重点行业企业温室气体排放核算方法。

②重点行业企事业单位温室气体报告制度初步建立。国家发展改革委于 2014 年 1 月发

布了《关于组织开展重点企（事）业单位温室气体排放报告工作的通知》，明确规定开展重点单位温室气体排放报告的责任主体为：2010 年温室气体排放达到 1.3 万吨 CO_2 当量，或 2010 年综合能源消费总量达到 5 000 吨标准煤的法人企（事）业单位，或视同法人的独立核算单位，并要求重点单位温室气体排放的核算与报告应采用国家主管部门统一出台的重点企业温室气体排放核算与报告指南。在地方层面，北京等 7 个碳排放权交易试点地区均发布了地方有关温室气体排放报告的规章制度，其中北京和深圳还通过了人大立法，从法律层面确定了企业温室气体报告要求，在非交易试点地区中，江苏省率先以省政府办公厅名义印发实施了《江苏省重点单位温室气体排放报告暂行管理办法》。

③重点企业温室气体核算报告平台建设及报送工作加快推进。国家发展改革委通过清洁发展机制基金赠款项目，委托国家气候战略中心会同南京擎天科技有限公司等单位，开展了重点企业温室气体排放数据直报系统研究及建设，研究重点企业温室气体直接报告制度的总体方案及其管理办法，建立重点企业名录库，制定重点企业温室气体报告一套表制度，建立覆盖企业温室气体核算、报告、监测、核查、发布等环节和功能的直报业务系统。北京、上海、天津、重庆、广东、深圳和湖北等 7 个碳排放权交易试点地区均已建立各自的温室气体排放报送平台，其中广东省围绕温室气体排放管理需求，先后建立了五大信息化平台，包括温室气体综合性数据库、碳排放信息报告与核查系统、配额登记系统、交易系统、重点企事业报告系统，这五大平台实现了政府监管、重点企业数据报送、配额登记与交易、核查机构核查等过程的信息化。江苏、浙江、湖南、云南等 19 个非试点省市也已先后建立或启动了本地的报告平台建设，并陆续开展了重点企（事）业单位温室气体排放数据报送等相关工作。江苏省将管理办法制定与平台建设工作有机融合，既体现了依法行政的管理思想，也实现了管理手段的创新，报告平台在落实国家和江苏省制度建设要求，辅助建立省、市、企业三级报送体系，增强政府数据获取、分析、决策能力，强化政府监管能力，提升企业监测、核算、报告能力等方面发挥了很好作用。

三、控制温室气体排放考核、评估与核查体系基本形成

1. 省级人民政府碳强度目标评价考核体系基本建立

2013 年国家发展改革委会同有关部门研究制定了《“十二五”单位 GDP 二氧化碳排放降低目标考核体系实施方案》，围绕目标完成情况、任务与措施落实情况、基础工作与能力建设落实情况及体制机制开创性探索等四个方面，提出了由 12 项基础指标构成的“十二五”省级人民政府控制温室气体排放目标责任评价考核指标体系，并在此基础上，结合节能目标责任评价考核工作，对省级人民政府 2012 年度控制温室气体排放目标责任进行了试评价考核。2014 年，国家发展改革委发布了《单位国内生产总值二氧化碳排放降低目标责任考

核评估办法》，组织有关部门及专家对全国31个省（区、市）2013年度单位地区生产总值CO_2排放降低目标责任进行了考核评估。在认真总结两年考核评估工作的基础上，国家发展改革委进一步修改了《单位国内生产总值二氧化碳排放降低目标责任考核评估办法》，并于2015年8月基本完成了对省级人民政府2014年度碳强度下降目标考核评估工作。通过考核评估，强化目标导向，形成上下联动、职责分明的压力传导机制，督促各地区目标落实、任务落实和工作落实。

2. 省级温室气体清单评估格式表格及联审指标体系初步建立

为了提高省级温室气体清单质量，确保温室气体清单结果的可比性，国家发展改革委气候司委托国家气候战略中心，参考《联合国气候变化框架公约》秘书处组织开展的对国家温室气体清单评审的做法，组织编制了一套供各省填报的省级温室气体清单通用报告格式（CRF）表格，涵盖《省级温室气体清单编制指南》中涉及的能源活动、工业生产过程、农业活动、土地利用变化和林业以及废弃物处理等五个领域。格式表格采用Excel编制，共有67个表，内嵌计算公式，也定义了不同单元格之间的相互引用关系，便于验算和审核清单结果。与此同时，还设计了由42个指标构成的省级温室气体清单数据质量及结果可比性联审指标体系，建立了由47位来自国家和地方清单编制机构专家以及第三方专家组成的联审专家组。2014年，国家发展改革委气候司委托国家气候战略中心对各地2005年及2010年的清单报告以及CRF表格开展了评估。2015年，国家发展改革委气候司组织联审专家组对各地报送的经评估修改后的2005年和2010年温室气体清单报告、CRF表格及其联审指标进行了审核，通过对省级温室气体清单的评估和联审，切实提高了省级清单质量和编制能力。

3. 重点行业企业温室气体排放核查体系初步形成

2014年1月国家发展改革委下发的《关于组织开展重点企事业单位温室气体排放报告工作的通知》中，明确省级主管部门组织对企事业单位温室气体报告内容进行评估和核查，核查可采用抽查等各种形式，包括组织第三方机构对重点单位报告的数据信息进行核查。2014年12月，国家发展改革委第17号令发布的《碳排放权交易管理暂行办法》进一步明确国务院碳交易主管部门会同有关部门，对核查机构进行管理，核查机构应按照国务院碳交易主管部门公布的核查指南开展碳排放核查工作，省级碳交易主管部门应当对符合特定条件的重点排放单位的排放报告与核查报告进行复查。目前，国内7个碳排放权交易试点地区均制订了相应的核查指南或管理办法，其中北京市率先于2013年11月20日起开始施行的《北京市碳排放权交易核查机构管理办法（试行）》，明确界定碳排放权交易核查机构是指对参与本市碳排放权交易的重点排放单位提交的二氧化碳排放报告进行真实性、准确性核实查证的服务机构，同时规定了核查机构备案申请表、核查员备案申请表、第三方核查程序指南、第三方核查报告编写指南等相关要求，初步形成了以地方政府监管为主导、第三方核查机构为主体的重点行业企业温室气体排放数据核查体系。

四、“十三五”相关政策建议

“十三五”时期是我国全面实现2020年控制温室气体排放行动目标的决胜阶段，也是我国主动控制碳排放总量、建立健全碳排放权初始分配制度、积极参与全球气候治理体系的重要阶段，要求我们在进一步强化基础统计、核算报告和评估考核三大体系建设的同时，加强支撑体系建设，加快建立发布体系，提升我国在全球气候治理体系构建中的话语权和透明度。

①加快完善基础统计、核算报告和评估考核三大体系。主要包括：完善应对气候变化基础统计与调查制度体系。加快构建满足季度乃至月度碳排放核算和分析的基础数据统计制度，加快开展温室气体排放主要特性参数统计调查制度，推动落实应对气候变化统计指标常态化收集和审核机制，加强地方数据与国家数据、能源消费数据与碳排放数据的衔接，夯实应对气候变化基础统计工作；健全企业温室气体排放核算和报告制度体系。完善规范统一的企业温室气体核算方法，健全重点排放企业温室气体排放和能源消费的台账记录，加强企业温室气体排放因子及关键特性参数监测，强化企业内部数据质量管理体系建设，加快建立重点企业实行直接报送能源和温室气体排放数据制度；强化地方政府碳排放控制目标评价考核制度体系。加强碳排放总量控制目标及分解落实机制研究，完善地方政府碳排放控制目标评价考核体系，提高省级人民政府碳排放控制目标评价考核管理办法层级，加快建立责任追究制。

②加快推进国家、地方和企业数据信息系统支撑平台建设。主要包括：完善国家温室气体排放数据信息系统建设。加快建立集清单编制、数据管理及信息发布等功能于一体的综合型国家温室气体清单数据信息系统，通过现代化信息工具提高清单编制效率，改进清单编制质量，提高我国国家清单数据的透明度；推进企业温室气体排放报送平台建设。加快建设集企业温室气体排放数据核算、报送、核查、监测、分析、发布等各个环节的国家企业温室气体排放直报平台，加快推进省级企业温室气体排放在线报告系统建设，鼓励企业建立内部温室气体信息管理系统，强化数据标准及信息共享体系建设；建设国家温室气体数据管理综合信息系统。加快开发集温室气体清单编制、企业温室气体排放核算报告、温室气体排放目标评价考核的国家温室气体数据管理综合信息系统，并实现国家、地方在温室气体清单数据和企业温室气体排放报告数据的共享及实时提取和输出功能，实现不同层级的数据库对接。

③加快建立应对气候变化信息发布制度及管理体制。主要包括：建立国家应对气候变化公报制度。研究确定国家应对气候变化公报的主要内容及发布、时间、频率、机构和任务分工，争取在“十三五”期间建立常态化的发布机制；建立地方温室气体数据公布机制。明确地方温室气体清单编制层级和频率，逐步公开地方清单数据信息，有效发挥地方温室气体

排放大数据作用；建立国家温室气体数据管理办公室。负责编制国家温室气体清单以及国家应对气候变化公报，管理和维护国家温室气体数据管理综合信息系统等职能。

我国控制温室气体排放统计、核算、考核相关政策文件一览

发布时间	发布机构	文件名称
2011.3	国家发展改革委办公厅	《关于印发省级温室气体清单编制指南（试行）的通知》（发改办气候 [2011]1041 号）
2012.6	国家发展改革委	《“十二五”控制温室气体排放工作方案》（国发 [2011] 41 号）《温室气体自愿减排交易管理暂行办法》（发改气候［2012］1668 号）
2013.5	国家发展改革委 国家统计局	《关于加强应对气候变化统计工作的意见》（发改气候 [2013]937 号）
2013.10	国家发展改革委办公厅	《关于印发首批 10 个行业企业温室气体排放核算方法与报告指南（试行）的通知》（发改办气候〔2013〕2526 号）
2014.1	国家统计局	《应对气候变化统计工作方案》（国统办字 [2014]7 号）
2014.1	国家发展改革委	《关于组织开展重点企（事）业单位温室气体排放报告工作的通知》（发改气候 [2014]63 号）
2014.8	国家发展改革委	《单位国内生产总值二氧化碳排放降低目标责任考核评估办法》（发改气候 [2014]1828 号）
2014.12	国家发展改革委办公厅	《关于印发第二批 4 个行业企业温室气体排放核算方法与报告指南（试行）的通知》（发改办气候 [2014]2920 号）
2015.1	国家发展改革委办公厅	《关于开展下一阶段省级温室气体清单编制工作的通知》（发改办气候 [2015]202 号）
2015.7	国家发展改革委办公厅	《关于印发第三批 10 个行业企业温室气体排放核算方法与报告指南（试行）的通知》（发改办气候 [2015]1722 号）

2015年碳排放强度下降情况初步分析及2016年展望

徐华清　国家应对气候变化战略研究和国际合作中心副主任、研究员
李　靖　国家应对气候变化战略研究和国际合作中心统计考核项目部助理研究员
李　湘　国家应对气候变化战略研究和国际合作中心统计考核项目部研究实习员
苏明山　国家应对气候变化战略研究和国际合作中心统计考核项目部主任、研究员

摘　要：2015年是全面完成“十二五”规划的收官之年。本文对2015年全国碳排放强度变化情况及2016年趋势进行了初步分析，结果表明，预计2015年我国单位GDP能源活动CO_2排放同比下降6.7%，超额完成年度目标，将比2010年下降21%左右，超额完成下降17%的约束性目标，预计2016年我国单位GDP能源活动CO_2排放将比2015年下降6%左右。在分析2016年控制温室气体排放工作所面临的有利因素和不确定性因素的基础上，本文提出了相关政策建议：①科学合理设置目标，编制好“十三五”控制温室气体排放工作方案；②强化年度目标导向，建立健全碳排放强度及总量目标分解落实机制；③深化低碳试点示范，推动顶层设计和先行先试良性互动与有机结合。

关键词：气候变化　碳排放强度　控制目标　政策建议

2015年以来，在党中央　国务院的坚强领导下，我国经济运行总体平稳，能源消费换挡减速趋势明显，能源效率持续提高，能源消费结构进一步优化。2015年我国控制温室气体排放工作顺势而行、积极作为，在深入推进低碳发展试点示范、扩大并深化碳排放权交易试点、加强温室气体排放统计核算体系建设、强化碳排放强度目标导向及责任考核评估等方面均取得了新的进展，单位国内生产总值（GDP）CO_2排放同比大幅下降，有望超额完成年度目标和“十二五”约束性目标，排放量也首次趋稳。2015年11月，习近平主席亲自出席

巴黎气候大会并发表重要讲话，宣示原则主张，密集沟通协调，为推动达成《巴黎协定》贡献了中国智慧和力量，发挥了少数关键作用，不仅进一步扩大了我国引领全球绿色发展、参与全球治理的话语权，也为国内积极应对气候变化事业注入了强大动力。

一、2015 年全国碳排放强度下降情况初步分析

预计 2015 年我国碳排放强度同比下降 6.7%，超额完成年度目标，碳排放总量同比首次基本持平。初步分析，2015 年我国经济有望保持平稳增长，全年 GDP 同比增长 6.9% 左右[1]。根据 2016 年全国能源工作会议发布的 2015 年能源消费预计数据，全年能源消费总量约为 43 亿吨标准煤，比上年增长 0.9%，为 1998 年以来最低增速，煤炭消费比重降至 64.4%，比上年下降约 1.7%，非化石能源消费比重达到 12%，比上年提高约 0.8%。初步估算，2015 年我国单位 GDP 能源活动二氧化碳排放同比下降 6.7% 左右，取得了“十二五”以来的最好成绩。

初步估算，2015 年我国碳强度将比 2010 年下降 21% 左右，超额完成下降 17% 的约束性目标。“十二五”期间，我国经济保持中高速增长，年均增速达到 7.8%；经济结构持续优化，由工业主导向服务业主导转变的趋势日益显著，继 2012 年第三产业首次超过第二产业成为国民经济第一大产业之后，2014 年第三产业增加值比重达到 48.1%，已提前一年达到“十二五”规划纲要中提出的“到 2015 年达到 47%”的目标；能源利用效率稳步提高，预计“十二五”期间我国单位 GDP 能源消耗降低达到 18% 左右，超额完成“十二五”规划纲要中提出的下降 16% 的约束性目标；能源结构调整进展加快，煤炭消费比重由 2010 年的 69.2% 下降到 2015 年的 64.4%，非化石能源消费比重由 2010 年的 9.4% 上升到 2015 年的 12%，超额完成“十二五”规划纲要中提出的达到 11.4% 的目标[2]；森林碳汇建设取得积极进展，“十二五”全国共完成造林面积 4.5 亿亩，森林抚育面积 6 亿亩，森林蓄积量达到 151.4 亿立方米，全面完成“十二五”规划纲要确定的目标与任务[3]。初步估算，2015 年我国能源活动二氧化碳排放总量比 2010 年增加约 11.8 亿吨，“十二五”期间年均增长 2.3 亿吨左右，增幅比前五年明显放缓。

初步分析，影响 2015 年我国碳排放强度下降的因素主要有以下四个方面。

①宏观经济运行稳中有进，结构优化动力在增强。2015 年，按照协调推进“四个全面”战略布局的要求，坚持稳中求进工作总基调，主动适应经济发展新常态，通过创新宏观调控政策、方式和思路，从供给和需求两端发力，推动大众创业、万众创新，政策效应逐渐显现，新产业、新业态、新动力加快孕育成长。据国家统计局发布数据，前三季度国内生产总值同比增长 6.9%，第三产业占 GDP 的比重达到 51.4%，比 2014 年同期高出 2.3%，为全年奠定了良好基础。第四季度经济运行态势总体仍保持良好，其中 12 月非制造业商务活动指数为 54.4%，为 2015 年以来的最高点，制造业 PMI 也有微幅回升，但仍位于临界点以下，且低于历史同期水平，制造业下行压力依然较大，预计全年增速有望保持在 6.9% 左右。在化

解产能过剩方面，通过一系列有效的政策和措施，预计2015年淘汰炼铁1 300万吨、炼钢1 700万吨、电解铝30万吨、水泥3 800万吨、平板玻璃1 100万重量箱以上，国际产能和装备制造合作成效逐步显现，市场倒逼过剩产能退出的机制加速形成。

②生态文明制度建设加快，节能减排力度持续加大。2015年，《中共中央　国务院关于加快推进生态文明建设的意见》发布，明确提出加快推进生态文明建设是积极应对气候变化、维护全球生态安全的重大举措，进一步强调要坚持把低碳发展作为基本途径。中共中央　国务院印发了《生态文明体制改革总体方案》，要求逐步建立全国碳排放总量控制制度和分解落实机制，深化碳排放权交易试点，逐步建立全国碳排放权交易市场。在节能减排方面，全面执行了煤电节能减排升级改造行动计划，推进了大气污染治理重点城市的煤炭消费总量控制，实施了新修订的《环境保护法》。预计全年我国单位国内生产总值能耗同比下降5.6%左右，全国规模以上工业万元增加值能耗同比下降6%。节能降耗工作取得的成绩为完成全年碳强度下降目标奠定了重要基础，初步分析对碳强度下降的贡献率达到了83%左右。

③能源消费保持低速增长，能源结构进一步优化。2015年，我国钢铁、水泥等传统用能行业需求大幅回落，能源生产、投资、进口增速下滑，全年能源供应总体平稳，能源供需较为宽松。初步预计，2015年能源消费总量同比增长在0.9%左右，增速比上年回落1.3个百分点。在短期内经济下行压力较大、落实大气污染防治任务力度加大以及替代能源快速发展等多重因素作用下，煤炭消费持续走低，根据国家能源局的预计数据推算，2015年我国煤炭消费量同比下降1.5%左右，而根据中国煤炭工业协会的初步数据，预计全年煤炭消费量下降幅度超过上年2.9%的水平。与此同时，我国非化石能源发展进一步加快，预计非化石能源消费量同比增长8%。2015年新投产核电机组820万千瓦，年底全国在运核电机组达到2 608万千瓦，年底全国水电、风电、光伏发电装机分别达到3.2亿千瓦、1.2亿千瓦、4 300万千瓦左右，可再生能源发电总装机达到4.8亿千瓦左右。煤炭消费量的持续下降和非化石能源的快速发展为完成全年碳强度下降目标增添了持续动力，初步分析，能源结构调整对碳强度下降的贡献率达到17%左右。

④碳排放目标导向不断强化，试点示范扎实推进。2015年，在中央政府工作报告中首次提出碳强度下降3.1%以上的年度目标。此外，国务院办公厅也强化了对《政府工作报告》量化指标任务落实情况的专项督查，国家发展改革委加强了上半年对碳排放强度下降指标季度及月度完成情况的形势分析和研判。各地区重视控制温室气体排放工作，围绕碳强度下降目标，认真落实主要任务和措施，扎实推进基础工作和能力建设，积极探索创新本地区低碳发展体制机制。根据2014年度省级人民政府碳强度降低目标责任考核评估结果，全国31个地区均完成了2014年碳排放强度年度目标，其中29个地区同时完成了累计进度目标，其中完成较好的地区有北京、上海、重庆、云南和四川等，福建、青海、海南、新疆和宁夏等地区也结合现场考核发现的问题以及反馈的意见及时进行了部署和整改，有效发挥了碳排放强度目标责任考核评估的导向作用和约束机制。2015年，国家发展改革委印发了《低碳社区

试点建设指南》，召开了第一届中美气候智慧型/低碳城市峰会，启动了第一批低碳城（镇）试点。镇江、杭州等低碳试点城市积极探索各具特色的低碳发展之路，广东、北京等碳排放权交易试点地区在创新配额有偿使用、建立低碳发展投融资机制、开展跨区交易等方面做了有益探索，全国七个碳排放权交易试点市场配额交易总量为3 334万吨，交易总额为8.6亿元。

二、2016年我国控制二氧化碳排放形势展望

2016年是全面建成小康社会决胜阶段的开局之年，也是推进结构性改革的攻坚之年。为实现到2020年国内生产总值比2010年翻一番的目标，“十三五”期间GDP年均增长将保持在6.5%以上，能源消费总量和碳排放总量得到有效控制。初步预计，2016年我国一次能源消费总量控制在44亿吨标准煤以内，其中，煤炭消费比重降低到63%左右，天然气和非化石能源消费比重将达到19%左右，单位GDP能耗将下降4.8%左右。按照上述设想，2016年我国单位GDP能源活动二氧化碳排放将比2015年下降6%左右。

总体来看，影响2016年碳排放强度下降的有利因素主要有以下三个方面。

①主动适应经济发展新常态，促进低碳发展的新动力在增强。十八届五中全会通过的《中共中央关于制定国民经济和社会发展第十三个五年规划的建议》明确提出必须牢固树立创新、协调、绿色、开放、共享的发展理念，强调通过推进能源革命，加快能源技术创新，建设清洁低碳、安全高效的现代能源体系，推行节能低碳电力调度，推进交通运输低碳发展等举措，进一步推动低碳发展。中央经济工作会议强调要着力加强结构性改革，在适度扩大总需求的同时，去产能、去库存、去杠杆、降成本、补短板，提高供给体系质量和效率，提高投资有效性，加快培育新的发展功能，增强持续增长动力。大众创业、万众创新，释放新需求，创造新供给，推动低碳型新技术、新产业、新业态蓬勃发展；鼓励发展众创、众包、众扶、众筹空间，进一步拓展低碳产业发展空间；推动“一带一路”建设、国际产能和装备制造合作等，打造一批低碳基础设施和产业合作样板，加快实现外部发展动力转换。我国经济发展进入新常态后表现出来的速度变化、结构优化和动力转换三大特征，客观上有利于推动我国加快绿色低碳发展，实现经济发展和应对气候变化双赢。

②能源消费增速“换挡”，能源消费结构进入战略性调整期。当前我国能源发展处于战略转型期，正在经历一场深刻的能源消费革命。从能源消费总量看，“十一五”期间我国年均增长约为2亿吨标准煤，到“十二五”回落到年均增长1.4亿吨标准煤，其中2014—2015年两年增量约为1.3亿吨标准煤，不到《2014—2015年节能减排低碳发展行动方案》预控目标的一半。预计2016年全国一次能源消费总量将控制在44亿吨标煤以内，煤炭消费量将回落在40亿吨以内，石油表观消费量约为5.5亿吨，天然气表观消费量约为2 000亿立方米。从能源消费结构看，随着“十二五”我国首次提出非化石能源比重约束性目标以来，非化石能源替代化石能源、油气替代煤炭“双重替代”的加快推进，煤炭消费比重由2011

年的70.2%急速下降到2015年的64.4%左右。预计2016年，随着新修订后的《大气污染防治法》的正式施行，我国重点区域煤炭等量或减量替代的执行效果将会进一步显现，与此同时，我国将新增风电装机2 000万千瓦以上，新增光伏发电装机1 500万千瓦以上，非化石能源发电装机比重将提高到35.7%。我国能源发展主动适应经济发展新常态，发力提速能源革命，加快构建清洁低碳、安全高效的能源体系，势必有利于支撑碳强度的持续下降。

③落实国家自主贡献，“十三五”规划建议指明工作着力点。国家主席习近平出席巴黎气候大会并发表重要讲话，重申中国在“国家自主贡献”中提出的将于2030年左右使二氧化碳排放达到峰值并争取尽早实现，2030年单位国内生产总值CO_2排放比2005年下降60%～65%，非化石能源占一次能源消费比重达到20%左右，森林蓄积量比2005年增加45亿立方米左右等自主行动目标，并强调虽然需要付出艰苦的努力，但我们有信心和决心实现我们的承诺。这不仅是中国为推动各国走向绿色低碳发展作出的表率，同时也为我国强化“十三五”碳排放控制目标，加快构建促进产业、能源和消费低碳化转型升级的倒逼机制注入了强大动力。中央“十三五”规划建议首提主动控制碳排放，明确以提升生产和生活方式的低碳水平为目标，强调以有效控制电力、钢铁、建材、化工等重点行业碳排放，支持优化开发区域率先实现碳排放峰值目标，实施近零碳排放区示范工程为重点，建立健全碳排放权初始分配制度，创新有偿使用、预算管理、投融资机制，培育和发展交易市场。深入开展重点企（事）业单位温室气体排放核算报告与核查，深化并扩大各类低碳试点和示范建设，加快推进全国碳排放权交易市场建设，政府、企业和社会各界主动控碳意识不断提高，“碳有价”、“碳是资产”的理念不断强化，从而有力推动形成以政府为主导、企业为主体、全社会参与的控制温室气体排放工作局面。

尽管2016年碳排放控制工作总体形势向好，但也面临一些不确定性因素。

①结构性产能过剩现象短期内仍将比较严重。在“十三五”期间，我国经济发展总体向好、经济增长韧性强、回旋余地大的总体大背景下，也面临着2016年经济下行压力持续加大，结构性产能过剩持续加重的现实困难和挑战。一方面，由于前期已经形成的大量产能在短期内难以消化，部分领域的恶性竞争进一步加剧了去产能难度，而且考虑到再就业和社会保障等政策体系不配套，市场化破产程序法律支撑不到位，钢铁、煤炭等过剩产能企业破产和重组面临较大的挑战。另一方面，一些地方在经济下行压力下，对传统发展路径依赖明显，在“十三五”开局之年仍有可能借国家能源战略布局或发展新型煤化工等名义谋划新上重大高耗能项目作为“开门炮”，或将“十二五”期间暂缓开工的煤电等项目集中开工建设，有可能造成中西部部分地区结构性煤电等产能过剩问题更加突出。

②构建清洁低碳安全高效能源供应体系任务艰巨。2015年，我国天然气市场价格居高不下，导致我国天然气消费市场持续低迷，全年天然气消费量约1 900亿立方米，与《天然气发展“十二五”规划》中提出的2015年天然气消费量达到2 300亿立方米的目标尚有较大差距。虽然国家发展改革委已经开启了电力和油气行业的市场化改革，但相应的政策文件

有待落地，短期内是否能够刺激天然气等清洁能源的发展仍未明朗。2015 年，我国可再生能源发电消纳问题较为严重，预计全年的“弃风弃光”电量将达到 400 亿千瓦时，其中弃风电量预计达到 350 亿千瓦时，比 2014 年多出 200 亿千瓦时，弃风损失几乎抵消了全年新增装机的发电量。虽然国家能源局已经出台了《可再生能源电力全额保障性收购管理办法》（征求意见稿），但鉴于我国电力消费增速放缓，政策文件出台落实尚需时日，预计 2016 年我国可再生能源发电消纳有可能面临更大压力。

③碳排放控制目标与任务落实工作仍难以及时到位。考核发现，2014 年全国只有 14 个地区将年度碳强度降低目标纳入本地区政府工作报告或年度计划报告，仍有 5 个地区尚未将碳强度降低目标与任务分解落实到地市州，仍有 14 个地区尚未对所辖地市州碳强度目标责任开展考核评估，这些地区尚未形成以目标为导向，上下联动、职责分明的目标分解落实及有效的压力传导机制。分析发现，在全国 31 个省区市党委关于本地区国民经济和社会发展第十三个五年规划的建议中，尚有天津、吉林、上海、广西、西藏、陕西、青海、宁夏、新疆等 9 个地区，在有关生态文明建设目标中并未提及生产和生活方式低碳水平上升、碳排放总量得到有效控制等中央建议的精神要求，这在一定程度上也反映出地方领导对有效控制温室气体排放，着力推进低碳发展的认识并没有到位，碳排放控制的硬目标以及必须采取的一些硬措施也难以发挥倒逼作用。

三、政策建议

①科学合理设置目标，编制好“十三五”控制温室气体排放工作方案。在系统评估和分析《“十二五”控制温室气体排放工作方案》各项目标与任务完成情况的基础上，根据《中共中央关于制定国民经济和社会发展第十三个五年规划的建议》提出的明确要求，科学谋划“十三五”时期我国低碳发展的主要目标和重点任务，编制实施好《“十三五”控制温室气体排放工作方案》。综合考虑实现 2030 年自主行动目标要求、“十二五”目标完成情况以及体现我国更大力度和更好效果的信心和决心，建议“十三五”我国单位国内生产总值 CO_2 排放降低约束性目标设定在 18% 以上，同时作为预期性指标提出到 2020 年我国 CO_2 排放总量控制目标，与能源和水资源消耗、建设用地一起作为“十三五”实施强度和总量双控的第四大硬目标。同时，为实施好《“十三五”控制温室气体排放工作方案》，建议明确要求各地方编制好相应的《“十三五”控制温室气体排放实施方案》，要求工业、农业、交通等部门以及电力、钢铁、建材、化工重点行业编制好相应的《“十三五”控制温室气体排放行动方案》，并加强方案之间的协调配合以及有关主要目标和任务的衔接，以便形成“十三五”我国控制温室气体排放的行动体系和全社会广泛参与的工作格局。

②强化年度目标导向，建立健全碳排放强度及总量目标分解落实机制。综合考虑“十三五”我国可能的碳排放强度下降目标、2015 年实际完成情况以及 2016 年控碳工作有

利和不确定性因素，建议2016年我国单位国内生产总值CO_2排放同比下降目标设定在4%以上。综合考虑“十二五”中央和地方政府将碳排放强度约束性指标分解纳入年度政府工作和计划报告的工作基础，以及国务院办公厅对政府工作报告量化指标任务落实情况进行专项监督的工作机制，为严格落实目标责任，强化约束性目标导向和管理，建议将该目标作为约束性指标纳入2016年中央政府工作报告，并要求地方政府从明年起需将中央政府分解的所有约束性指标落实到地方政府工作报告之中，充分体现约束性指标分解落实以及政府履行职责的属性。同时，为逐步建立全国碳排放总量控制制度及分解落实机制，满足建立全国碳排放权交易市场的要求，建议优化开发区、碳排放权交易试点地区以及低碳发展深化试点省市，从2016年开始率先提出碳排放总量控制目标，对这些地区探索实施碳强度和碳排放总量双控机制。在目标责任考核评估上，要更加注重市场化机制、更加注重差异化考虑、更加注重日常监督、更加注重结果运用，并建议将控制温室气体排放目标完成情况纳入《党政领导干部生态环境损害责任追究办法（试行）》，强化党政领导干部推进低碳发展的责任意识。

③深化低碳试点示范，推动顶层设计和先行先试良性互动与有机结合。在全面评估“十二五”期间低碳发展试点示范工作，系统总结试点地区在低碳发展模式探索及制度创新等方面好的做法的基础上，建议尽快推出若干各具特色的低碳省区和城市，尽快树立若干具有典型示范意义的低碳园区和社区，尽快推广若干具有量化降减碳效果的低碳技术和产品。在此基础上，综合考虑“十三五”深化和扩大低碳试点的设想、着手开展近零排放区示范工程的要求以及在南南合作框架下启动在发展中国家开展10个低碳示范区建设的安排，建议尽快研究提出“十三五”我国低碳发展试点及近零碳排放示范区工程实施方案或指导意见，加强对试点示范工作的统筹、协调与指导。同时，在全面评估和系统梳理“十二五”碳排放权交易试点好的做法及存在的问题基础上，围绕问题导向和目标导向，综合考虑自愿市场与排放权市场、试点市场与全国市场以及制度、体系与市场等形式与要素之间的关系，研究制定全国碳排放权交易总量设定与配额分配方案，创新配额有偿使用、配额预算管理以及与投融资机制的结合，尽快研究提出我国碳排放交易市场建设总体方案，加快推进全国碳排放权交易市场建设。

参考文献

[1] 国家统计局. 2015年国民经济运行稳中有进、稳中有好，北京，2016.http://www.stats.gov.cn/tjsj/zxfb/201601/t20160119_1306083.html.

[2] 国家能源局. 2016年全国能源工作会议，北京，2015. http://www.stats.gov.cn/tjsj/zxfb/201507/t20150715_1214980.html.

[3] 国家林业局. 2016年全国林业厅局长会议. 长沙，2016.

2015 年上半年我国碳排放强度变化分析及全年形势展望

李　靖　国家应对气候变化战略研究和国际合作中心统计考核项目部助理研究员
李　湘　国家应对气候变化战略研究和国际合作中心统计考核项目部研究实习员
苏明山　国家应对气候变化战略研究和国际合作中心统计考核项目部主任、研究员
徐华清　国家应对气候变化战略研究和国际合作中心副主任、研究员

摘　要：2015 年是完成我国“十二五”控制温室气体排放约束性目标的收官之年，为确保实现单位国内生产总值二氧化碳排放量降低 17% 的目标，本文对 2015 年上半年碳排放强度变化情况进行了初步核算，并对全年趋势进行了预判。初步分析结果表明，2015 年上半年我国单位 GDP 能源活动二氧化碳排放同比下降 7.8% 左右，预计全年同比下降 5.8% 左右。就控制温室气体排放下一阶段工作，本文提出了相关政策建议：①全面落实和推进控制温室气体排放各项任务和措施，确保完成“十二五”约束性目标；②做好稳增长、扩大有效投资与促进低碳发展的有机结合；③科学评估“十二五”工作，加强对“十三五”控制温室气体排放工作总体布局和谋划。

关键词：气候变化　碳排放强度　控制目标　政策建议

2015 年是完成我国“十二五”控制温室气体排放约束性目标的收官之年，为确保实现单位国内生产总值 (GDP)CO_2 排放量降低 17% 的目标，必须在巩固前四年业已取得的进展基础上，进一步强化产业结构及能源结构调整等相关任务和措施，圆满完成 2015 年《政府工作报告》确定的年度目标。本文通过分析影响碳排放强度变化的主要因素，对上半年碳排放强度降低率进行了初步测算和分析，并对全年趋势进行了预判。初步结果表明，2015 年

上半年我国单位 GDP 能源活动 CO_2 排放同比下降 7.8% 左右，能源活动 CO_2 排放总量同比首次出现负增长。

一、2015 年上半年碳排放强度变化初步分析

2015 年上半年我国单位 GDP 能源活动 CO_2 排放同比下降 7.8% 左右，为完成全年下降 3.1% 以上目标打下了坚实基础。根据国家统计局等机构发布的上半年国民经济运行等相关数据，今年上半年，国民经济运行处在合理区间，主要指标逐步回暖，国内生产总值同比增长 7%[1]；单位国内生产总值能耗同比下降 5.9%，能源消费总量同比增长约 0.7%，增速较上年同期回落 2.2%。根据对国家统计局及相关行业协会数据的初步分析，上半年，煤炭消费比重同比下降约 2.2%，水电、核电等非化石能源所占比重同比上升约 1.7%。初步核算，上半年我国能源活动二氧化碳排放总量同比下降 1.4% 左右。

影响 2015 年上半年碳排放强度下降的因素主要有以下五个方面。

①国民经济运行逐渐趋稳向好。在经济发展处于“三期”叠加的关键时期，中央及地方着力创新宏观调控机制和路径，加快推进体制改革与制度创新，主动引领新常态，着力培育新动力。国民经济增长平稳，上半年国内生产总值同比增长 7%，且一、二季度均增长了 7%。经济结构趋好，国民经济发展加快由工业主导向服务业主导的方向转变，第三产业比重继续提高，第三产业增加值同比增长 8.4%，增速比一季度加快 0.5 个百分点，占国内生产总值的比重为 49.5%，不仅比第二产业高出 5.8 个百分点，而且比上年同期提高了 2.1 个百分点，再创新高。经济运行质量转好，单位 GDP 能耗同比下降 5.9%，降幅比一季度扩大 0.3 个百分点，清洁能源消费量占能源消费总量的比重达到 17.1%，比上年同期提高 1.6 个百分点。

②高能耗行业产量及煤耗继续回落。上半年，六大高耗能行业投资增长 7.7%，增速比全部投资低 3.7 个百分点。上半年，粗钢、生铁、水泥和焦炭等主要工业产品产量均有所下降，产量分别为 40 997 万吨、35 694 万吨、107 714 万吨和 22 638 万吨，同比分别降低 1.3%、2.3%、5.3% 和 3.4%[2]，火力发电量同比下降 3.2%，仅电力行业耗煤相应减少约 6 000 万吨。根据国家统计局、国家能源局和海关总署相关数据，上半年我国煤炭产量约 17.9 亿吨，同比下降 5.8%，煤炭进口量为 9 987 万吨，同比下降 37.5%。初步测算，上半年全国煤炭消费量同比下降 2.6% 左右。

③石油和天然气消费增速出现减缓。根据国家发展改革委经济运行调节局、海关总署发布的数据，上半年我国成品油表观消费量 13 568 万吨，同比增长 3.2%；天然气消费量 906 亿立方米，同比增长 2.1%。初步分析，上半年全国石油表观消费量约为 2.56 亿吨，占能源消费总量比重较上年同期提高约 0.4%，天然气消费量占能源消费总量比重较上年同期提高约 0.1%。另据国家能源局发布的有关数据，上半年我国天然气表观消费量约 915 亿立方米，同比增长 1.4%。

④非化石能源发电增长迅猛。截至 6 月末，我国水电、核电、风电和光伏发电装机容量占全国发电总装机容量的 31.7%，其中 6 000 千瓦及以上电厂水电、核电、并网风电和光伏发电装机容量分别达到 2.68 亿千瓦、2 214 万千瓦、1.05 亿千瓦和 3 578 万千瓦。上半年我国水电、核电、风电和光伏发电量占全国总发电量的 22.8%，其中规模以上电厂水电发电量 4 234 亿千瓦时，同比增长 13.3%；核电发电量 772 亿千瓦时，同比增长 34.8%；6 000 千瓦及以上风电厂发电量 990 亿千瓦时，同比增长 26.2%[3]；光伏发电达到 190 亿千瓦时。

⑤峰值目标助推并引领国内低碳发展。2014 年 11 月发表的《中美气候变化联合声明》，明确提出了我国碳排放峰值目标，旨在为促进国内发展方式转变和结构调整、提高经济增长的质量和效益建立倒逼机制。2014 年底，习近平总书记在江苏视察时，专程听取了镇江市国家低碳试点城市专题汇报，并观看了低碳城市建设管理云平台演示，向各级党委和政府提出“经济要上台阶，生态文明也要上台阶，我们要下定决心，实现我们对人民的承诺”明确要求。同时，以行政手段强化政府目标导向及责任考核评估、以市场手段强化企业碳资产管理和主体责任意识等工作在上半年也发挥了积极的作用。

二、2015 年全年碳排放强度形势展望

初步分析，2015 年我国经济将继续呈现稳中向好态势，有能力实现全年 GDP 同比增长达到 7% 左右的目标。初步预计，单位 GDP 能耗将下降 5% 左右，煤炭比重将降至 65% 左右，天然气和非化石能源消费占比将达到 18% 左右。初步估算，2015 年我国单位 GDP 能源活动二氧化碳排放将比 2014 年下降 5.8% 左右，完成 2015 年《政府工作报告》提出的下降 3.1% 以上的年度目标，比 2010 年下降 20% 左右，超额完成“十二五”期间下降 17% 的目标。

总体来看，影响下半年碳排放强度下降的因素主要有以下三个方面。

①下半年国民经济将延续稳中向好态势。在政策体制支撑方面，中央出台的一系列财政、货币等政策措施效果将会进一步显现，新一轮全面深化改革将提速，“市场配置资源的决定性作用”将进一步提高发展效率、增强创新动力，市场对创新资源配置的导向作用也将加快显现，从而推动“大众创业、万众创新”新格局的形成。在区域协同发展方面，中央出台的“一带一路”、京津冀协同发展和长江经济带三大战略将带动相关地区和产业协调发展。总的来看，下半年经济增速仍能稳定在 7% 左右，第三产业比重有望达到 50%，高耗能行业将继续维持回落态势，经济结构低碳化趋势有望得到延续。

②预期全年能源消费仍将保持低速增长。随着国际经济状况趋于改善、短期需求冲击逐步减退、改革和稳增长政策效应开始释放，预计下半年经济下行压力有所缓解，对能源的需求有所回暖。随着基础设施投资提速，可能会对钢铁、水泥等消费带来一定的刺激效应，尽管如此，工业内在增长动力不足的局面仍难以得到有效改善，高耗能行业也难以得到有效复苏。同时，受“迎峰度夏（冬）”等因素影响，火电需求和煤炭消耗将可能出现一定程度的反弹。

综合上述因素影响，预计全年能源消费总量同比增长在1.6%左右，其中化石能源消费量同比增长约1%，而非化石能源有望保持较高的增长速度。

③局部地区存在碳排放大幅增长风险。在高耗能产能总体过剩的市场环境下，部分西部地区、老工业基地和资源枯竭型城市在经济出现持续下滑的巨大压力下，仍对传统工业发展路径依赖明显，借“稳增长、保就业”以及实施国家三大战略布局之名，新上一批煤电、煤化工等高耗能大项目，由此将造成这些地区的煤炭消费大幅反弹，对控制全年的CO_2排放增量、完成本地区年度碳强度下降目标可能产生较大负面影响。

三、政策建议

（1）全面落实和推进控制温室气体排放各项任务和措施，确保完成“十二五”约束性目标

进一步梳理并落实《“十二五”控制温室气体排放工作方案》及《2014—2015年节能减排低碳发展行动方案》提出的各项重点任务和措施，争取超额完成“十二五”碳强度下降17%的目标。在年度目标管理上，针对海南、新疆、宁夏和青海等少数几个进度目标完成不理想的地区，加强督查，强化目标管理，研究提出并有效实施完成本地区目标的“硬手段”。在试点示范建设上，要以问题为导向加强对国家低碳试点和碳排放权交易试点的统筹和指导，并在总结试点地区好的做法的基础上，树立典型，以点带面。在企业排放报送上，加强企业温室气体排放核算和报告的能力建设，及时督促企业开展温室气体排放核算报告工作，加快重点企事业单位温室气体排放直报平台建设。

（2）做好稳增长、扩大有效投资与促进低碳发展的有机结合

第一，培育壮大低碳产业，研究提出非化石能源等低碳产业“工程包”，确保实现“十二五”末非化石能源占一次能源消费比重达到11.4%的任务目标。第二，加快公共交通建设和公共机构设施低碳化改造，加快建立低碳产品政府采购制度，将低碳认证产品列入政府采购清单，逐步提高低碳产品比重，大力创导绿色低碳消费生活方式和消费模式。第三，营造有利于产业低碳化转型升级的环境，促进传统产业转型升级。有关部门应加快研究确定重点行业单位产品（服务量）温室气体排放标准，通过开展项目碳排放评价，严控高能耗、高碳排放项目上马。

（3）科学评估“十二五”工作，加强对“十三五”控制温室气体排放工作总体布局和谋划

系统评估“十二五”碳强度控制目标完成情况和各项任务措施落实情况，以中央确定的我国2030年控制温室气体排放行动目标为依据，科学谋划“十三五”时期我国低碳发展的主要目标和重点任务，以低碳目标引领能源生产和消费革命并带动生态文明建设迈上新台阶，以构建全国碳排放权交易市场引领生态文明建设中的四大重要产权交易制度建设。加快应对气候变化立法进程，以2030年左右实现碳排放峰值目标为依据，科学把握我国低碳发展的客观规律，明确由碳强度、到碳总量、再到碳峰值“三步走”中长期碳排放控制战略目标，加快建立健全控制温室气体排放的基本制度，以目标“硬约束”、制度“硬手段”和法律“硬保障”，推动形成我国转方式、调结构的倒逼机制。

参考文献

[1] 国家统计局 . 2015年1—2季度我国GDP（国内生产总值）初步核算情况，北京，2015.http://www.stats.gov.cn/tjsj/zxfb/201507/t20150716_1215900.html.

[2] 国家统计局 . 2015年6月规模以上工业增加值增长6.8%，北京，2015. http://www.stats.gov.cn/tjsj/zxfb/201507/t20150715_1214980.html.

[3] 中国电力企业联合会 . 2015年1—6月电力工业运行简况 . 北京，2015.

江苏省重点单位温室气体排放报告制度设计及平台建设调研

刘保晓　国家应对气候变化战略研究和国际合作中心统计考核部
徐华清　国家应对气候变化战略研究和国际合作中心副主任、研究员

摘　要：本文系统梳理了近年来江苏省以法规制度为指导，以平台建设为牵引，推进企业温室气体排放统计、核算与报告体系建设的实践探索，重点对《江苏省重点单位温室气体排放报告暂行管理办法》的框架内容、研究起草、颁布实施及其与报告软件平台建设的关系进行了总结。结合正在开展的“企业温室气体排放数据直报系统研究及建设”项目研究工作，建议国家层面重点企业报告制度设计需处理好与地方现有工作的衔接，协同推进平台建设，尽快出台全国统一的温室气体报告数据核查程序和规范。

关键词：江苏　企业温室气体报告　管理办法　报告平台

为深入了解江苏省在开展重点企事业单位温室气体排放报告制度设计及平台建设方面好的做法，系统总结《江苏省重点单位温室气体排放报告暂行管理办法》（简称《管理办法》）在研究、起草、颁布和实施过程中所作的创新性探索及面临的挑战，笔者于2015年9月22日赴江苏省进行了调研。调研组与江苏省发展和改革委、江苏省信息中心、中国质量认证中心南京分中心等单位的有关专家进行了座谈，现将有关情况总结如下。

一、总体情况

江苏作为全国的经济大省，也是温室气体排放大省，仅万吨能耗以上工业企业就有

1 200 家左右，初步估计全社会 2010 年温室气体量在 1.3 万吨二氧化碳当量或年综合能源消耗 5 000 吨标煤以上企事业单位在 3 000 家以上。近年来，江苏省积极探索碳排放权交易非试点省份加快建立温室气体排放统计、核算与报告体系的推进机制，并于 2013 年率先启动了全省重点单位温室气体排放报告体系建设。在实践探索过程中，江苏省以法规制度设计为指导，以报告平台建设为牵引，通过方法学研究、平台开发、能力建设、报告核查等路径，逐步推进相关工作。

（1）2013 年全面启动了制度研究及报告平台开发

江苏省发展和改革委组织江苏省经济信息中心等技术单位按照总体规划、分步实施、逐步完善的原则，在全国非碳排放权交易试点地区率先启动了重点单位温室气体报告制度研究及平台开发。2014 年 4 月，随着报告平台的正式上线，全省随即启动了企业培训和报告工作，在连续两年的报告工作过程中，报告平台也逐步完成了从本地核算方法向国家核算指南的过渡，其相关功能也不断得到完善。江苏省现有报告平台覆盖了企业填报、排放核算、在线管理、数据存储和汇总统计等功能，实现了活动水平、排放因子和排放量的多维数据集管理，可满足企业强制报告和自愿报告登记的要求，支持各级主管部门开展分行业、分地区、分类型的统计分析和辅助决策。

（2）2014 年组织实施了不同层级的培训活动

鉴于江苏省纳入温室气体排放报告企事业单位数量众多的实际情况，江苏省按照省市联动部署、近远期统筹的思路，初步建立了长效化的企事业单位温室气体排放核算报告能力建设培训机制。首先，由省发展和改革委组织有关单位和专家编制培训材料和教程，并邀请相关专家对培训机构和培训师进行统一培训。其次，由各省辖市负责召集辖区内重点企业，委托专业机构进行培训，对政策要求、报告方法、平台使用进行宣讲。同时，还建立培训证书管理制度，并明确纳入名录中的企业需安排专人负责报送工作，且专人必须到会参加培训，培训后统一获颁培训合格证书，实施证书编号和在线报送平台账号的联动管理。

（3）2015 年率先出台了暂行管理办法

为贯彻落实《国家发展改革委关于组织开展重点企（事）业单位温室气体排放报告工作的通知》文件精神，省发展和改革委组织有关单位在深入研究的基础上起草了《江苏省重点单位温室气体排放报告暂行管理办法》（简称《管理办法》），并于 2015 年 4 月 17 日在全国率先以省政府办公厅名义印发实施。《管理办法》旨在全面掌握重点企事业单位温室气体排放情况，完善温室气体排放统计核算体系，为实行温室气体排放总量控制、开展碳排放权交易等相关工作提供数据支撑，同时提高企业低碳发展意识，增强企业核算报告能力。该办法采用省政府办公厅文件的形式出台，在提升法律权威性和强制性的同时，也保证了文件出台的时效性，为温室气体报告工作的深入开展提供了政策依据。

二、《管理办法》内容及其亮点

《管理办法》由总则、温室气体排放报告的实施、监督管理和附则四个章节组成，共二十七条。“总则”部分包括五条，主要对实施的目的、适用范围、原则及主管部门进行阐述；“温室气体排放报告的实施”部分包括十一条，主要涉及报告门槛、名录库管理和调整机制、报告内容、报告方法、报告平台、报告周期、报告流程、评估、核查、复查制度以及数据归档要求等内容；“监督管理”部分包括五条，对省市主管部门主要职责、报告主体、核查机构、主管部门的罚则和奖励措施进行说明；“附则”部分包括六条，对《管理办法》中涉及的有关专业术语进行定义，并为与国家未来政策、制度的衔接预留空间。分析《管理办法》，总体来说具有以下特色和亮点。

（1）突出原则，工作要求明确

《管理办法》中三处提及“原则”，其中第三条明确了报告的总体原则为“完整性、一致性、准确性和透明性”；在“温室气体排放报告的实施”部分的第十四条中，进一步指出评估和核查制度的原则为“确保报告的合规性，报告信息的真实性、可靠性和准确性”。此外，将“报告完整性、流程规范性、排放合理性”作为设区的市人民政府应对气候变化主管部门组织开展集中评估和确认的原则。《管理办法》既考虑了总体原则，又在不同环节提出更为细化的要求，一方面体现了主管部门总体思路和要求，另一方面又突出了主管部门各环节的工作重点。

（2）管理下沉，省市职责清晰

《管理办法》规定省发展和改革委作为省人民政府应对气候变化主管部门，对全省行政区域内的重点单位温室气体排放报告工作负有统筹协调和监督管理责任。具体而言，即省级主管部门负责组织建设并管理全省统一的重点单位温室气体排放报告信息平台，依法委托第三方核查机构对一定比例的重点排放单位的排放报告与核查进行复查，同时将重点单位温室气体排放报告核查和质量监管的部分职能下放到各级地方人民政府应对气候变化主管部门。《管理办法》中规定：地市级应对气候变化主管部门负责本辖区内报告名录管理、报告评估和核查、报告统计分析、信息报送，以及重点单位填报人培训等组织工作。在实际工作中，省发展改革委还明确要求全省 13 个地市都需拥有 1 ～ 2 家技术支持单位，目前全省共有 14 个研究机构、高等院校及专业机构提供相关技术支撑。

（3）降低门槛，鼓励自愿报告

《管理办法》要求全省行政区域内近三年内任一年温室气体排放达到 1.3 万吨二氧化碳当量或综合能源消费总量达到 5 000 吨标准煤的法人企事业单位，或视同法人的独立核算单位，要实施温室气体排放报告制度。较之于国家要求的将 2010 年的温室气体排放量或综合能源消费水平作为是否纳入报告门槛的依据，江苏省纳入报告的企业数量相对更多，门槛也更低。除适当调低门槛外，《管理办法》还明确提到“设区的市人民政府应对气候变化主管部门可适当扩大重点单位的覆盖范围，增加报告主体数量。此外，也鼓励和积极推动其他企事业单位自愿开展温室气体排放报告”，并鼓励有条件的县（市）、开发区和报告主体自行组织第三方核查。以上条款均体现了江苏省在温室气体排放报告工作中扩大重点单位覆盖范围，鼓励自愿报告的政策导向，同时还兼顾了未来低碳园区等主体的报告需求。

（4）边界明确，覆盖四个环节

《管理办法》对江苏省重点单位温室气体排放报告工作进行规范，明确办法所指的“报告”涵盖监测、核算、报告和检查四个环节。《管理办法》要求报告主体每年 11 月底前编制完成下一年度的排放监测计划，并提交市级主管部门备案；在规定的时间内，根据国家标准或国务院应对气候变化主管部门公布的核算与报告指南，在指定的平台上进行排放核算和报告。《管理办法》还对报告的检查环节提出细致的规范要求，规定市级主管部门首先对报告开展集中评估，然后以每年不低于 30% 的比例将报告委托第三方核查机构进行核查，最后由省级主管部门委托第三方核查机构对一定比例的重点排放单位的排放报告与核查报告进行复查。《管理办法》通过规范企业的监测计划以及有关数据归档要求、第三方核查机构实施的核查和主管部门集中评估与复查等三方在报告质量方面的责任，构建起了一套相对完善的数据核查体系。

（5）两报融合，预留政策接口

《管理办法》第八条对报告主体的报告内容进行明确，分为报告主体情况、温室气体排放情况和其他相关情况三部分，其中报告主体情况部分要求报告的内容包括其能源消费概况等，虽未对“能源消费概况”的具体内容进行具体规定，但该条款为未来“温报”与“能报”的融合预留了政策空间。《管理办法》在第二十三条指出：对于纳入全国碳排放权交易范围的重点单位，其温室气体排放报告经核查后直接导入省重点单位温室气体排放报告系统，根据需要在省级系统中补报部分内容，此条款考虑了在全国碳交易市场建立或其他国家层面有关报告制度建立后，与本省报告制度的衔接方式。

三、管理办法与平台建设

江苏省将管理办法制定与平台建设工作有机结合起来，不断融合，既体现了依法行政的管理思想，也实现了管理手段的创新。报告平台在落实国家和江苏省的 MRV 制度建设要求，辅助建立省、市、企业三级报送体系，增强政府数据获取、分析、决策能力，强化政府监管能力，提升企业监测、核算、报告能力等方面发挥了重要作用。

首先，《管理办法》明确了报告平台的定位。《管理办法》第十条指出重点单位提交的温室气体排放报告包括电子版和纸质版形式，其中电子版需通过省人民政府应对气候变化主管部门指定的重点单位温室气体排放报告信息平台进行提交，并将信息平台的组织建设和管理职能授权给省人民政府应对气候变化主管部门。该条款确立了报告的主要形式和报告平台，明确了平台的建设和管理主体，为江苏省顺利开展重点企业温室气体排放报告电子化奠定了法律基础。

其次，《管理办法》指明了报告平台的功能。江苏省确立了首期报告平台的系统边界、线上业务流程和主要功能，实现了部分条款的功能落地。通过对平台功能与办法条款的对应关系的初步梳理，其中省、市、企业三级管理、强制报送和自愿报送、报告内容、核算方法等九个条款的具体要求实现了线上功能支撑；而集中评估和核查、复查、数据归档管理由于实际工作的复杂性，且无细则要求和有关标准，因此三项条款中规定的工作内容主要采用线上线下相结合的方式实现；涉及企业名录管理、排放边界及排放源识别以及与未来全国碳交易制度对接的三项条款内容拟将在下一期系统中开发实现。

管理办法条款与报告平台功能的对应关系

条款	条款类型 / 内容	线上功能	待落地功能（现状或原因）	线下功能
第 1 条	总则、原则类			—
第 2 条	总则、原则类			—
第 3 条	总则、原则类			—
第 4 条	省、市、企业三级管理	√		
第 5 条	“报告”含义			—
第 6 条	强制报送和自愿报送	√		
第 7 条	名录管理		*（目前名录管理为发改委线下管理，由系统管理员按要求统一增减）	
第 8 条	报告内容	√		
第 9 条	排放边界及排放源识别		*（排放边界及排放源识别系系统化有难度）	
第 10 条	报告形式	√		
第 11 条	报告周期和时点控制	√		
第 12 条	监测计划	√		
第 13 条	核算方法和鼓励自测	√		
第 14 条	集中评估和核查	√		—
第 15 条	复查	√		—
第 16 条	数据归档管理	√（部分附件上传）		—
第 17 条	参与主体管理	√（填报人信息管理）		
第 18 条	报告主体罚则			—
第 19 条	第三方核查机构罚则			—
第 20 条	鼓励措施			—
第 21 条	各级主管部门罚则			—
第 22 条	术语	√		
第 23 条	与全国碳交易制度的对接		*（有关制度未出台）	
第 24 条	与国家第三方核查制度的对接			—

条款	条款类型 / 内容	线上功能	待落地功能（现状或原因）	线下功能
第 25 条	与国家报告制度的对接			—
第 26 条	解释权			—
第 27 条	实施之日			—

√表示已经实现的功能；*表示待实现的功能；—表示未实现的功能。

四、挑战与建议

调研发现，江苏省在重点单位温室气体排放报告制度和管理手段创新，特别是在管理办法与平台建设的同步协调推进等方面的积极探索，对其他省市开展重点企业温室气体排放报告工作具有很好的示范效应，对国家层面开展重点企业温室气体排放报告制度设计和平台建设也具有很高的借鉴意义。调研也发现，江苏省在重点单位温室气体排放报告制度建设和报告实施中仍面临一些挑战，主要表现为：一是《管理办法》中所涉的集中评估、第三方核查的具体要求、程序规范一直未有实施细则跟进，市级主管部门的数据监管和第三方核查机构的数据核查工作存在较大困难；二是《管理办法》中的鼓励机制和惩罚条款在报告工作中并未全部落实，对积极参与的企业激励不够，对不履行的企业约束不大。针对江苏省在推进重点单位开展温室气体排放核算报告工作中好的做法以及所面临的挑战，结合正在开展的“企业温室气体排放数据直报系统研究及建设”项目研究工作，我们对推进全国重点企事业单位温室气体排放核算报告工作提出如下几点建议。

（1）国家层面重点企业温室气体排放报告制度设计需处理好与地方层面现有报告工作的衔接

《“十二五”控制温室气排放工作方案》明确提出要加快构建国家、地方、企业三级温室气体排放核算工作体系，实行重点企业直接报送能源和温室气体排放数据制度。目前，碳排放权交易试点省市以及部分先进省份已经建立起地方层面温室气体排放核算报告体系，在国家层面重点企业温室气体排放报告管理制度设计中，需要明确国家与地方监管职能、核算与报告方法及模式、数据共享方式等重大问题，实现从各地试点示范到全国统一的温室气体排放核算报告制度的平稳过渡。

（2）制度设计与平台建设、线上功能与线下工作应统一部署协同推进

全国重点企业温室气体排放数据直报管理办法与系统建设应同步推进，一方面在政策制定时确立报告系统的法律地位和政策依据；另一方面，在直报系统架构和功能设计时，应严格遵循制度条款，从制度中抽象化系统业务流程。在保证报告和核查效率，提升数据管理、分析和决策支持能力的同时，科学地进行功能设计，实现线上功能与线下工作的有机融合。

（3）尽快出台全国统一的温室气体报告数据核查程序和规范

从调研情况来看，已有报告系统的各省市数据核查流程差异很大，地方主管部门以及第三方核查机构的责任及作用也不尽相同。由于国家层面尚未对重点企事业单位温室气体排放数据核查程序和有关技术规范做出统一要求，各地依据不同的核查流程、核查模板开展数据核查工作，尺度不一，造成可比性不强，给数据汇总、分析以及对标等相关工作带来困难和挑战。

参考文献

江苏省人民政府办公厅 . 江苏省重点单位温室气体排放报告暂行管理办法 [Z]. 2015-04-17.

中国温室气体清单是否被高估

——对《自然》杂志发表的《降低中国化石燃料燃烧和水泥生产过程碳排放估算》一文主要结论的初步分析

于胜民　国家应对气候变化战略研究和国际合作中心统计考核项目部副主任、副研究员
马翠梅　国家应对气候变化战略研究和国际合作中心统计考核项目部助理研究员
王　田　国家应对气候变化战略研究和国际合作中心统计考核项目部助理研究员
李　湘　国家应对气候变化战略研究和国际合作中心统计考核项目部研究实习员

摘　要：2015 年 8 月 20 日，由中国科学院上海高等研究院联合哈佛大学、英国东英吉利大学等 24 所国内外科研机构组成的团队在《自然》杂志第 524 卷第 7565 期研究快讯上发表了题为“Reduced carbon emission estimates from fossil fuel combustion and cement production in China”（降低中国化石燃料燃烧和水泥生产过程碳排放估算）的研究快讯，提出了中国煤炭实测排放因子比 IPCC 缺省值低 40%、中国 2005 年国家温室气体清单中碳排放数据高估了 12% 等结论，引起了国内外高度关注。本文分析了《自然》一文在排放源覆盖范围的完整性、方法学的科学性、数据的准确性、样本选取的代表性等方面存在的问题，指出其估算结果与国家清单数据不具有可比性，《自然》一文中的其他结论也值得商榷。

关键词：化石燃料燃烧　煤质特性　发热量　碳排放因子

2015 年 8 月 20 日，由中国科学院上海高等研究院联合哈佛大学、英国东英吉利大学等 24 所国内外科研机构组成的团队在《自然》杂志上发表了题为“Reduced carbon emission estimates from fossil fuel combustion and cement production in China”（降低中国化石燃料燃

烧和水泥生产过程碳排放估算）的研究快讯（简称《自然》一文），提出了中国煤炭实测排放因子比 IPCC 缺省值低 40%、中国 2005 年国家温室气体清单中碳排放数据高估了 12% 等结论，受到了国内外较高关注。但细读此文，我们发现《自然》一文在排放源覆盖范围的完整性、方法学的一致性、数据的代表性等方面存在一些问题，本文将分析指出其估算结果与国家清单数据结果不具有可比性的特点，此外《自然》一文中的其他结论也值得商榷。

温室气体是指大气中那些自然存在的和由于人类活动产生的、能够吸收和重新放出红外辐射的气态物质，包括二氧化碳、甲烷、氧化亚氮、氢氟碳化物、全氟碳化物、六氟化硫等，其中二氧化碳是大气中最主要的温室气体。温室气体清单是对一定区域内人类活动排放和吸收的温室气体信息的全面汇总。按规定编制并提交国家温室气体清单既是《联合国气候变化框架公约》缔约方的一项义务，也是国内应对气候变化的一项重要基础性工作。自 2001 年以来，国家发展改革委组织国内近百个单位数百位专家经过多年努力，先后编制完成并提交了 1994 年和 2005 年中国国家温室气体清单（简称国家清单），目前已经启动了 2010 年和 2012 年国家清单编制工作。国家清单在编制过程中的一项主要工作就是通过调查收集大量的已有样本并结合补充测试，获得分煤种的低位发热量、单位热值含碳量、碳氧化率等参数，以便更准确地反映本国燃料特性及排放特点。

要科学地讨论或比较不同机构编制的温室气体清单，首先必须确保清单的地理边界、时间边界、排放源边界、温室气体种类边界一致。然而即使边界一致，采用不同的估算方法、数据来源或数据口径，清单结果也会存在一定的差异。下文将从排放源覆盖范围的完整性、方法学的一致性、数据的代表性等方面，对比分析《自然》一文与 2005 年国家清单之间的差异。

一、关于排放源覆盖范围的完整性问题

根据《联合国气候变化框架公约》第八次缔约方大会第 17 号决议通过的《非附件一缔约方国家信息通报编制指南》以及《IPCC 国家温室气体清单编制指南》（1996 年修订版），发展中国家清单编制和报告的温室气体源与汇主要包括能源活动、工业生产过程、农业活动、土地利用变化和林业、废弃物处理等五个领域，涉及二氧化碳、甲烷、氧化亚氮、氢氟碳化物、全氟碳化物和六氟化硫六类气体。2005 年国家清单包括了上述完整的排放源与汇及气体种类，其中二氧化碳排放源既包括能源活动，特别是化石燃料燃烧过程，也包括水泥、石灰、钢铁、电石等工业生产过程，还包括土地利用变化与林业的源与汇以及废弃物焚烧处理过程中化石成因部分的碳排放。

从排放源覆盖范围的完整性角度看，《自然》一文估算的中国二氧化碳排放仅包括化石燃料燃烧和水泥生产过程两个排放源，而拿来比较的 2005 年国家清单中二氧化碳排放数据[1]

1 见《自然》一文补充数据表 3.5 “UNFCCC reported” 指标。

却是能源活动、工业生产过程、废弃物处理三个领域的二氧化碳排放量之和[2]。

此外，《自然》一文在计算水泥生产过程碳排放时，没有考虑到熟料煅烧过程中碳酸镁分解的碳排放，而仅测试了熟料中氧化钙的含量，其测得的排放因子为 0.496 4 吨 / 吨熟料。2005 年，国家清单同时实测了熟料中氧化钙和氧化镁的含量，其测得的排放因子为 0.538 3 吨 / 吨熟料，比《自然》一文高 8.4%，最终算得的碳排放量比《自然》一文高 4.9%[3]。因此，《自然》一文关于水泥生产过程碳排放的估算也是不完整的。

由此可见，《自然》一文和 2005 年国家清单在二氧化碳排放源覆盖范围上存在明显差异，两个不同覆盖范围的估算结果不具有可比性。

二、关于方法的一致性问题

IPCC 国家温室气体清单编制指南为估算化石燃料燃烧的二氧化碳排放量主要提供了两种方法，一种称之为“参考方法”，另一种称之为“部门方法”。“参考方法”是通过“自上而下”的分品种能源生产量、进出口量、库存变化量以及国际航空航海的燃料舱加油量计算“表观消费量”[4]，并根据各种燃料相对应的低位发热量、单位热值含碳量、非能源利用固碳量及碳氧化率来计算化石燃料燃烧的二氧化碳排放量。“部门方法”是通过“自下而上”的分部门、分品种、分主要设备的实际用于燃烧的能源消费量数据，并根据各种燃料的低位发热量、单位热值含碳量、碳氧化率来计算化石燃料燃烧的二氧化碳排放量。“参考方法”是 IPCC 清单编制指南中比较简单的估算方法，其计算结果仅用于验证“部门方法”。2005 年国家清单在计算化石燃料燃烧二氧化碳排放时采用了第二层级的“部门方法”，活动水平和排放因子数据均细分到各个行业、分燃料品种，包括各个煤种、分主要燃烧设备及其他燃烧设备，并同时采用“参考方法”进行了验证。

从方法的一致性角度看，《自然》一文对中国化石燃料燃烧碳排放的计算方法，表面上看类似于《2006 年 IPCC 国家温室气体清单编制指南》中的“参考方法”，但却有很多值得商榷的地方。主要包括：①燃料品种覆盖范围不完整，化石燃料“表观消费量”仅考虑了原煤、原油、天然气等一次能源，未包括二次能源；②对煤炭没有进行煤种的细分，使用的是“原煤”及其燃料特性参数；③表观消费量的计算没有扣除国际燃料舱。该方法另一个值得商榷的地方是直接利用一次能源的表观消费量实物量及实物量的含碳量来计算碳排放，由于受煤中灰分、水分等因素的影响，不同地区、不同煤种实物量的含碳量变化范围很大，在各国清单编制研究及实践中，几乎都用单位热值含碳量来反映燃料燃烧的“潜在排放因子”特征。这是因为

2 见《中华人民共和国气候变化第二次国家信息通报》表 2-1，其中土地利用变化和林业表现为净碳汇，农业活动没有碳排放。另《自然》一文作者做了 CO_2 与碳的换算。

3 在活动水平数据上，2005 年国家清单引用的是《中国水泥年鉴 2001—2005》中的熟料产量数据，《自然》一文引用的是《中国水泥年鉴 2012—2013》中的熟料产量数据，后者略高于前者。

4 表观消费量的计算实际上应严格区分一次能源和二次能源，两者的公式是不同的，其中一次能源要计入产量，二次能源不计入产量。

采用更加稳定的单位热值含碳量或单位热值碳排放指标作为排放因子，各国实测的排放因子与 IPCC 缺省排放因子就能够更好地相互比较，而那些没有能力实测元素碳含量的国家，只需实测本国燃料的低位发热量，采用 IPCC 缺省排放因子也能大幅度提高清单编制的准确性。

综上所述，2005 年国家清单严格遵循了 IPCC 方法学，与《自然》一文计算化石燃料燃烧碳排放的方法存在较大的差异，因此结果出现差异也是必然的。

三、关于活动水平数据的代表性问题

IPCC 国家温室气体清单编制指南对活动水平数据的基本要求是符合“透明、准确、完整、一致、可比”（TACCC）等原则的。2005 年，国家清单选择活动水平数据源的优先次序为国家统计、行业统计、企业调查、文献数据或专家估算，其中部门方法采用的活动水平数据主要基于《中国能源统计年鉴 2009》及国家统计局关于中国 2005 年分部门、分品种的能源消费量数据，参考方法采用的表观消费量活动水平则源于年鉴中 2005 年实物量能源平衡表的分品种能源生产量、进出口量等指标，最后再将各种燃料的实物量活动水平数据乘以对应的低位发热量换算为热值量活动水平数据。

从活动水平数据的代表性角度看，《自然》一文的活动水平数据虽然也基于《中国能源统计年鉴 2009》中的 2005 年实物量能源平衡表，但在计算原煤、原油表观消费量的过程中，引用的能源生产量、进口量、出口量、库存变化量等数据时，多次混淆了“原煤”与“煤合计”以及“原油”与“油品合计”之间的差别，出现了一些数据引用错误（表 1）。如在计算原油表观消费量时，《自然》一文引用的生产量、进口量、出口量和库存变化量数据对应于 2005 年实物量能源平衡表中“原油”栏指标，而引用的非能源利用量数据对应的是“油品合计”栏指标，与实际的“原油”非能源利用量相差近 3 000 万吨之巨。

表 1 《自然》一文在计算 2005 年能源表观消费量时发生的数据引用错误

	煤炭数据 / 万 t			油品数据 / 万 t		
	《自然》一文补充数据表 1.3 中的值	2005 年能源平衡表中的值		《自然》一文补充数据表 1.3 中的值	2005 年能源平衡表中的值	
		“煤合计”栏	“原煤”栏		“油品合计”栏	“原油”栏
生产量	234 951.79	234 951.79	***234 951.79***	18 135.3	18 135.29	***18 135.29***
进口量	1 892.23	2 617.11	***1 892.23***	12 681.7	16 732.31	***12 681.74***
出口量	6 639.53	7 172.44	***6 639.53***	806.7	2 488.28	***806.68***
库存变化量	3 455.4	***3 455.44***	3 436.59	−78.8	−128.76	***−78.82***
非能源利用量	3 765.7	***3 765.73***	3 446.08	3 073.4	***3 065.17***	115.76
算得的“表观消费量”	222 983.4	223 175.29	223 321.82	27 015.7	29 442.92	29 973.41

注：斜体加粗数字为《自然》一文计算“表观消费量”时引用的2005年实物量能源平衡表中数据，其中“非能源利用量”对应的是“工业-#用作原料、材料”行。

四、关于实测排放因子的样本代表性及可比性问题

1. 样本的代表性

IPCC 国家温室气体清单编制指南鼓励各国优先采用通过实际测试、典型调研等手段获得的、能够反映本国燃料特性和排放特征的燃料低位发热量及排放因子参数。我国国家统计部门、质量检测主管部门以及煤炭行业管理部门与协会几十年来对我国上百个煤田、上万个煤矿、数十个煤种进行了数百万次的实测，积累了我国丰富的煤炭地质和质量数据，电力、钢铁、水泥等行业的重点用能企业对进场煤炭通常都进行了实时的质量检测，掌握了数以万计的实测数据。2005 年，国家清单在编制过程中调取了当年的大量已有样本，并对不经常实测的分散用户的中小型锅炉用煤又进行了必要的调查研究加补充测试，在此基础上对我国煤炭的排放因子进行了测算，并与国内煤炭生产和消费领域的专家及企业进行了广泛的讨论，也与 IPCC 的缺省排放因子进行了比对，最终形成了能够反映本国燃料特性和排放特征的煤炭排放因子。具体过程详见国家发展改革委应对气候变化司组织编写的《2005 年中国温室气体清单研究》。

从样本的代表性角度看，虽然《自然》一文提到在 2011—2012 年分别采集了 4 243 个国有煤矿的样本和 100 个大型煤炭产区的 602 个样本，但其中 4 243 个国有煤矿的样本有质量百分比含碳量数据却无低位发热量数据。2011—2012 年从 100 个大型煤炭产区收集的 602 个煤炭样本，这个样本数字能否代表全国上万个矿井的煤质特性？能否代表消费端的煤炭特性？这些都需要多方论证，不好妄下结论。但考虑到不同年份各煤种产量结构很可能发生较大变化，《自然》一文利用 2011—2012 年的各煤种样本实测数据，按产量加权平均得到原煤的低位发热量、质量百分比含碳量等数据来表征长时间跨度的其他年份原煤特性，这样的办法应该说是不严谨的。基于以此推算的化石燃料燃烧产生的碳排放量，我们很难做出准确与否的判断，也不能得出比其他机构测算的碳排放量更为准确的结论。

2. 实测排放因子的可比性

不同于 IPCC 清单编制指南和 2005 年国家清单以单位热值含碳量或综合了碳氧化率在内的单位热值碳排放指标（相当于单位热值含碳量 × 碳氧化率）为排放因子的做法，《自然》一文把质量百分比含碳量或吨煤综合排放因子（相当于质量百分比含碳量 × 碳氧化率）“理解”为排放因子。为“迎合”《自然》一文对排放因子的“理解”，本文姑且把 IPCC 清单编制指南以及 2005 年国家清单中各煤种的单位热值含碳量乘以对应煤种的低位发热量再乘以碳氧化率得到“吨煤综合排放因子”，以便能与《自然》一文表达的煤炭排放因子指标相比较（表 2）。

《自然》一文提出“中国吨煤综合排放因子比 IPCC 缺省值低 40%”，是拿我国各煤种

的吨煤综合排放因子按2011—2012年产量加权平均后得到的原煤排放因子，是选择性地与IPCC炼焦煤排放因子对比后得出的结论，这种比较犯了"以偏概全"的常识性错误。因为各种煤炭因形成的年代、地点及成煤的原始物质不同，炼焦煤的质量百分比含碳量明显地高于动力煤特别是褐煤等，其吨煤综合排放因子高于各煤种加权平均后的原煤排放因子是必然的。从表2可以看出，IPCC褐煤的吨煤综合排放因子还不到其他煤种吨煤综合排放因子[5]的一半，而中国原煤排放因子对比IPCC不同煤种的吨煤综合排放因子甚至完全可以得到相反的结论。

表2　煤炭排放因子等四个参数的比较

		《自然》一文	国家清单(2005)	IPCC 2006	《自然》一文与国家清单差异/%
低位发热量/（GJ/t）	无烟煤	—	23.39	26.7	—
	烟煤	—	21.68	25.8	—
	褐煤	—	13.40	11.9	—
	炼焦煤	—	25.45	28.2	—
	原煤	20.6	22.11*	—	-6.83
单位热值含碳量/（tC/TJ）	无烟煤	—	27.4	26.8	—
	烟煤	—	26.1	25.8	—
	褐煤	—	28.0	27.6	—
	炼焦煤	—	25.4	25.8	—
	原煤	26.32	26.36*	—	-0.15
碳氧化率/%	无烟煤	—	0.94	1	—
	烟煤	—	0.93	1	—
	褐煤	—	0.96	1	—
	炼焦煤	—	0.98	1	—
	原煤	0.92	0.94*	—	-2.13
吨煤综合排放因子（tC/t）	无烟煤	—	0.60	0.72	—
	烟煤	—	0.53	0.67	—
	褐煤	—	0.36	0.33	—
	炼焦煤	—	0.63	0.73	—
	原煤	0.50	0.55*	—	-8.95

注：国家清单在编制过程中并没有使用原煤这一品种，为便于比较，其相关参数根据各煤种的活动水平加权平均得到。

《自然》一文实测的原煤综合排放因子要比通过2005年国家清单计算得到的吨煤综合排放因子[6]低9%左右，差异率的最大贡献因素是煤炭低位发热量的差异（6.83%）。如果剔除煤

5　IPCC清单编制指南并无吨煤排放因子一说，但为与《自然》一文比较，本文基于IPCC 2006关于各煤种的低位发热量、单位热值含碳量、碳氧化率三项缺省值，分别计算了它们的吨煤综合排放因子。

6　国家清单编制过程中细分了煤炭品种，并不使用原煤及吨煤综合排放因子来计算排放量，但为与《自然》一文比较，本文基于2005年国家清单中各煤种的低位发热量、单位热值含碳量、碳氧化率三项数据，以活动水平为权重加权平均计算了该指标。

炭低位发热量的差异，以单位热值或标准煤的综合排放因子来比较，经过换算，《自然》一文的样本实测结果约为 0.826 吨 C/ 吨标准煤，而通过 2005 年国家清单计算得到的结果约为 0.846 吨 C/ 吨标准煤，两者相差 2.4%。

五、结论与建议

通过以上分析，可以得出以下几点初步结论：

一是《自然》一文在二氧化碳排放源覆盖范围、燃料品种覆盖范围上完整性不足，其计算化石燃料燃烧碳排放的方法与 2005 年国家清单采用的 IPCC 方法也存在较大差异，两者的估算结果实际上不具有可比性。将两者生硬地进行比较并指责国家清单高估是不严谨的。

二是《自然》一文关于“中国吨煤综合排放因子比 IPCC 缺省值低 40%”的观点，实际上是选择性地与 IPCC 炼焦煤参数进行比较的结果，但在表达上却忽略了用作比较的参照物。而把单一煤种与全部煤种加权平均的排放因子进行比较，也是一个常识性错误。

三是为了得到能够反映本国燃料特性和排放特征的分煤种低位发热量和排放因子参数，两次国家清单在调查收集已有样本和补充测试方面已经做了大量卓有成效的工作。《自然》一文并非首次通过实测得到我国煤炭的排放因子，其样本的代表性并不比国家清单高。

参考文献

[1] Zhu Liu, Dabo Guan, Wei Wei, et al. Reduced carbon emission estimates from fossil fuel combustion and cement production in China[J]. Nature, 2015, 524: 335-338.

[2] IPCC. Revised 1996 IPCC guidelines for national greenhouse gas inventories[M]. Kanagawa, Japan: The Institutefor Global Environmental Strategies, 1996.

[3] 国家发展改革委应对气候变化司 . 2005 年中国温室气体清单研究 [M]. 北京：中国环境出版社，2014.

[4] IPCC. 2006 IPCC guidelines for national greenhouse gas inventories[M]. Kanagawa, Japan: The Institute for Global Environmental Strategies, 2006.

[5] 国家统计局能源统计司 . 中国能源统计年鉴 2009[M]. 北京：中国统计出版社，2009.

英国温室气体清单编制及相关热点问题调研

杨姗姗　国家应对气候变化战略研究和国际合作中心统计考核部
孙　粉　国家应对气候变化战略研究和国际合作中心统计考核部
张俊龙　国家应对气候变化战略研究和国际合作中心统计考核部
苏明山　国家应对气候变化战略研究和国际合作中心统计考核部主任、研究员
徐华清　国家应对气候变化战略研究和国际合作中心副主任、研究员

摘　要：本文系统分析了英国国家及地方四个层级的温室气体清单产品的类型、清单编制的法律依据、常态化工作机制以及数据库系统对清单编制的支撑作用；探讨了英国应对气候变化智库对我国温室气体排放数据透明度、峰值时间、碳排放顶层设计及应对气候变化国际合作等热点问题的借鉴意义。文章建议我国尽快制定清单编制管理办法，建立清单编制常态化管理体制和工作机制，并加强对地方层面温室气体清单编制工作的总结和指导。

关键词：英国，温室气体，清单编制，调研报告

为研究英国不同层面温室气体清单编制及数据应用经验，了解英国智库对当前气候变化热点问题的看法，支撑中心相关项目研究工作，应英国能源和气候变化部的邀请，笔者于 2015 年 11 月赴伦敦，对能源和气候变化部、大伦敦政府、英国皇家国际事务研究所、伦敦政治经济学院格兰瑟姆气候变化与环境研究所、里卡多咨询公司进行调研和交流，现总结如下。

一、英国温室气体清单产品及其主要应用

英国的温室气体清单层次众多，可分为国家、地区、地方行政区以及城市级，其中前三类清单由清单编制机构统一编制，用于履行国际义务、制定国内政策、分析减排效果以及管控重点排放源，最后一类清单则由市政府编制，用于满足其特定的需求。

1. 编制年度国家温室气体清单，履行《公约》义务并支撑国内碳预算政策制定

按照《联合国气候变化框架公约》相关决议规定，附件一国家应在每年4月15日前向秘书处提交本国清单，提交文件一般包括国家清单报告（NIR）、从基准年份到报告年份通用报告表格（CRF）和《京都议定书》要求提交的标准电子表格（SEF）。英国国家温室气体排放清单遵循政府间气候变化专门委员会（IPCC）国家温室气体清单指南中提出的方法学进行编制，IPCC方法学主要是根据排放源计算排放量，简称为排放源法。由于CRF报告软件更新，英国于2015年10月30日提交了相关文件，包括1990年至2013年国家温室气体清单。结果表明，英国温室气体排放量于1991年达到峰值后逐年降低，若不考虑土地利用变化和林业，温室气体排放总量较基准年1990年降低了28.68%。2013年，英国能源、工业生产过程、农业、土地利用变化和林业及废弃物5个部门温室气体排放量分别下降23.23%、47.99%、18.14%、231.67%和67.28%。

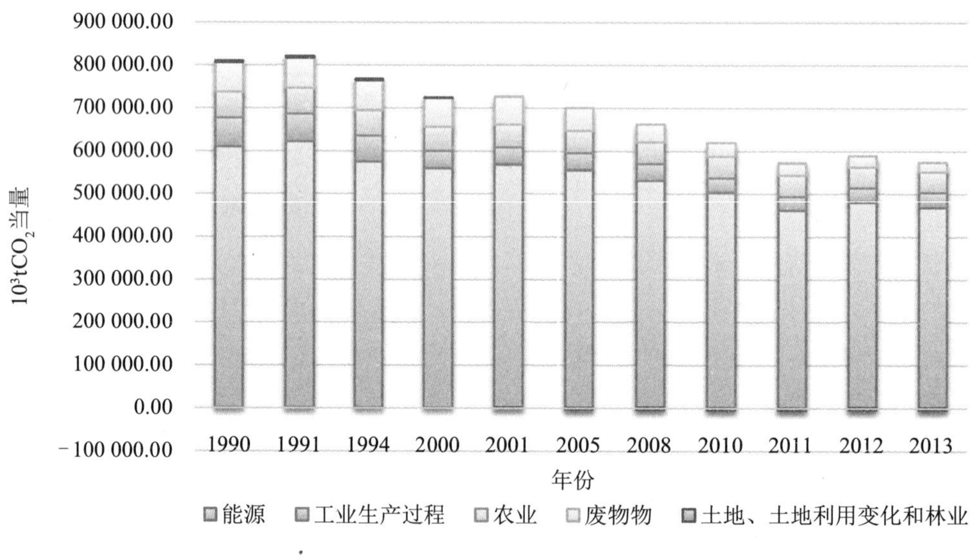

图1　英国温室气体排放量构成

（1）国家温室气体清单同时也支撑国内碳预算政策制定

碳预算是英国《气候变化法案》规定的一项重要制度，是英国政府依据本土排放现状及未来可能的排放趋势，结合长期减排目标及欧盟履约评估要求，参考英国气候变化委员会的建议，在征求四个地区管理当局意见的基础上提出，并经议会讨论确定的。2013年的英国

温室气体清单表明，英国本土排放量较基准年降低了30%（见表1），距离2020年降低34%的碳预算目标还差4个百分点，而本土年均减排率约为1.5%，据此测算，2020年排放量将比基准年降低37%，完成2020年减排目标的前景比较乐观。

表1 英国本土温室气体排放情况 单位：10^6tCO_2 当量

部门	1990	1995	2000	2005	2010	2012	2013	较基准年变化
能源工业	278	238	221	231	206	203	189	–32%
交通	121	122	126	130	120	117	116	–4%
居民	80	82	89	86	87	77	77	–4%
商业	115	113	117	109	94	88	91	–21%
公共机构	14	13	12	11	10	9	10	–30%
工业生产过程	60	51	27	20	12	10	13	–79%
农业	66	65	61	57	54	54	54	–18%
土地利用变化和林业	4	3	1	–3	–4	–5	–5	–232%
废弃物	69	71	67	53	31	26	22	–68%
总量	807	759	721	695	611	580	566	–30%

（2）国家温室气体清单在报告方式上适应部门分析需求

为了更加全面反映和评估不同部门能源消费总量及结构对温室气体排放的影响，能源和气候变化部要求清单机构在编制排放源法国家清单的同时，也要求提交按终端用户法计算的分部门国家温室气体排放报表。终端用户法的部门分类方式与IPCC指南一致，只是将能源工业部门排放量根据终端用户电力等能源消费情况，分配至消费者所在部门。英国终端用户法采用迭代计算将全部能源工业排放分配到最终消费者所在部门，因此所分配的排放量不仅来自于发电行业，也包括了公用热力、油气开采加工、固体燃料和其他能源行业等。终端用户法计算得到的排放量对于一些部门变化较大，以2013年为例，来自能源工业的1.9亿吨温室气体被分摊至其他相关部门，造成商业部门的温室气体排放量增幅达到95%，这主要是由于商业部门用电量比较大造成的。

2. 编制地区温室气体清单，用于评估减排政策与行动的效果

清单机构编制的地区级（Devolved Administration，DA）清单包括英格兰、苏格兰、威尔士、北爱尔兰四个地区。地区级温室气体清单编制对可比性和一致性要求较高，不但要考虑与国家清单的一致性，还要考虑地区间的可比性。英国地区清单与国家清单的主要数据的来源是相同的，这为两者的一致性提供了基本保证。某些数据仅有国家级而没有地区级，清单编制机构采取“分配计算”方法把全国数据分配到上述四个地区，因此也做到了四个地区排放量之和等于全国排放总量。四大地区清单结果表明，2013年，英格兰的排放量占英国总排放量的77%左右，其中苏格兰、威尔士各占9%，而北爱尔兰排放量仅占总排放量的4%。

地区温室气体清单编制针对不同用途采取不同的分类方法。不同地区对温室气体清单的需求不尽相同，编制过程中采用的分类方法也有所差异，主要分为排放源、碳交易 / 非碳交易以及终端用户等三大类。以威尔士为例，由于其减排目标覆盖的排放源包括非碳交易部门排放量、电力消费排放量以及碳交易部门相关的非二氧化碳排放量等，因此，评估其减排目标与任务完成进展时，需要综合使用碳交易 / 非碳交易以及终端用户的清单数据结果，其中涉及碳交易 / 非碳交易部分数据，不仅可以有效评估市场机制可能带来的减排效果，而且对于威尔士地区制定碳交易系统之外的减排政策及开展相应的评估工作也有支撑作用。

3. 编制地方行政区二氧化碳排放清单有助于识别和分析重点排放源

英国本土共有 406 个地方行政区（Local Authority，LA），大伦敦包括了伦敦市（City of London）和 32 个自治市（Borough），这 33 个次级行政区就是地方行政区。清单机构在编制国家和地区温室气体清单的同时，针对地方行政区二氧化碳排放清单（简称地政清单）也开展了研究与探索。与前两种清单不同的是，地政清单只估算二氧化碳，主要是以国家清单终端用户法二氧化碳排放量为基础，在一系列分配规则的基础上计算得到。地政清单的分配规则相比地区清单更为复杂，这主要是由于统计数据的缺乏，需要引入更多的数据源，包括能源和气候变化部发布的地区级天然气和电力消费数据、大型排放设施的排放数据、高分辨度的就业分布图、建筑物普查信息、交通监测数据等。由于分配方法的多样性和复杂性，大部分的部门排放量需要借助模型完成分解工作。地政清单主要用于识别关键排放源，监测二氧化碳排放变化趋势，有利于制定具有针对性的减缓措施。为此，清单机构在分解碳排放量的基础上开发了可视化的、具有详细排放信息的在线查询功能，地方政府通过地图查询，能够快速识别该地区重点排放源以及近 5 年排放量变化趋势。

4. 编制城市温室气体清单便于决策制定和政策落实

一些地方政府也自行开展了城市级温室气体清单编制工作，用于服务本地区的相关政策制定。2011 年 10 月，伦敦市长颁布了“减缓气候变化与能源战略”（CCMES），旨在减少大伦敦地区的二氧化碳排放并促进能源安全和低碳转型。该计划针对二氧化碳设定了四个减排目标，即到 2015、2020、2025 和 2050 年分别比 1990 年下降 20%、40%、60% 和 80%。为此，大伦敦政府（GLA）自行编制了伦敦能源和温室气体清单（LEGGI），用于评估其排放目标完成情况及政策措施效果。LEGGI 是根据食品和农村事务部（Defra）于 2009 年发布的温室气体排放测量和报告指南，采用能源和气候变化部发布的区域固定源燃料消费量数据和伦敦大气排放清单中的移动源燃料消费量数据编制的，清单报告了本地区温室气体直接排放量和由电力调入等引起的间接排放量，并将后者排放分配到终端用户。清单数据显示，大伦敦地区 2000 年温室气体排放达到峰值，2013 年排放量降到 40.19 兆吨 CO_2 当量，较 2000 年下降 20%，但比 1990 年只下降 11%，只完成 2015 年下降 20% 目标的一半。

二、英国温室气体清单编制的相关法规和工作机制

英国温室气体清单编制工作得益于健全的应对气候变化相关法律法规、管理体制和工作机制，初步形成了以气候变化法案为基础，以温室气体排放交易制度和国家排放清单规定为依据，在英国能源和气候变化部的组织领导下，由相对稳定的清单编制机构承担完成，并接受国家清单管理委员会指导的工作体系。

（1）《英国气候变化法案》明确要求政府向议会报告年度温室气体排放信息

《英国气候变化法案 2008》明确了英国温室气体减排路径和管理体制，主要包括减排目标和碳预算制度、气候变化委员会、交易机制、气候变化影响和适应等。该法案第一章第 16 款规定，英国气候变化大臣须于次年 3 月 31 日前向英国议会陈述英国年度温室气体排放信息，信息包括每种气体的排放量或吸收量、全国总的排放量或吸收量、排放变化情况、国际航空和航海排放量、排放量核算方法等内容。英国各地方政府依据《英国气候变化法案 2008》陆续出台了相关法律法规或政策文件，分别明确了本地区 2020 年和 2050 年温室气体减排目标。英国国家和地方层面的碳预算制度和温室气体减排目标，为英国核算温室气体排放数据、编制温室气体清单等工作提出了明确的要求。英国目前已初步建立了与温室气体清单编制相关的法律法规体系。

表 2　英国温室气体清单相关法律法规

<table>
<tr><th colspan="2">类型</th><th>法律名称</th><th>备注</th></tr>
<tr><td rowspan="6">温室气体清单类</td><td rowspan="2">UK 层级</td><td>温室气体排放交易制度和国家排放清单规定 2005</td><td>该规定在不断更新，目前最新为 2014 版</td></tr>
<tr><td>英国气候变化法案 2008</td><td></td></tr>
<tr><td rowspan="3">DA 层级</td><td>苏格兰气候变化法案 2009</td><td></td></tr>
<tr><td>威尔士气候变化战略</td><td>暂未立法</td></tr>
<tr><td>北爱尔兰气候变化法案</td><td>正在征询意见阶段</td></tr>
<tr><td>LA 层级</td><td>—</td><td>未立法</td></tr>
<tr><td colspan="2" rowspan="3">非温室气体清单类</td><td>综合污染物防治和控制条例（IPPC）</td><td>由英国环境主管部门出台，旨在控制工业点源污染物</td></tr>
<tr><td>贸易统计法案</td><td>提供英国能源统计数据</td></tr>
<tr><td>欧盟排放交易指令</td><td></td></tr>
</table>

（2）《国家清单规定》对开展国家温室气体清单编制提出了明确规定

《温室气体排放交易制度和国家排放清单规定 2005》（简称《国家清单规定》）是英国国家温室气体清单编制最主要的法律文本，作为对欧盟“连接指令”（2004/101/EC）英国化的主要产物，由英国国会 2005 年 10 月颁布，并于 2005 年 11 月开始实施。《国家清单规定》分五个章节，对总则、修订内容、项目批准和授权参与、国家清单、法律责任等进行了规定。其中，与清单编制紧密相关的是第四章的第 10、11 和 12 款，第 10 款赋予国务大臣向任何

个人收集清单编制相关信息的权利，并明确信息收集以通知的形式发布，通知明确信息内容、信息格式、时间节点等要求。第 11 款规定国务大臣可授权法定代表人拥有入户进行清单信息收集和核实的权利。第 12 款明确了各地方涉及上述两项权利的主体分别为苏格兰政府、北爱尔兰环境署和威尔士国民议会。为了更好地满足清单编制工作的需要，《国家清单规定》也在持续更新中，已出台了 2011 版、2013 版和 2014 版，其中涉及清单部分的修订内容主要有：为减少企业的监管负担而废除入户调查和检查的权利，废除刑事处罚并建立民事处罚体制，对于提供错误或失实信息的企业处以 1 000 英镑的罚款等。

（3）温室气体清单编制的管理体制和工作机制不断健全

英国已经根据《马拉喀什协定》的要求，建立了国家温室气体清单系统，其中机构安排和编制流程是两个重要方面。从机构安排看，能源和气候变化部是英国清单编制的主管部门，负责清单编制的具体组织和领导工作。2006 年正式成立的国家清单管理委员会（NISC）是跨政府机构，其主要职责不仅包括每年清单提交前的审批、重新计算讨论，还包括清单编制计划的制定，成员来自能源和气候变化部政策和战略部门、其他政府部门、清单领域专家和其他相关人员，并每年组织部门及相关专家召开两次会议。能源和气候变化部负责遴选清单编制机构，目前与具备丰富清单编制经验的里卡多（Ricardo）咨询公司签订了 5 年期委托合同，委托其开展清单数据的收集整理与管理以及国家和地方级清单编制等工作。参与清单编制的团队除了牵头单位里卡多之外，还包括 Aether 公司，英国洛桑研究所（Rothamsted Research）和英国国家生态水文中心（CEH）等单位，这些单位有不同的工作职责。里卡多公司作为主要编制单位，不仅估算能源、工业过程、溶剂和其他产品使用及废弃物领域清单，还完成清单规划、数据收集、QA/QC 以及清单管理和存档工作。Aether 公司作为合同内成员，主要职责是估算铁路、海外领土和皇家属地的排放量，更新质量评估 / 质量控制（QA/QC）改进方案，英国洛桑研究所负责农业领域清单排放量估算。与里卡多跟能源和气候变化部签订合同不同，英国洛桑研究所是和英国食品和农村事务部签订合同，而英国国家生态水文中心则负责土地利用变化和林业（LULUCF）领域清单编制，仅提供相关领域估算结果，不直接负责清单报告。

（4）通过签署协议和备忘录不断强化温室气体清单编制的数据基础

英国编制温室气体清单所需活动水平和排放因子数据来源广泛，不仅来自能源和气候变化部等官方部门，还来自行业协会等非官方机构。主要数据提供机构还包括环境署、食品和农村事务部和交通部等政府部门，Tata 钢铁和 BP 石油等私营企业以及英国石油工业协会（UKPIA）和矿物产品协会（MPA）等商业协会。为了保证高效完成清单编制工作并减少立法需求，能源和气候变化部和主要数据提供机构签署了数据提供协议（Data Supply Agreements, DSA），食品和农村事务部、能源和气候变化部作为年度国家空气清单发布单位还与环境署等签订了提供数据“备忘录”，“备忘录”虽不是法律约束文件，但从实际运作看还是比较有效的。

三、英国主要气候变化智库对一些热点问题的看法

访英期间恰逢《联合国气候变化框架公约》第 21 次缔约方大会即将在巴黎召开，相关研究机构对巴黎气候大会是否能够达成协议，达成什么样的协议颇为关注，对此我们也就共同关心的热点问题与这些智库进行了沟通与交流。

（1）关注我国温室气体排放数据透明度问题

我国于 2012—2014 年开展了第三次全国经济普查，普查时期资料为 2013 年年度资料。第三次全国经济普查的对象是在我国境内从事第二产业和第三产业的全部法人单位、产业活动单位和个体经营户，有 300 万普查人员参与，是一次重大的国情国力调查。根据第三次经济普查资料，我国对于 2013 年及以前年份的能源消费数据进行了调整修订。修订后 2012 年能源消费数量比原来增加了 4 亿吨标煤，由此导致的 2012 年化石燃料燃烧二氧化碳排放量增加了约 9 亿吨。美国国务院发言人在新闻发布会上谈及此事，并被《纽约时报》等报纸登载，进一步引起国际社会的关注。英国皇家国际事务研究所（Chatham House）能源环境资源研究部部长贝利先生和伦敦政经学院格兰瑟姆气候变化与环境研究所格林先生均对此问题表示关注。当他们认识到普查数据调整既是国际社会通行做法，也是中国政府希望借助调整进一步改进和完善能源统计和调查制度，提高统计数据质量，提高国家和地方数据匹配性的举措时，对于这种调整也表示了理解。

（2）关注我国碳排放峰值时间及大小问题

2015 年 6 月，我国公布了国家自主贡献，提出中国确定了到 2030 年的自主行动目标：二氧化碳排放 2030 年左右达到峰值并争取尽早达峰，单位国内生产总值二氧化碳排放比 2005 年下降 60% ～ 65%，非化石能源占一次能源消费比重达到 20% 左右，森林蓄积量比 2005 年增加 45 亿立方米左右。其中，由于二氧化碳排放 2030 年左右达到峰值与全球碳排放总量密切相关，因此备受关注。英国皇家国际事务研究所研究人员欢迎中国提出碳排放峰值目标，但希望给出具体的峰值大小，最好能给出不同的达峰时间及对应的排放量。格兰瑟姆气候变化与环境研究所格林先生的分析表明，中国有可能在 2025 年达峰，这是因为中国经济进入新常态，经济结构调整和能源结构调整处于有利阶段。

（3）关注我国碳排放权交易顶层设计问题

欧盟自 2005 年开始推行碳排放交易市场，并将其作为欧盟气候变化政策的基石。欧盟碳排放交易十年经验也表明，利用市场机制管控温室气体排放是一条有效途径。我国于 2011 年开始在北京等 7 个省市开展了碳排放权交易试点，地方碳交易试点的运行标志着我国利用市场机制控制温室气体排放迈出了重要一步，也为在 2017 年启动全国碳排放权交易体系积累了经验。英国皇家国际事务研究所布雷斯先生长期研究欧盟碳排放权交易市场，对于中国碳排放交易市场建设十分感兴趣，并希望中国在发展碳市场时能避免欧盟出现的减排意愿不足导致的配额过剩问题，并注重配额分配方法的科学性、公平性和合理性问题。

（4）**关注我国应对气候变化国际合作问题。**英国皇家国际事务研究所贝利先生对于巴黎会议表示谨慎的乐观，认为各缔约方能够达成协议，而且今后各国低碳发展合作有着广大的空间。因此如何加强欧盟与中国之间的合作，尤其是欧盟如何联合中国，加强与非洲国家在应对气候变化领域的技术合作应该是一项重要的研究课题。这样的合作不仅能利用欧盟先进的低碳技术，也能利用中国开发的适用性技术的经验，便于在非洲国家生根发芽。另一方面，他也担心在现有的“自下而上”模式下，各国的承诺与全球温升控制在比工业革命前不超过2℃所允许的排放量之间存在较大差距，中国面临如何与其他国家合作，加大自主贡献承诺力度，为实现2℃温升目标做出更大的贡献问题。

四、对国内清单编制工作启示及相关建议

我国作为《联合国气候变化框架公约》非附件一缔约方国家，尽管与英国在国家温室气体清单编制方面的义务有所不同，但加强中英两国在清单编制等一系列热点与重大问题上的合作与交流，对于我们进一步落实《巴黎协定》有关透明度的新要求，建立和完善国内温室气体清单编制管理制度和工作机制具有积极的作用。

（1）尽快制定我国温室气体清单编制管理办法

英国的实践表明，只有对清单编制涉及的各个环节、各个主体、各项权利和义务等进行规定，清单数据的质量才能得到保证，清单的作用也才能得到发挥。目前我国尚缺乏基本的国家及地方层面的温室气体清单编制相关的法规，尽管通过政府主管部门的协调能够在一定程度上满足国家和地方温室气体清单编制的数据需求，但由于没有纳入法制化轨道，这种管理体制和工作机制难以支持常态化、规范化、信息化的清单编制工作需要。建议尽快出台温室气体清单编制管理办法，明确温室气体清单编制的层级、频率、方法、数据来源、发布、应用等核心要素，推动温室气体清单走向常态化，建立温室气体清单编制管理体制和工作机制，最大限度地发挥清单数据对制定目标、评价政策与行动效果的支持作用，并在《应对气候变化法》研究起草中对国家及地方温室气体清单编制作出明确规定。

（2）尽快建立清单编制常态化管理体制和工作机制

借鉴英国好的做法，结合《巴黎协定》新的要求和国内温室气体清单编制实际情况，建议授权专门机构负责统筹管理和协调国家温室气体清单编制团队，组织开展常态化国家温室气体清单编制工作；成立国家温室气体清单编制指导委员会，负责对国家温室气体清单编制方法、数据质量及报告审评等工作的指导；在《应对气候变化部门统计报表制度（试行）》的基础上，建立健全覆盖能源活动、工业生产过程、农业、土地利用变化和林业、废弃物处理等领域的温室气体基础统计和调查制度；建议在部门分工职责的基础上，通过签署数据共享协议的方式，形成国家年度温室气体基础统计和调查数据与国家温室气体清单编制机构及团队实现共享的常态化机制。

（3）**加强对地方层面温室气体清单编制工作的总结和指导**

学习英国编制和应用地方温室气体清单的经验，结合现阶段我国地方温室气体清单编制好的做法，建议在《省级温室气体清单编制指南（试行）》的基础上，围绕问题导向，进一步修改完善清单编制指南，逐步形成与国家温室气体清单在编制方法上的一致、在活动水平数据方面的衔接以及在排放因子及参数方面的共享；建议在《北京市区县温室气体清单编制指南》、《浙江省市县温室气体清单编制指南》等相关指南的基础上，组织国家及地方温室气体清单编制专家，适时研究提出市区县温室气体清单编制指南，用于指导、规范地方温室气体清单编制工作；建议在总结浙江省率先推行省市县三级温室气体清单常态化编制以及利用清单信息支撑低碳发展决策等方面好的做法的基础上，召开全国地方温室气体清单编制工作交流和座谈会，推动地方尽快完成2012年和2014年省级清单编制工作，为“十三五”开展全国碳排放总量目标分解落实以及碳排放配额分配工作夯实数据基础。

参考文献

[1] DECC, UK Greenhouse Gas Inventory 1990 to 2013:Annual Report for submission under the Framework Convention on Climate Change, 2015.

[2] DECC, Greenhouse Gas Inventories for England, Scotland, Wales and Northern Ireland: 1990—2013, 2015.

[3] DECC, UK local authority and regional carbon dioxide emissions national statistics: 2005—2013, 2015.

[4] DECC, 2005 to 2013 UK local and regional CO_2 emissions: statistical release, 2015.

[5] DECC, 2005 to 2013 UK local and regional CO_2 emissions full dataset,2015.

[6] DECC, 2005 to 2013 UK local and regional CO_2 emissions methodology summary, 2015.

[7] DECC, 2005 to 2013 UK local and regional CO_2 emissions technical report, 2015.

[8] Parliament of the United Kingdom, The Climate Change Act 2008(c 27), 2008.

[9] Parliament of the United Kingdom, The Greenhouse Gas Emissions Trading Scheme (Amendment) and National Emissions Inventory Regulations 2005(2005 No. 2903), 2005.

区域碳排放峰值测算若干问题思考：以北京市为例*

杨　秀　国家应对气候变化战略研究和国际合作中心政策法规部副研究员
付　琳　国家应对气候变化战略研究和国际合作中心政策法规部
丁　丁　原国家应对气候变化战略研究和国际合作中心政策法规部主任

摘　要：形成经济发展和政策目标相协调的城市化发展模式，推动一部分城市率先达峰，是实现中国2030年左右达到排放峰值的关键。目前，在城市层面温室气体排放量和排放峰值测算方面尚没有统一的方法，在计算方法、计算范畴、选取数据来源和数据处理上也存在不同做法。本文分析了城市能源活动二氧化碳排放峰值的测算方法，基于KAYA分解方法，在温室气体排放测算的人口、人均GDP、GDP能耗强度、能源碳强度等参数的内涵和取值进行了探讨，并对排放峰值测算的几个相关问题进行了讨论。在考虑电力、热力等二次能源的调入调出问题时，应本着“以在当地发生的物理排放源为基准，且应核算与当地GDP相对应的温室气体排放量”原则，根据二次能源的调入调出情况，区别测算。此外，本文以北京市为例，以2011年为基年测算排放峰值，讨论了基本参数的发展趋势，并讨论了排放峰值的不确定性以及实现排放峰值的主要措施。

关键词：区域　北京　排放峰值　低碳发展

我国积极应对气候变化，已向国际社会提出到2030年左右实现碳排放峰值并努力尽早达峰的目标。“十三五”规划纲要提出支持优化开发区域率先实现碳排放峰值。目前已有多个城市公开作出了在2030年前率先实现碳排放峰值的承诺。然而，目前城市温室气体排放

* 本文原刊载于《中国人口·资源与环境》2015年9月刊

尚没有统一的方法，本文将以北京市为例，对城市相关温室气体排放和峰值测算方法进行探讨，采用 Kaya 分解法，对区域温室气体排放量的计算和排放峰值测算的过程予以说明。由于能源二氧化碳排放占一个地区温室气体排放总量的80%以上，是控制温室气体排放的核心，除特别说明外，本文提到的排放测算方法和数据，均仅指能源二氧化碳排放。

一、区域碳排放峰值的测算方法

1. 碳排放峰值的影响因素及测算方法

CO_2 排放总量可以根据煤、石油、天然气等不同种类能源的使用量和排放因子直接计算，即：

$$CO_2=\Sigma K_iE_i \quad ①$$

式中，K_i 表示不同种类能源的排放因子；E_i 表示不同种类能源的使用量。

然而，由于碳排放峰值为对未来一段时期的测算，很难对各种能源种类的消耗数量进行预测或设定，而考虑较多的指标是人口、经济、社会等方面的活动情况，并据此对 CO_2 排放进行考察。

根据 Kaya 公式可对二氧化碳排放量分解为三个主要驱动因素：GDP、单位 GDP 的一次能源消费量（GDP 能耗）和单位能源二氧化碳排放量（能源碳强度），其中后两项乘积为单位 GDP 碳排放强度，即：

$$CO_2\text{排放总量} = GDP \times (CO_2/GDP)$$
$$= GDP \times (\text{能耗}/GDP) \times (CO_2/\text{能耗})$$
$$= \text{人口} \times (GDP/\text{人口}) \times (\text{能耗}/GDP) \times (CO_2/\text{能耗}) \quad ②$$

由此，CO_2 排放总量可分解为人口、人均 GDP、GDP 能耗强度和能源碳强度这四个参数的乘积。这四个参数分别代表了一个地区与低碳和发展相关的社会、经济、能源的现状。

测算未来排放状况也是通过 Kaya 分解，结合所考察地区的具体情况，以某一年为基年（一般选择 2005 年或 2010 年），预测未来一段时期内的人口、人均 GDP、GDP 能耗强度和能源碳强度这四个参数取值，从而对当地的排放状况作逐年计算。结合未来的发展规划和路径安排，通过控制输入参数的取值，调整逐年的排放数据结果，可在某一目标年份实现二氧化碳排放总量或人均排放的峰值的测算。

2. 对基本参数的讨论

（1）人口

人口包括一个地区的城镇和农村人口，其发展变化与人口自然增长率和人员流动情况相关。近年来我国人口自然增长率稳定在 0.5% 以下，但城镇化、工业化过程造成全国的人员流动性较大，各地区的人口增长速度相差较大。例如，2014 年天津市人口增速高达 3.0%，同期全国人口增速约为 0.52%，而吉林省、辽宁省和黑龙江省的人口增速不足 0.1%。因此峰值测算中需结合所考察地区的具体情况预测未来的人口发展变化情况[1]。

（2）**人均 GDP**

2014 年，我国人均 GDP 为 4.65 万元，约合 7 500 美元，已进入“中等收入国家”行列。但是地区间发展很不平衡，位于发达地区的上海、深圳超过了人均 1.5 万美元，而云南、贵州等省人均 GDP 不到 5 000 美元[1]。

本文人均 GDP 由基年 GDP、GDP 增速和人口数据计算获得。其中 GDP 增速可根据所考察地区的“十二五”规划和中长期规划预测。我国“十二五”规划纲要提出 2011—2015 年 GDP 年均增长 7%，而地方的“十二五”规划纲要中提出的 GDP 增速全部高于全国水平，希望延续“十一五”高速增长的目标，但呈现出明显的“西高东低”的特点。2012 年国家将“十二五”能源消费总量控制目标调整为 40 亿吨标准煤，在单位 GDP 能耗下降 16% 的目标下，要求全国平均的 GDP 增速也需随之下调，约为 8%。在能源和环境的约束下，经济发展长期维持 8% 甚至更高的年均增长有现实难度。

（3）**GDP 能耗强度**

单位国内生产总值能源消耗，即生产单位 GDP 所消耗的能源，与产业结构、能源效率有关。2012 年我国的 GDP 能耗强度为 0.697 吨标煤(tce)/ 万元，远远高于发达国家目前水平，甚至高于发达国家约 30 年前的人均 GDP 为 1 万美元左右时的水平。国务院 2011 年 12 月颁布的《“十二五”控制温室气体排放工作方案》规定了各地区的 GDP 能耗强度在“十二五”期间的下降指标，下降幅度根据各地区的现有基础，要求在 10% ～ 18% 之间。

（4）**能源碳强度**

指单位能源消耗所对应的二氧化碳排放量，与能源结构和能源利用效率有关，一个地区的能源清洁化程度越高，能源碳强度越低。可根据所考察地区的一次能源消耗总量中，不同能源种类、消耗量和排放因子进行测算，遵循以下公式：

$$\text{Intensity}=(\Sigma E_i \times \text{EF}_i)/\Sigma E_i \qquad ③$$

其中，Intensity 表示能源碳强度，单位为吨 CO_2/ 吨标煤；E_i 表示不同能源种类的一次能耗量（包括煤及相关制品、油及相关制品、燃气，已上网的可再生能源发电量），单位为万吨标煤；EF_i 表示第 i 种能源品种的排放因子，单位为千克 CO_2/ 千克标煤。排放因子由各种能源品种的低位发热量、含碳量及燃烧氧化率确定，应优先使用当地实际数据，如果当地数据无法获得时，可采用《IPCC 2006 年国家温室气体排放清单指南》推荐的排放因子[2]。本研究采用的较为简化的排放因子如下（单位：千克 CO_2/ 千克标煤）：煤炭，2.64；油品，2.08；天然气，1.63。

3. 对几个相关问题的讨论

（1）**终端能耗和一次能耗**

地区能源二氧化碳排放大多指物理排放，即某一地区应考虑所有本地二氧化碳排放固定源（电力和热力锅炉、工业窑炉、工业锅炉、户用炉灶等）和移动源（燃油和燃气交通工具），包括煤炭、原油、天然气等能源消费。目前，我国能源平衡表中的终端能源消费指的是一次能源消费量扣除一次能源加工、转换、输送损失（火力发电损失，供热损失、选煤、石油加工、炼焦损失，输电损失等）后的能源消费数量[3]。因此计算能源二氧化碳排放采用的是地区的一次能耗而不是终端能耗。

由于地区实际存在较大的调入或调出电量，终端能源消费和一次能源消费的差别往往不仅限于上述的一次能源加工、转换和输送损失。根据《北京统计年鉴 2012》测算，北京 2011 年的终端能源消费总量为 6 671.01 万吨标煤，而扣除了加工转换损失和调入电力、热力后的一次能源消费量为 5 064.01 万吨标煤，二者的构成及简要关系如图 1 所示，测算能源二氧化碳排放应根据一次能耗计算，可分别按原煤及煤制品、原油及油制品、天然气的消耗数量和排放因子相乘获得。

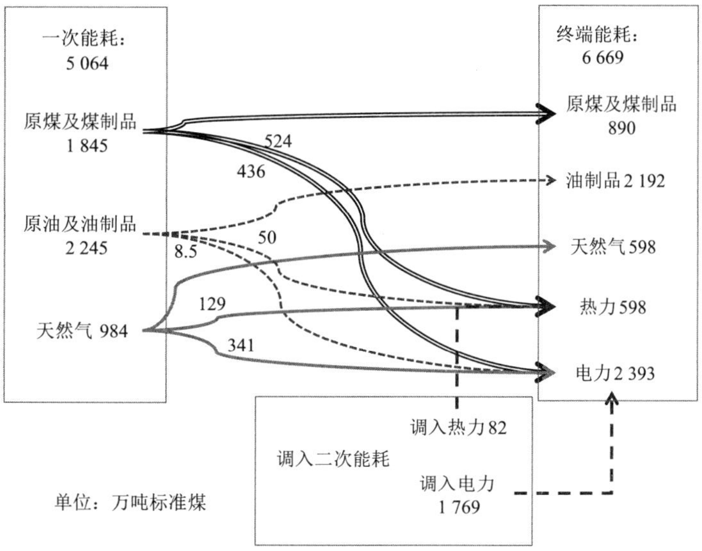

图 1　北京市 2011 年的能源消耗状况

注：输配损失没有反映在上图中。数据来源为《2012北京统计年鉴》。

（2）二次能源的调入调出

核算一个地区的能源消费时经常会遇到电力、热力的调入和调出问题，有三种情况：无二次能源的调入和调出、调入二次能源、调出二次能源。总体而言，按 IPCC 国家清单和省级温室气体清单指南，对一个地区温室气体排放峰值测算的基本原则是以在当地发生的物理排放源为基准，且应核算与当地 GDP 相对应的温室气体排放量。针对这三种情况，具体的核算方法是：

情况一：无二次能源的调入和调出，直接计算当地生产和消费电力、热力的一次能源消耗。

情况二：调入二次能源。以 2011 年的北京市为例（图 1），虽然调入的热力和电力生产过程对应的GDP并未计入北京市，但调入的热力和电力用于北京市的生产生活各个方面，对北京市的GDP有贡献，因此其对应的排放还是应计入北京市的温室气体排放中。如果调入的二次能源可以不计入当地排放，那么“减少本地电力和热力生产，改为调入二次能源”便可成为降低温室气体排放的措施，从国家控制温室气体排放的全局来看，这显然是不科学的。所以测算北京市温室气体排放总量时，应计算一次能源（5 064万吨标煤）燃烧的直接排放，加上调入热力（82万吨标煤）和调入电力（1 769万吨标煤）对应的排放。二次能源的排放因子应尽量根据实际情况取定，如果实际排放因子不易得到，可根据当年的全国区域电网基准线排放因子获取。

情况三：调出二次能源。由于发电厂产生的生产总值也计入了当地的GDP统计，在测算温室气体排放总量时仍应计算该部分电量所对应的排放。例如，陕西省2010年从西北电网调入电量164.68亿kWh，调出电量260亿kWh，净调出电量为95.32亿kWh（数据来源：《2011年陕西省统计年鉴》）。因此，计算陕西省的温室气体排放时，应将调入和调出电量所对应的排放分别计算，同时计入。

（3）**户籍人口和常住人口**

户籍人口是指在某地的公安户籍管理机关登记了常住户口的人，不管其是否外出，也不管外出时间长短，只要在某地注册有常住户口，则为该地区的户籍人口。常住人口指实际经常居住在某地区半年以上的人口。我国的统计年鉴中1981年以后的各地区人口数据指的是常住人口（数据来源：《中国统计年鉴2012》，表3-1）。目前我国人口流动性很大，各地区的户籍人口和常住人口数据常存在较大差别。例如北京2011年底的户籍人口数为1 277.9，而常住人口数为2 018.6万人，二者相差58%（数据来源：《2012北京统计年鉴》）。

由于温室气体排放与当地的社会、经济和能源等活动息息相关，因此测算排放数据时应使用常住人口，而不是户籍人口。

（4）**不变价GDP和现价GDP**

地区生产总值（GDP）代表的经济因素是测算排放数据的重要输入参数。GDP指某地区所有常住单位在一定时期内生产活动的最终成果，受价格变化和物量变化两大因素影响。不变价GDP是把按当期价格计算年的地区生产总值换算成按某个固定期（基期）价格计算年的价值，从而使两个不同时期的价值进行比较时，能够剔除价格变化的影响，以反映物量变化，反映生产活动的成果的实际变动。国家或地区的经济增长率是根据不变价GDP计算出来的（数据来源：《中国统计年鉴2012》）。

由于能源消耗的碳排放与实际经济活动及其成果相关，而不是考虑了价格变化后的经济总量直接相关，考虑逐年的GDP能耗强度变化时，应以不变价GDP为依据。常用的方法是以某一年（例如2010年）为基期，根据地区的国民经济和社会发展规划情况，设定未来一段时期的逐年经济增长率，从而获得相对于基期的不变价GDP数据，以测算单位GDP能耗情况。

二、以北京为例的区域排放峰值测算

目前，北京市对峰值目标提出明确的要求，计划争取在2020年前后达到碳排放峰值。本部分通过对北京市CO_2排放和峰值测算相关参数取值以及结果的讨论，说明能源CO_2排放的计算方法以及峰值测算的主要相关考虑。

1. 北京市2011年的CO_2排放计算

如前所述，结合北京市2011年的一次能源消耗和二次能源调入数据，计算得到北京市2011年能源CO_2排放数据，并由此可得2011年北京市的主要碳排放指标。2011年，北京市碳排放总量约为1.56亿吨CO_2，GDP能耗强度约为0.459吨标煤/万元，能源碳强度约为2.230吨CO_2/吨标煤，单位GDP碳排放强度约为1.023吨CO_2/万元，人均碳排放量约为7.56吨CO_2/人。由于缺乏2011年北京市的外购热力排放因子数据，这里以《能源消耗引起的温室气体排放计算工具指南》中给出的北京2007年外购电力排放因子0.11吨CO_2/兆千焦为基础计算，相当于3.218 6吨CO_2/吨标煤[4]。本研究将以2011年为基年计算北京市未来二氧化碳排放峰值年份和排放峰值。

2. 北京排放峰值的测算

（1）常住人口

近年来北京市常住人口增速一直远高于全国平均水平，2005—2012年年均增速为4.3%，2010—2013年为2.5%，为全国总人口的近5倍。北京市2014年常住人口为2 151.6万人，已大大突破“十一五”期末常住人口1 625万的控制目标（依据《北京城市总体规划（2004—2020年）》推算得出）以及国务院批复的到2020年常住人口1 800万的控制目标。

北京市“十二五”规划纲要中对未来的人口发展提出：“十二五”时期，全市人口仍会保持较快增长态势……努力遏制人口无序过快增长，逐步形成规模适度、结构优化、多元和谐、分布合理、服务有效、管理严格、与城市可持续发展和城市功能相适应的人口发展格局。因此判断，2015年前后，北京市人口规模持续扩大，但增速有所减缓。北京市人口规模结构中户籍人口增长稳定，常住外来人口集聚膨胀。2020年前后，北京人口规模将停止扩大，届时常住人口将达到2 290万人左右。综上，本研究拟将北京市2015年的年均人口增速设定在1.3%，2016—2020年设定在1.0%。2020年人口数量达到峰值后人口数量不再增加，中长期内随着政策调整和社会资源的合理分配，增速放慢并逐渐稳定在零增长。从2024年开始出现年均0.1%的缓慢下降，2030年人口总数约为2 274万人。

本研究对北京市中长期常住人口数量的预测情况如表1所示。

表 1　北京市排放峰值测算的输入参数

	2011	2015	2020	2025	2030
人口（万人）	2019	2 179	2 290	2 286	2 274
人口年均增速 /%	—	2.12（2011—2015）	1.00（2016—2020）	–0.04（2021—2024）	–0.10（2025—2030）
GDP 年均增速 /%	—	7.6（2011—2015）	6.5（2016—2020）	5.0（2021—2024）	4.0（2025—2030）
人均 GDP（万元，2011 年不变价）	7.56	9.32	12.45	15.89	19.33
GDP 能耗 /（吨标煤 / 万元）	0.459	0.373	0.295	0.236	0.193
煤炭 / 万吨标煤	2 411	1 500	325	205	85
油品 / 万吨标煤	2 838	2 725	2 482	2 239	1 996
天然气 / 万吨标煤	77	150	225	259	272
调入电 / 亿 kWh	594	714	832	734	730
可再生能源占能耗总量的比例 /%	4.0	6.0	9.0	12.0	13.0

注：2015年预测的总能耗为7 577.6万吨标煤，是根据GDP增速和GDP能耗下降速度计算得出，低于北京市“十二五”规划纲要中提出的9000万吨标煤的总能耗。

（2）GDP

北京市 2011 年人均 GDP 已达到 8.05 万元人民币，约折合 1.2 万美元，已跨越了人均 1 万美元的“发达线”，按照世界银行的划分标准已成为高收入地区，经济社会发展正处在工业化向后工业化阶段的过渡时期。未来经济发展的重点将逐步从生产为主向消费为主转变，从工业为主向服务业为主转变，从劳动密集型向知识密集型转变。北京市“十二五”规划纲要提出，“十二五”期间北京市地区生产总值年均增长目标为 8%，为全国省级行政区中的最低，体现了北京市推动科学发展、加快转变经济发展方式，从重速度转为重质量的决心。

另一方面，比较主要发达国家人均 GDP 的历史增长情况 [5]，可以发现，主要发达国家均用了 10 年左右实现了人均 GDP 从 1 万美元到 2 万美元的翻番。具体来说，美国刚好历经 10 年实现了人均 GDP 从 1 万美元到 2 万美元的翻番（1978—1988 年），德国（1981—1992 年）和韩国（1993—2004 年）均历经了 11 年，丹麦历经 12 年（1980—1992 年），法国（1981—1994 年）和英国（1983—1996 年）则分别历经了 13 年，而日本只历经了 9 年（1982—1991 年）。在我国经济发展从整体上也已经从高速发展转向中速发展的背景下，本研究认为，“十二五”期间北京的 GDP 年均增速达到 8% 后，中长期 GDP 增速将适当放缓，到 2022 年前后达到人均 GDP2 万美元是合理的。对北京市未来 GDP 的具体预测情况如表 1 所示。

（3）GDP **能耗强度**

随着近年来北京产业结构的调整和能源利用效率的提高，2011 年，万元 GDP 能耗由 2005 年的 0.792 吨标准煤下降到 0.437 吨标准煤。“十二五”期间，按照国家要求，北京提出要完成 GDP 能耗强度比 2010 年下降 17% 的目标。

本研究对北京市未来 GDP 能耗的预测情况如表 1 所示。

（4）能源碳强度

能源碳强度由能源消费结构决定。北京市近年来能源消费结构得到了很大改善，煤炭占一次能源比重由 2005 年的 42.9% 下降到 2011 年的 26.5%。北京市计划 2020 年煤炭占能源消费总量的比重将控制在 5% 以下；可再生能源利用量力争达到 950 万～ 1 100 万吨标准煤，能源消费总量占比达到 11% ～ 15%；开展以分布式太阳能光伏为主的新能源城市和微网系统示范建设，加快实施光伏发电建筑一体化应用，2020 年太阳能光伏发电装机容量达到 160 万千瓦；太阳能热水系统集热器利用面积 1 750 万平方米。根据北京市“十二五”规划纲要，天然气、电力和可再生能源的利用比例将得到显著提升，优质清洁能源消费比重达到 80% 以上，其中天然气比重超过 20%，非化石能源占能源消费总量的比重力争达到 6% 左右。依据北京市能源消费结构的历史调整情况和未来发展趋势，本研究对北京市未来的能源消费结构预测情况详见表 1。

3. 测算结果及分析

根据对北京市峰值测算输入参数的讨论和取值，本研究测算了北京市 2012—2030 年能源 CO_2 排放情况（图 2）：碳排放峰值可能于 2019 年出现，而人均排放从 2011 年的 6.63 吨 CO_2/ 人起持续下降到 2030 年的 5.21 吨 CO_2/ 人。

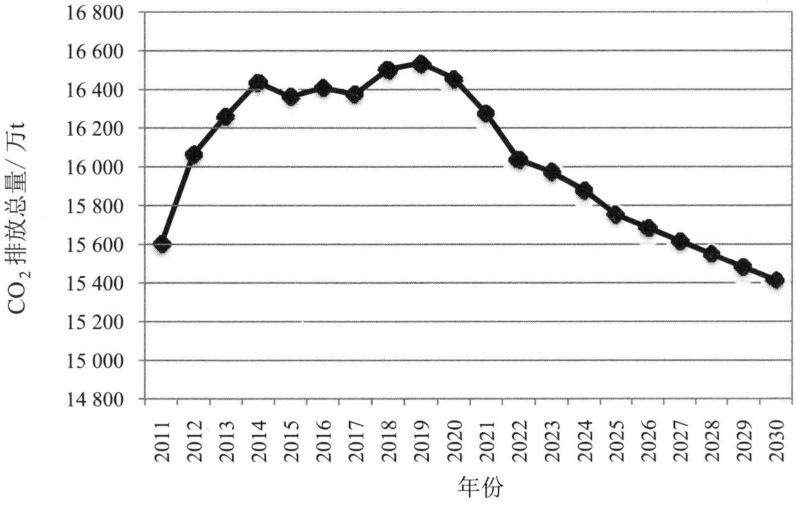

图 2　北京市 2011—2030 年二氧化碳排放总量测算结果

4. 不确定性分析

一是流动人口数量的可能变化将增加北京市未来电力消费量的不确定性。人均用电量是估算区域电力消费量的重要指标之一。据报道，人均用电量可以分为以下四个档次：第一档的区域年人均用电量在 1 万千瓦时以上，主要为北美、北欧及澳大利亚等少数发达国家；第二档在 5 000 ～ 10 000 千瓦时之间，包含大部分发达国家；第三档在 2 000 ～ 5 000 千瓦时之间，主要包括金砖国家等新兴经济体；第四档则不足 2000 千瓦时，主要是一些发展中国家和欠发达地区。2013 年，北京市人均用电量为 4 317 千瓦时，预计将于 2020 年达到人均用电量峰值，人均用电量峰值在 5 200 千瓦时以内，基本达到人均用电量的第二个档次。由于全市用电量与人口数量成正比，因此，由于人口增速调控的效果存在不确定性，一旦未来人口增速和数量超过北京市预期的人口调控目标，则本研究情景下的电力消费量将难以满足新增流动人口的用电需求，电力消费量将进一步上升，碳排放峰值年份将可能推迟，峰值排放量也将有所上升。

二是区域电力排放因子和发电标准煤耗的取值可能影响排放峰值测算的准确性。北京市实际发电煤耗的计算过程比较复杂，涉及河北省、内蒙古自治区、天津市等多个省区（市）的发电标准煤耗和能源结构数据。考虑到电力排放量的计算和电力消费量的折标必须具有一致性，因此本研究使用了华北电网的平均排放因子，并且根据华北电网供电省的发电耗煤量和发电量，计算出华北电网历年发电标准煤耗。然而不可避免的，这一数据和北京市实际发电煤耗之间存在一定差距，可能在一定程度上影响本研究对北京市排放峰值测算的准确性。

三是对 2020 年以后的北京市能源消费结构预测存在不确定性。由于能源结构优化的特殊性，区域能源消费结构在短期内不会出现大幅度变化。但是从长期来看，由于北京市分品种的能源消费量受政策影响较大，且目前暂未颁布与煤炭、油品和天然气等能源品种相关的 2020 年及 2020 年以后的规划目标，因此本研究主要基于北京市历史能源消费结构情况和相关能源规划布局，对分品种能源消费量进行粗略分析和预判，故长期预测上可能存在一定偏差，并可能影响排放峰值测算的准确性。

三、总结与讨论

1. 测算排放峰值的意义

未来我国要通过对排放总量的控制，积极推动尽早实现排放峰值，这是基于对国家未来经济发展和温室气体排放增长之间矛盾的判断而提出的发展理念和发展思路。对于城市来说，测算和研究温室气体排放峰值，其主要意义并不在于获得明确的峰值年份和排放数量，而是通过测算，设定一个科学合理的排放目标，帮助地方政府结合当地的发展现状和趋势，理清思路，以出台对应的配套政策，形成倒逼机制，促使其更快实现经济发展方式的转变，实现温室气体排放的降低，实现低碳发展。

我国地区间经济和社会发展不均衡、能源资源禀赋不一，我国应建立分区域的、阶梯式实现排放峰值的总体思路。到 2020 年，我国部分发达地区人均 GDP 将达到发达国家水平，建议首先推动东部地区实现低碳发展（要实现全国2030年达到碳排放峰值，到2020年之前东部一半以上城市需达到峰值），并逐步过渡到中部地区。这样，我国可实现在2030年左右达到峰值。因此，东部发达地区应率先探索达到排放峰值的思路和路径，这样既可以为中西部地区预留发展空间，也能够对中西部城市形成良好的示范效应，从而使全国温室气体排放尽早达峰。在区域层面上，排放峰值应作为预期性而非约束性的目标，并结合具体的区域政策措施，充分体现其引导作用，帮助区域尽快实现低碳发展转型，推动部分区域率先达峰。

2. 实现排放峰值的主要措施

温室气体排放峰值取决于多种变量，包括经济发展水平、能源消费结构、能源强度、碳强度、人口的数量、技术的进步等，存在较大的不确定性。结合排放峰值测算方法以及北京市的峰值测算讨论，要尽快实现温室气体排放峰值，可从以下几方面措施着手。

第一，合理控制GDP增长速度。应及时改变发展思路，重视经济发展质量，加快转变经济发展方式，当GDP的年增长率低于单位GDP的温室气体排放强度的年下降率时，即可实现温室气体排放的峰值。

第二，逐步降低GDP能耗强度。由于第三产业能源消费强度明显低于第二产业，因此降低能耗强度，需要提高第三产业比重并提升GDP附加值。一方面应积极调整产业结构，因地制宜，实施严格的产业调整政策，降低高耗能、高排放产业的比例，积极提高服务业的比例；另一方面，应努力提高能源的利用效率，加快技术的升级换代。

第三，努力降低能源碳强度。这包括，严格控制煤炭消耗总量，提高优质清洁能源比例，因地制宜地发展可再生能源，从能源供应的角度，整体上优化能源消费结构。

参考文献

[1] 2014年国民经济和社会发展统计公报[R]. 2013.

[2] 政府间气候变化专门委员会 . IPCC2006年国家温室气体排放清单指南[M]. 2006.

[3] 王庆一 . 中国2007年终端能源消费和能源效率（上）[J]. 节能与环保 ,2009, (2): 14-17.

[4] 宋然平，杨抒，孙淼 . 能源消耗引起的温室气体排放计算工具指南（2.0版）[M]. 北京：世界资源研究所 , 2012. http://www.ghgprotocol.org/calculation-tools.

[5] International Monetary Fund. World Economic Outlook Databases[EB/OL]. 2013. http://www.imf.org/external/pubs/ft/weo/2013/01/weodata/index.aspx.

四、碳市场问题研究

欧盟碳市场发展带来的思考与启示

李俊峰　国家应对气候变化战略研究和国际合作中心主任、研究员
张敏思　国家应对气候变化战略研究和国际合作中心 CDM 项目管理中心 / 碳市场部助理研究员
张　昕　国家应对气候变化战略研究和国际合作中心 CDM 项目管理中心 / 碳市场部副主任、研究员

摘　要：近期，欧盟法院裁定欧盟委员会为欧盟碳排放交易体系（EU-ETS）第三阶段设定的年最大免费配额量无效，成为全球碳排放交易市场的重大事件，引发了各方面的关注。本文将结合上述裁决结果以及欧盟碳市场近年来市场发展态势，分析欧盟碳市场政策制定和市场运行特点，对我国碳排放权交易市场建设提出相关政策建议。

关键词：欧盟　碳市场　建议

一、背景

2016 年 4 月 28 日，欧盟法院（Court of Justice of the European Union）宣布欧盟委员会（European Commission）为欧盟碳排放交易体系（EU-ETS）第三阶段（2013—2020 年）设定的年最大免费配额量无效，并要求欧盟委员会在 10 个月内重新确定该数据[1]。

根据欧盟碳交易相关指令，2013 年起 EU-ETS 控排设施配额总量由 20.8 亿逐年下降相当于 2010 年配额 1.74% 的量（即 3 826.4 万），2020 年减至 18.2 亿。相对于前两个阶段，EU-ETS 第三阶段免费配额分配比例大幅降低，约 43% 的配额采用基准线法进行免费分配，

1　Court of Justice of the European Union. The Court declares invalid the maximum annual amount of free allowances for 2013-2020, 28 Apr 2016. http://curia.europa.eu/jcms/upload/docs/application/pdf/2016-04/cp160047en.pdf

且不同行业免费分配的比例不同。欧盟各成员国一般先计算出各国控排设施可获得的免费配额总量并报欧盟委员会，如果各成员国申请的免费配额总量超过欧盟委员会确定的最大免费配额量，那么各国申请的免费配额量将被乘以一个调整系数而调低。此前，意大利、荷兰和奥地利的一些企业对本国2013—2020年的配额分配方案以及年最大免费配额量（包括调整系数）提出了质疑并向本国法院提出起诉，主要涉及欧盟委员会2011年和2013年分别颁布的关于免费配额调整的两项决定[2]，之后上述三国法院将这些起诉提交至欧盟法院等待裁决。

在本次裁决中欧盟法院认定，由于欧盟委员会在计算年最大免费配额量时数据选取范围不合理，因此欧盟委员会的相关决定无效。根据该裁决，欧盟委员会需重新计算2013—2020年每年的最大免费配额量（包括调整系数），该数量可能比目前数量增加也可能减少。为避免该裁决结果带来的法律真空，欧盟法院允许欧盟委员会在10个月内重新确定新的年最大免费配额量，在此期间，裁决结果暂缓生效。

二、相关分析

1. 上述结果对EU-ETS影响尚难判断

上述裁决结果可看作是欧盟对EU-ETS配额分配方法的一次修正，反映出欧盟在EU-ETS配额分配中数据的规范性还有待改进。欧盟委员会需要与各成员国沟通协调，进行更为细致、审慎的数据核算，以确定准确的年最大免费配额量。目前尚难判断修正后的年最大免费配额量相对于此前的配额量会发生何种变化。如修正后的配额量大于此前的配额量，则会加剧EU-ETS的配额过剩；如修正后的配额量小于此前的配额量，则欧盟委员会面临之前多发放配额如何处理的问题。此外，由于可能的配额分配这个关键环节的调整，注册登记、遵约等一系列环节也可能将进行相应调整，这对欧盟碳市场运行将带来一定的影响，同时也对欧盟委员会的管理能力提出了挑战。

2. 配额过剩仍是EU-ETS面临的主要问题

EU-ETS自运行以来一直存在配额过剩问题。2008年之后，配额过剩和供需失衡进一步突出，成为欧盟碳市场面临的最主要问题。截至2014年底，EU-ETS剩余配额约21亿[3]。供求失衡严重损害了欧盟碳市场运行秩序，欧盟排放配额EUA价格从2008年最高时的近30欧元/吨一路下跌至2013年的一度不到3欧元/吨，目前约为6欧元/吨。碳价格低迷严重影响了欧盟碳市场的平稳发展，使欧盟在发展清洁能源和增加低碳技术投资方面备受影响，也使欧盟碳交易相关服务行业遭受较大打击。

2 Commission Decision 2011/278/EU of 27 April 2011 and Commission Decision 2013/448/EU of 5 September 2013.

3 European Commission. Carbon Market Report 2015, Nov 2015.

分析 EU-ETS 出现配额过剩的主要原因大致有如下几个方面：一是欧盟到 2020 年相对于 1990 年减排 20% 的目标缺乏力度，对于减排的约束力较为有限，从而导致市场需求不足。二是 EU-ETS 第一和第二阶段由于基础排放数据相对缺乏以及自下而上、由各成员国制定国家分配计划的决策机制，导致配额总量目标设定较为宽松。三是受全球金融危机和欧债危机等影响，欧洲经济持续衰退，温室气体排放随之大幅下降，客观上降低了对排放配额的需求。

3. 欧盟在政策制定和调整方面仍存改进空间

EU-ETS 自 2005 年启动以来，至今运行已超过 10 年，期间经历了平稳运行、波动低迷和艰难调整等一系列过程。欧盟在长期的实践中逐步建立了较为规范系统、循序渐进的 EU-ETS 政策法规体系，为市场发展提供了坚实基础。每一阶段内的政策也基本保持了连续性，力求充分发挥市场机制的价格发现作用。

由于碳市场属于区别于传统商品市场的政策性市场，政策制定的规范性和有效性极为重要，因此极为考验决策者的管理能力。当配额严重过剩导致市场长期低迷时，欧盟不得不着手制定相关政策措施。而由于欧盟内部各种利益关系的错综复杂，相关政策出台也经历了反复协调论证的过程。“折量拍卖”计划从提出到实施经历了一年多时间，甚至在提出后一度遭否决。该措施的实施使目前 EU-ETS 中过剩配额由约 21 亿减至 17.8 亿[4]，EUA 价格也有所提升。然而“折量拍卖”计划只是暂时性的救市措施，并未有效地增加体系中对配额的需求。此外，将于 2019 年起实施的“市场稳定储备”机制将建立配额储备池，它将根据市场上流通的配额量进行释放或吸纳，避免配额过多或过少带来的价格剧烈波动。

除上述两项措施之外，欧盟仍应思考如何进一步提高缺乏力度的减排目标。2014 年，欧盟 28 国温室气体排放量比 1990 年下降了 24.4%[5]，已超额完成 2020 年相对于 1990 年减排 20% 的目标。如果欧盟能够确定更有力度的减排目标，将从根本上对 EU-ETS 产生强大的激励作用。此次欧盟法院对 EU-ETS 第三阶段年最大免费配额量裁决结果也在一定程度上反映出欧盟仍需在规范数据选取、改进配额分配方法和完善决策机制等方面做更多工作。

三、对我国碳排放权交易市场建设的借鉴意义及相关建议

欧盟碳市场发生的诸多事件，对我国碳排放权交易市场的建设有着重要的借鉴意义。首先必须明确，碳排放交易只是控制温室气体排放的手段之一，而不是全部，其作用在于推动温室气体减排、降低减排成本以及发现碳排放权的价值。由于碳市场是政策性市场，上述作用能否实现，很大程度上取决于政策制定的有效性和规范性，政府在碳市场建设、运行和管理中发挥着至关重要的作用。我国已实施了 7 省市碳排放权交易试点工作，并将于 2017 年

4 European Commission. Emissions trading: slight decrease in emissions in 2015, May 2016. http://ec.europa.eu/clima/news/articles/news_2016052001_en.htm.

5 EEA. Annual European Union greenhouse gas inventory 1990-2014 and inventory report 2016, Apr 2016.

启动全国碳排放权交易市场。欧盟碳市场等政策制定和市场运行的相关经验，能够为我国的碳排放权交易制度设计和市场建设提供一定的启示。总体来说，我国在碳排放权交易政策制定和市场运行中需把握好政府管理的尺度。

1. 科学设定总量目标，合理分配配额

我国已制定了到2020年碳排放强度下降目标，在此基础上，应明确碳市场的定位和其在实现我国碳排放强度下降目标中发挥的作用，并综合考虑碳交易体系覆盖行业范围、纳入门槛、历史排放数据和未来排放趋势、能源消费、减排潜力、经济发展态势、产业发展政策等因素，确定合理的纳入全国碳排放权交易市场的配额总量目标。在我国碳排放权交易试点阶段，考虑到可操作性和市场参与方接受度，试点的总量目标设定和配额分配大都相对宽松，对市场活跃度带来了一定影响。在全国碳排放权交易市场阶段，配额分配应体现有效性、公平性、适用性等原则，总体分配应适度从紧，尽量避免人为因素和过多事后调整，避免出现EU-ETS那样配额严重过剩的局面，以保持碳排放权的相对稀缺性和市场活跃度，向市场传递政府部门关于减排温室气体和促进绿色低碳发展的明确信号。

2. 确保数据的真实准确

真实准确的数据是碳市场运行的基础所在。我国的全国碳排放权交易市场应严格按照国家统一的标准进行碳排放数据测量报告和核查，在排放配额计算和分配、注册登记、交易、配额清缴履约等环节明确方法、规范相关程序，确保数据的真实准确，以有效支撑碳市场的顺利运行。此外应加大控排单位、第三方核查机构、交易机构等参与方的监管力度，严禁三方形成利益共同体，严防关联交易事件的发生。相关信息应及时公布，营造公开、透明、公正的市场氛围，避免因信息不对称导致参与方对市场形势的误判。

3. 减少干预，保持政策相对连续性

碳价格是促进企业低碳发展和引导投资行为的重要信号，是决定企业减排成本的关键因素。碳排放交易作为一种市场机制，在运行中出现价格波动实属正常。在未来全国碳排放权交易市场运行过程中，应充分发挥碳交易机制的价格发现和市场自身调节作用，使碳价格反映真实的减排成本和市场预期，避免为了市场稳定运行而进行不必要的价格干预。我国部分碳排放权交易试点由于政策频繁变动导致市场运行出现剧烈变化，对参与方信心造成打击，这点未来应努力避免。在碳交易试点时期进行大胆尝试无可厚非，但对于全国碳排放权交易市场来说，配额分配、交易制度、遵约机制等关键政策出台后应在一定时期内保持相对稳定，避免过大和过多的政策调整行为。明确的政策预期将有效地增强碳交易参与方对市场发展的信心，提高其参与的积极性和市场活跃度，促进碳市场的健康稳定发展。

规范排放核查管理，助力全国碳市场建设

李俊峰　国家应对气候变化战略研究和国际合作中心主任、研究员
张　昕　国家应对气候变化战略研究和国际合作中心 CDM 项目管理中心 / 碳市场部副主任、研究员

摘　要：总结分析了现阶段全国碳市场排放核查工作中出现的问题。针对存在的问题，提出从政策法规体系建设、管理机制建设和能力建设等方面入手，总结推广试点经验，加快出台核查规范；完善核查管理机制，加强排放核查管理；尽快落实资金保障，持续开展核查能力建设；从而强化全国碳市场排放核查管理。

关键词：碳市场　核查　问题　政策建议

排放核查是碳排放权交易机制的重要环节，既是确定碳市场排放配额总量的基础，又是排放配额分配和碳排放权履约的依据，排放核查的质量直接决定了碳排放权交易机制的成败和碳排放总量管理的成效。

最近，《国家发展改革委办公厅关于切实做好全国碳排放权交易市场启动重点工作的通知》（简称《通知》）要求地方碳交易主管部门于 2016 年 6 月 30 日前将经核查的重点排放单位排放数据报送国家发改委。全国有近 1 万家大型企业的历史排放数据需要核查。在如此短时间内保质保量完成如此大量的企业排放数据核查，就现阶段全国碳市场排放核查能力而言，任务可谓十分艰巨。与此同时，随着全国碳市场排放核查工作进程加快，排放核查出现了一些值得关注的现象和问题。

一、核查工作中出现的问题

（1）核查政策法规建设滞后全国碳市场建设需求

《碳排放权交易管理暂行办法》（简称《办法》）原则性地规定了排放核查的管理模式，《通知》提供了遴选核查机构和核查员以及开展核查工作的参考指南。但是，《办法》和《通知》均未细化各管理层级的责权利，且也未对核查机构与核查员的淘汰退出、违法处罚、政府监督执法等做出明确规定。另外，核查工作的全流程管理体系也尚未形成。虽然各碳交易试点地区建立了排放核查政策法规和技术体系，但其法律效力普遍较弱，且核查技术标准不统一，试点碳市场排放核查的管理办法与技术规范还不能直接用于全国碳市场。由此可见，目前关于排放核查的政策法规不能完全满足全国碳市场排放核查工作的需要。

（2）核查机构与核查员的素质和能力参差不齐

随着全国碳市场建设发力提速，排放核查工作量越来越大，各地随之遴选了一批核查机构与核查员。由于尚未出台全国碳市场核查机构与核查员遴选与管理规章，加之各地遴选核查机构和核查员的标准不一致，地方主管部门监管能力也不同，导致各地核查机构与核查员的素质和能力差别较大。例如，某些地区一些规模小、管理不规范的企业也成为了政府核准的核查机构，部分核查机构核查员的核查技能与专业知识仍有待大幅提高，甚至存在临时拼凑组建核查机构、“拆借”核查人员的现象。

（3）核查工作的独立性和公正性受到挑战

排放核查的独立性和公正性是核查机构工作有效性的必要前提。个别核查机构以服务重点排放单位为幌子，既参与重点排放单位的碳排放（碳资产）管理咨询又为重点排放单位进行排放核查。在有些探索核查市场化的地区，个别核查机构之间展开恶性竞争，蓄意压低排放核查价格，为重点排放单位进行排放核查的费用报价仅为几千元；更有甚者为了迎合重点排放单位需求而在排放核查时弄虚作假。个别核查机构的违法违规行为严重影响了排放核查工作的秩序和严肃性，对碳排放权交易机制建设造成极大的危害。

（4）部分地区核查工作资金不到位

按照全国碳排放权交易市场建设工作部署电视电话会议要求，多数省区市积极想办法落实专项资金保障加快完成全国碳市场建设任务，但仍有一些省区市目前尚未落实全国碳市场排放核查工作经费。在全国碳市场建设初期，特别是排放核查能力较弱的情况下，地方政府需要为开展排放核查工作提供强有力的资金支持，这不但有助于提高重点排放单位接受核查的积极性、增强重点排放单位对碳市场建设的信心，同时也是确保排放核查质量的重要保障。

二、加强核查管理的相关建议

建设碳排放权交易市场机制是体制机制创新，是复杂的系统工程，加之目前排放核查政策法规和技术规范不健全，违法成本低，排放核查工作不可避免地出现了一些问题。现阶段必须从政策法规体系建设、管理机制建设和能力建设等方面入手，强化全国碳市场排放核查管理。

（1）总结推广试点经验，加快出台核查规范

碳交易试点经验表明，建立高效的碳市场排放核查机制首先必须建章立制。碳交易试点培育了核查机构，锻炼了核查员，在排放核查方面积累了许多重要经验，包括优化核查流程、建立核查机构内部审核制度、建立核查评估机制、开展核查能力建设等。碳交易主管部门应在深入总结试点碳交易排放核查工作经验的基础上，梳理出核查管理与技术的难点和重点，加快制定与出台针对性和操作性强的全国碳市场核查管理办法与技术规范，实现对核查机构、核查员、排放核查的长效化、规范化、标准化管理，满足全国碳市场建设需求。

（2）完善核查管理机制，加强排放核查管理

核查质量是碳排放权交易市场机制生命力的保障，必须分别从主管部门和核查机构入手实现对核查工作的全流程、标准化管理，以维护核查行业秩序，确保核查质量。主管部门应制定严格的技术标准，提高核查机构的准入门槛；针对核查工作所处的不同阶段如准备阶段、实施阶段和报告阶段的特点实施分阶段管理；完善排放核查管理内容，包括制定标准化的核查流程，成立独立的专家委员会开展核查质量评估，加强重点企业排放核查报告的复查，建立核查信息披露机制，加强对核查机构的监督，提高核查机构违规、违法成本，加大处罚力度（如将核查违规处罚与核查排放量市值挂钩），建立核查工作档案管理机制等。就核查机构而言，首先核查机构应高度自律，其次要从制度上保证核查质量，如建立内部审核制度，实施核查工作质量内部规范化管理；加强核查团队建设，根据核查行业的特殊性和复杂性在核查团队中配备行业专家；建立内部培训制度，提升核查员专业素质和能力等。

（3）严格限制排放核查机构的经营范围，杜绝关联交易

为了防止核查机构既做裁判员又做运动员，从制度上避免发生利益冲突的风险，确保排放核查的公正性和准确性，碳交易主管部门应严格要求从事碳排放核查的机构不得从事与其核查工作形成关联交易和利益冲突的相关业务，要求碳排放（碳资产）管理咨询与碳排放核查脱钩。

此外，主管部门可以借鉴上市公司的会计审计管理制度，规避关联交易和利益冲突问题。可以积极探索通过会计事务所开展重点排放单位排放核查工作。总的来看，经过数十年的实践考验，目前已经形成了一套相对完善、科学合理、可操作性强的会计审核管理制度。通过参照会计审核管理制度管理排放核查，会计事务所参与排放核查，不仅可以弥补现有核查法规不足的缺憾，还可将财务审计和排放核查直接挂钩，加强了对重点排放单位的约束力。

（4）尽快落实资金保障，持续开展能力建设

国家主管部门与地方主管部门都应保障对核查工作的资金支持，尤其在全国碳市场建设初期，需要投入大量财力构建核查技术支撑体系、管理体系、评估体系、开展核查工作以及加强核查能力建设。另外，主管部门应对各利益相关方持续开展核查能力建设，结合核查工作需要和核查人员的能力进行分级、分行业领域培训，还可以采取上岗培训、定期培训、技术轮训等多种培训形式相结合，特别是应注重发挥碳交易试点地区的带动示范作用，建立长效的培训机制，加强能力建设成效评估，切实提升能力建设水平与成效。

总之，建立健全全国碳市场排放核查机制仍然面临政策法规体系建设、技术支撑体系建设、资金支持与能力建设等方面的艰巨挑战，需要主管部门、核查机构和重点排放单位共同高度参与、攻坚克难、大胆试点，积极探索出一条适合我国国情的全国碳市场排放核查机制，尽可能避免我国证券市场建设初期出现的审计乱象在全国碳排放权交易市场和碳排放总量管理过程中重演。

全国七省市碳排放权交易试点进展总结

郑　爽　国家应对气候变化战略研究和国际合作中心CDM项目管理中心/碳市场管理部主任、研究员

刘海燕　国家应对气候变化战略研究和国际合作中心CDM项目管理中心/碳市场管理部助理研究员

王际杰　国家应对气候变化战略研究和国际合作中心CDM项目管理中心/碳市场管理部研究实习员

摘　要：为落实国家“十二五”规划纲要提出的“逐步建立碳排放权交易市场”任务要求，2011年10月底，国家发改委批准北京、天津、上海、重庆、湖北、广东及深圳七省市开展碳排放权交易试点，正式拉开了我国碳市场建设的帷幕。自2013年启动运行到2015年7月底，七个碳排放权交易试点地区均已运行并完成了1～2个履约周期。本文将跟踪、分析以及评估碳排放权交易试点建设和实施情况，总结这两年来的经验和教训，旨在为2016年后建立全国碳排放权交易体系提供决策和体系设计依据，为全国碳排放权交易体系建设提供政策建议。

关键词：交易试点　总结　建议

一、实施现状

近几年来，七省市都十分重视碳排放权交易试点建设，完成了各项基础准备工作并顺利启动实施。通过制定地方法律法规，确定总量控制目标和覆盖范围，建立温室气体排放测量、报告和核查（MRV）制度，分配配额，建设交易系统、登记簿系统，设立专门管理机构，建立市场监管体系以及进行大规模人员培训和能力建设等，形成了全面完整的碳排放权交易制度体系。现将七个试点政策制定、技术支撑和市场运行等方面进展及特点总结如下。

1. 建立了具有一定法律约束力的“上限－贸易”政策体系

试点地区分别出台了具有不同法律效力的碳排放权交易地方法规（北京、深圳和重庆）、政府规章（上海、广东和湖北）和部门规范性文件（天津），形成了以地方人大法规为依据、碳排放权交易管理办法为核心、各项实施细则和指南标准为技术支撑的法规和制度体系，使碳排放权交易政策的实施具有强制力、约束性和可操作性，为建立全国碳排放权交易政策和法规积累了经验。

2. 确定了碳排放权交易总量目标与覆盖范围，推动落实地方温室气体排放控制目标

建立碳排放总量制度，是碳排放权交易市场的关键，即通常所言“没有上限控制，就不可能有交易市场”。试点地区结合自身经济发展、二氧化碳强度目标以及企业历史排放等指标数据，制定了碳排放权交易政策覆盖范围内适度增长的温室气体总量目标。七个试点碳总量目标合计约为 12 亿吨 CO_2 当量 / 年（深圳最低约 3 000 万吨 / 年，广东最高为 3.8 亿吨 / 年），约占各试点地区排放总量的 40% ～ 60%。碳排放权交易覆盖了电力、热力、化工、钢铁、建材等高能耗行业，以及商业、宾馆、金融等服务业和建筑业等总计 20 余个行业、2 000 多家企事业单位。管控气体均为二氧化碳（只有重庆纳入 6 种温室气体）。

试点地区的主要用能单位几乎全部纳入碳排放权交易体系，碳排放权交易在地方实现“十二五”二氧化碳强度目标和控制温室气体排放方面发挥了重要作用，部分试点地区还提前实现了减排目标。例如，深圳纳入碳排放权交易的 635 家企业在 2013 年二氧化碳排放量比 2010 年下降了 11%；北京纳入的重点排放单位 2013 年二氧化碳排放量比上一年下降约 4.5%，全市 2013 年二氧化碳排放强度同比下降 6.67%，超额完成了 2.5% 的年度目标。

3. 建立了坚实的测量、核查和报告制度

可测量、可报告和可核查（MRV）是碳排放权交易的难点问题，也是建立完善的碳市场环境体系的重要内容，各试点地区都制定了温室气体排放测量、报告与核查制度，建设了排放信息电子报送系统、遵约登记簿、交易所和交易系统，为碳排放权交易制度的实施打下了坚实的技术基础。其中温室气体排放的测量、报告与核查是重要基础性工作，各试点地区投入力量开发了分行业的核算报告指南或地方标准，规定对企业的历史和遵约年数据进行盘查或第三方核查。对第三方核查机构 / 核查员的准入设立标准门槛，实行备案和监管，目前合计备案约 87 家核查机构。试点地区的约 2 000 多家企业报告了近 5 年来的排放数据，较完整地揭示了企业和行业的排放状况与趋势，为应对气候变化决策、制定减排政策措施提供了技术支撑。

4. 采用历史法与基准线法分配排放配额

对参与试点的企业合理、科学发放碳排放权配额，是碳排放权交易市场能否成功的核心

问题，其难点在于，既要控制参与企业的碳排放，又要确保企业自身的成长与发展，各试点省市通过把自下而上收集企业排放数据和自上而下确定年度总量目标相结合的方式，制定了包括现有企业配额、新增产能配额和储备调控配额组成的配额总量，配额单位为吨 CO_2/CO_2 当量。各地区绝大部分初始配额被免费分配，广东和湖北尝试了拍卖方式。大多情况下，既有企业配额采用历史法分配，对电力、水泥等数据条件较好的行业采用基准线法，有地区还创新性地采用了竞争博弈法等，还有的地区对新增设施和产能采用较严格的产业先进值法来分配配额。这样做，既考虑到了企业发展的历史背景，也考虑到了技术进步的各种因素，通过碳排放权配额的发放，既对企业形成通过减排实现发展转型的压力，又在一定程度上考虑到参与企业实现减排的可能性，为企业解决减排与发展的矛盾指明了方向。

5. 形成碳排放权交易市场、发现碳价格、创新碳金融

从试点地区通过建立七个交易平台，制定交易品种即地方配额和中国核证自愿减排量（CCER），规定交易主体（从遵约企业逐渐扩展到国内外机构和个人）及交易规则，引入碳金融，形成了日趋活跃的碳排放权交易市场。

2013 年 6 月 18 日至 2015 年 7 月 31 日，七试点地方配额累计交易量约 3 896 万吨（其中线上公开的占 82%，协议的占 18%），主要集中在湖北、广东和北京（占总量的 73%）；累计交易额超过 11.8 亿元人民币，主要来自湖北、北京和深圳（占总量的 73%）。期内地方配额全平均价格约为 30 元 / 吨，但在时间与空间分布方面差异较大。2014 年 6 月履约活跃期间，配额公开交易月平均价格约 46 元 / 吨，并呈现经济发达地区碳价高、欠发达地区碳价低的趋势（湖北最低为 23 元，深圳最高 72 元）。而 2015 年 6 月履约期间，配额价格大幅下跌，平均约 25 元 / 吨（天津最低 13 元，北京最高 44 元），其中重庆、广东、上海和天津月均价低于 19 元 / 吨。在一级拍卖市场，共累计拍卖了 1 664.3 万吨配额，成交额约 8.1 亿元，其中广东分别占 87% 和 95%，配额全平均价格约 48 元 / 吨。

部分试点还以地方配额或 CCER 为标的推出了碳质押、碳抵押、碳债券、碳基金和配额回购等碳金融产品和业务，得到投资者的认可，为活跃碳市场起到了积极作用。

6. 严格遵约制度及监管

对控排企业，各地要求企业在一个交易年度中提交排放监测计划、完成上年度排放报告，报告经第三方核查机构核查后，根据核定排放量进行上一年度的配额上缴履约，任何一个环节的违约都将依据地方法规或政府规章予以处罚。2014 年，有五个试点（北京、天津、上海、广东、深圳）完成了 2013 年度履约，履约率均在 96% 以上，其中上海达到 100%，北京依据地方法规对未按时履约企业处以数百万元罚款。2015 年，七个试点履约表现进一步提高，北京、上海、广东、湖北履约率均达到 100%，深圳、天津超过 99%，重庆初步统计

为 85.6%。

7. 利用中国自愿减排量（CCER）进行配额抵消

七个碳排放权交易试点均规定控排企业可以使用国家签发的 CCER 抵消其配额清缴，比例可占配额量的 5% ～ 10% 不等。各试点又进一步对 CCER 产生时间、项目类型、属地、温室气体类别等进行了限制，使控排企业对 CCER 的需求被动下降。据统计，截至 2015 年 7 月 31 日，CCER 累计交易量约 1 021 万吨，价格区间大致为 3 ～ 30 元 / 吨，除重庆外有 6 个试点使用了 166.5 万 CCER 进行履约。

8. 企业能力和意识显著提高

随着碳排放权交易制度的推进和深化，参与试点的企业单位在应对气候变化、减少温室气体排放、排放核算、碳资产管理等方面的意识、知识和能力得到明显提高。碳排放权交易制度使企业必须科学管理并采取技术或市场手段控制温室气体排放，企业也努力加强内部管理及提升技术水平，加速其走向低碳化发展道路，带动社会产业转型。

9. 碳排放权交易相关服务业快速发展

碳排放权交易试点的实施带动了环境产业、咨询服务、碳金融服务、金融创新等领域的发展，吸引资金参与减排，创造就业机会和提高经济增长，为增强应对气候变化的行动注入了活力。试点地区也涌现了一批相关的专业机构和人员从事与碳排放权交易相关的咨询服务，使中国低碳产业服务水平得到提升。

10. 探索区域碳市场

部分地区在全力实施碳排放权交易试点的同时还发挥了典型示范作用，带动周边地区熟悉并探索碳排放权交易制度，开展跨区域碳市场合作。如 2014 年底，北京市启动了与河北省承德市以及内蒙古呼和浩特、鄂尔多斯市的京冀、京蒙跨区域碳排放交易试点，承德市 6 家水泥企业、减排项目纳入了北京碳市场；深圳与内蒙古包头市、江苏淮安市在碳排放权交易能力建设、建立并连接区域碳市场方面进行了实质性合作。

二、存在的问题

1. 法律体系尚不健全

碳交易政策的实施需要法律依据和保障，但地方试点普遍面临碳交易政策的强制性和约束力较弱的问题。仅少数地区出台了法律效力高的人大决定，多数地区的碳交易地方规章法律位阶较低，效力有限，对违规和未遵约主体的处罚力度不强，难以对市场主体形成足够的约束力，为执法带来挑战。

2. 总量设置宽松，难以形成真正的市场氛围

碳总量控制与交易制度在我国尚属新生事物。试点地区在总量目标、覆盖范围、配额分配、排放数据等关键领域缺乏基础数据、理论方法和技术支撑，使体系设计存在一定缺陷，特别是在配额总量制定和分配上不确定性明显。由于缺乏数据和基础性研究，以及为减少实施阻力，多数试点对配额总量设定较宽松（仅少数试点配额分配较严格或在配额宽松时进行事后调节），2014 年和 2015 年两年经济下行导致配额进一步过剩，致使 2015 年配额价格出现较大幅度下跌。缺乏调节机制的“量化宽松”对政策的环境效果和碳价都产生了负面影响，通过交易发现碳排放权价格的作用有限。又加之部分试点省市对违规和未遵约企业的处罚力度不够，难以对碳排放权交易的市场主体形成严格的法律约束力。

3. 政策缺乏稳定性和透明度

碳排放权交易市场是政策产物，政策制定、变动和行政干预等都将对碳市场供需关系、碳价格、交易活动等产生直接影响。试点地区在实施过程中边干边学，不断修改政策和规则（如拍卖机制、CCER 使用规则等），但有些措施对碳市场基本面产生了较大负面影响，挫伤了市场参与者的信心。另外，控排企业、投资机构和个人等市场主体难以从公开、透明的渠道获得配额总量及分配、MRV、拍卖定价、交易数据等基本面信息，加之规则频繁变动，国家政策预期不明朗，这也使碳市场成为“高风险”领域，显著降低了市场主体的参与度。

4. 市场化程度不高，交易活跃度有限

碳排放权交易政策的目的是发挥市场机制在资源配置上的优势，通过市场发现碳价格，促进企业和社会以低成本实现减排。试点过程中政府在参与主体、碳价制定、拍卖机制、交易规则、甚至买卖方交易等方面干预较多，致使碳排放权交易市场化程度不高。另外，市场和价格分散、交易平台过多、信息不透明以及受限于国家其他涉及碳现货交易规则政策影响，导致碳市场交易规模有限、活跃度不高、效率低下。排放权缺乏统一属性界定还会引发法律和财务风险，进一步阻碍了碳市场健康、可持续的发展。

5. 监管体系不完善

碳排放权交易的监管对象主要包括控排企业、第三方核查机构和交易机构等。由于相关法规、实施细则的缺位、部门权力交叉以及人力、物力方面的限制，使各试点碳排放权交易主管部门监管能力有限，特别容易造成对第三方核查机构和交易机构的监管不到位。核查机构的运行，无论是政府购买服务还是市场化运作都因为利益关联影响了核查工作的独立性

和准确性。对于交易机构的交易系统不完备、内部管理制度不健全等因素造成的市场实时交易情况、交易复核、信息披露等方面的缺陷，政府也存在一定的监管缺失。

6. 社会和企业缺乏相关意识和能力

碳排放权交易是新生事物，试点地区多数企业缺少管理碳排放的能力和意识，还有少数企业（包括央企）甚至抵触碳排放权交易，增加了政策实施难度。另外，企业报送排放信息、减排措施的策划与实施、排放核查、碳资产管理、碳金融、碳排放权交易咨询等都需要专业知识与服务。虽然试点地区已经培育出一批相关机构和人员，但仍然非常缺乏足够、合格的专业咨询、核查机构和人员应对当前以及未来的碳排放权交易市场。

7. 试点向全国过渡面临挑战

2016 年中期试点结束后如何向全国碳排放权交易体系过渡牵动着各利益方的关注与担心，主要包括：①由于试点地区的 MRV 规则、登记簿和交易系统各具特色，没有统一标准，即使出台了国家碳排放权交易体系的技术和标准体系，仍存在如何相互融合的问题；②对于已建设的基础制度与设施，如何避免不必要的资源浪费；③企业和地方政府 2016 年仍未使用的地方配额能否转换成国家配额；④ 2016 年后试点相对广泛的行业和企业参与方是否继续纳入碳排放权交易体系等问题。这些涉及企业和地方政府切身利益的问题如不尽早解决，将增大试点地区开展工作的难度，影响全国碳市场平稳运行。

三、对建设全国碳排放权交易体系的建议

碳排放权交易试点两年来的运行既有成功的经验、好的做法，也暴露出一些问题和难点，这也正是试点的目的所在。我们认为，通过七省市碳排放权交易试点证明，基于总量控制的碳排放权交易制度在中国是可行的。但建设全国碳市场是一项复杂、艰巨和长期的工作，至少应在以下七个方面吸取试点的经验和教训，加强各级机构的重视和投入，使碳排放权交易制度发挥应有的作用。

1. 立法先行

与试点阶段相比，全国碳市场的市场主体更复杂、覆盖范围内区域经济差异更明显，治理难度进一步增大，通过法律手段规范碳市场行为、降低碳市场管理成本的重要性越来越明显。因此国家应提升碳排放权交易法律位阶，尽早将 2014 年 11 月发布的部门规章《碳排放权交易管理暂行办法》提升至国家法律法规，明确碳排放权交易市场各方的法律责任，特别是碳排放权交易的碳排放总量的制定、企业碳排放权配额发放、遵约机制及其相应的奖惩制度建立等，为全国碳市场建设构建更完善的法律基础。

2. 注重数据基础和技术支撑

试点经验再次证明，总量控制下的碳排放权交易体系不仅需要严格的政策法规，更要有强有力的技术基础支撑，特别是 MRV 制度的建立与完善才能有效运行。设计合理、可操作性强的碳排放权交易制度的前提是掌握真实、准确的排放源情况，因此数据基础至关重要，是政策成败的重要因素之一，特别是地方排放清单、企业排放数据、能耗和经济等基本数据对总量制定、覆盖范围、配额分配的科学性、准确性、合理性起着决定性作用。在全国碳市场的初期设计阶段，最基本工作应该是建立科学的标准、理论方法和工具等技术支撑，通过自下向上和自上而下的不同途径，摸清国家、地方和企业的排放历史、现状和趋势，提高数据质量，为全国市场的总量制定和配额分配以及未来的履约打好基础。

3. 合理设计管理制度

从管理角度看，以行业和企业为管制对象的总量控制与交易制度与中国现有的属地化分级管理行政体制存在一定矛盾。要使碳排放权交易制度成为可操作的政策工具，且既要达到环境效果又要符合我国的行政管理体制，就必须合理设计全国的碳排放权交易管理制度。中央政府、省级政府、控排企业的三级管理制度可能成为全国碳排放权交易制度管理的基础框架，其中提高省级政府的积极性、赋予其重要的监管责任将有利于政策落地并得到有效实施。配额分配与管理需要与三级管理制度相匹配，形成全国总量、各省总量和企业配额的分配路径。为了保证科学性和环境效果，配额分配须根据国家清单、地方清单和企业历史排放情况综合制定。

4. 严格监管制度

相对于试点碳市场，未来全国碳市场由于规模扩大、市场主体类型增多、交易产品丰富、参与者利益诉求多样化，因此市场操纵、内幕交易等恶意市场行为出现的可能性将增大。政府应未雨绸缪，完善监管体系建设，提升碳市场监管执行力度，出台兼指导性与操作性的相关规范性文件，并对碳质押、碳期货等新兴碳排放权交易产品建立跨部门监管。此外，政府还应加强对核查机构的管理，通过明确业务范围、提高准入门槛、建立自律协会等措施提高对企业和核查机构的约束力。并通过权威的信息披露制度提高全社会的监管，将企业不遵约行为纳入征信系统，以提高政策的强制约束力。

5. 培育良好市场环境

试点经验证明，交易市场高度集中、统一，政策稳定、可预见和透明对建设公平、公开、可持续发展的碳市场至关重要。全国碳市场的建设应将现有七个交易平台逐步整合为 1 ～ 2 家全国性交易所，统一交易品种，加强部门间协调，改进交易规则，适时增加碳期货等衍生交易产品。政府应优化碳市场管理模式，明确其在碳排放权交易中的责任和作用，减少政府直接干预市场，保持政策的连续性和稳定性，降低政策风险。政府应推动碳排放权交易体系信息披露、信用平台等配套机制的建设，构建公开、公正、透明的碳市场交易环境。

6. 促进试点顺利向全国市场过渡

几年来试点地区协同各方面力量，投入大量资源、人力和物力建立实施碳排放权交易制度，为应对气候变化的体制机制创新做出了重要贡献。国家应保护试点地区的积极性，促进七试点以较低成本、较优路径完成向全国碳市场的过渡，包括承认地方配额，充分利用现有的软硬件设施，鼓励试点地区结合全国碳市场建设思路进行制度创新、产品创新，并起到带动周边及将全国碳市场初期计划推出的产品或改革措施在试点地区先行先试起来。

7. 加强资金投入和能力建设

碳排放权交易制度建设是复杂的系统工程，需要巨大的资源投入。实施效果好的试点无一不是付出了巨大的人力和物力。全国碳市场的建设需要大规模的资金投入和专业人员参与。此外，需要进一步、大范围、长期地开展应对气候变化和市场机制的宣传、教育和培训，使碳排放权交易制度的实施建立在广泛的社会认知和舆论支持的基础上。

市场化的核查制度与碳市场健康发展

张　昕　国家应对气候变化战略研究和国际合作中心 CDM 项目管理中心 / 碳市场管理部副主任、研究员

摘　要：在比较分析政府出资核查机制和核查市场机制特点的基础上，提出核查市场化是以市场功能代替行政功能的机制体制创新，是通过建设统一开放、竞争有序和诚信守法的核查市场机制提升核查服务水平，确保核查效率和质量。为构建行之有效、切实可行的核查市场机制，针对主管部门、核查机构和重点排放单位提出相关政策建议与措施。

关键词：碳市场　核查制度　市场化　建议措施

科学高效的碳排放核查机制不仅是碳排放权初始分配和交易的基础，同时还是碳资产精细化管理、节能减碳策略制定、碳排放权履约的重要支撑。碳排放核查的质量和效率决定了碳排放权交易市场的减排成效，是碳排放权交易市场健康发展的核心要素。七个试点碳交易省市中，北京、深圳尝试实施碳排放核查市场化，此举引起了广泛关注。本文将从以下几个方面浅述核查市场化将如何影响碳市场的健康发展，以及如何建设核查市场机制。

一、政府委托核查机制与核查市场机制

天津、上海、湖北、广东和重庆试点碳市场采用“政府委托核查”的方式开展碳市场重点排放单位二氧化碳排放核查。政府委托核查机制是由试点省市碳交易主管部门组织核查机构开展重点排放单位碳排放核查，统一分配核查任务，并向核查机构支付核查费用的一种核查模式。这种核查模式的显著特点是它的非营利性，同时重点排放单位不能自主选择核查机构，政府财政负担核查费用。

在碳市场建设初期，特别是核查能力较弱的情况下，采用政府委托核查机制开展碳排放核查工作有助于提高重点排放单位接受核查的积极性、增强重点排放单位对碳市场建设的信心、确保核查质量和效率，对碳市场发展具有积极推动作用。但是不难预见，长期采用这种机制开展核查工作，不但可能使政府财力不堪重负，还可能出现核查服务供给不足或核查服务政策性垄断等情况，从而导致核查质量和效率降低。

核查市场机制就是采用市场机制优化配置核查资源，发挥管理部门的监管作用，重点排放单位可自主选择具有资质的核查机构并向其购买核查服务。核查市场机制是以优质核查服务为导向，以竞争机制为手段，以形成合理的核查服务价格为基础提高核查效率，确保核查质量。就管理部门而言，核查市场机制能促使管理部门从微观的、具体的、事务性的核查工作中解放出来，将工作重点聚焦在加强核查制度建设和核查监管方面，既缓解了核查工作对管理部门的压力和依赖性，又减轻了政府财政负担，还有助于防止权力寻租和腐败。就核查机构而言，核查市场机制将成为不断推动核查机构主动提升业务能力、增强核查责任感的长效动力，同时还将有利于消除核查市场垄断、降低核查服务成本，并以优质服务创造可观的经济效益。就重点排放单位而言，核查市场机制将强化重点排放单位碳减排和碳资产管理意识，推动其实实在在地实施减碳计划。由此可见，核查市场机制不仅将为建立科学高效的碳排放核查机制创造有力的客观条件，还会使改善核查工作环境、确保核查质量、优化核查成本成为参与核查各方的自主要求。

二、建设核查市场机制

核查市场机制是一项体制机制创新，目前缺乏成熟的理论支持和具体可行的运行办法。如果不能有效地规范和监管核查市场，加之核查机构缺乏严格自律，可能会导致核查机构忽略社会责任和公共利益，引发无序竞争，导致核查市场混乱。管理部门、核查机构和重点排放单位都应为核查市场化作出积极努力，通过政府权威和市场机制之间的优化复合配置，以更高效、更经济的方式实施碳排放核查。

1. 核查市场机制不是核查责任市场化，管理部门更要强化责任

推行核查市场机制，管理部门非但不能“弃责”，还要强化责任，管理部门既要为核查市场建章立制，又要加强核查市场监管，保障核查市场健康、有序运行。

首先，管理部门是核查市场规则的制定者。一方面，管理部门要制定严格的核查技术标准和核查机构管理办法，要建立健全重点排放单位温室气体直接报告系统和排放核查数据库，协调各部门积极探索利用云计算、大数据信息技术建立核查信息平台和共享机制，高标准严要求培育和遴选核查人员与核查机构，建立核查报告抽查制度。另一方面，通过建章立制规范市场运作，例如，建立公开、公平、公正的核查市场招投标机制和严格的抽查复核制度，防范出现恶性竞争、暗箱操作、随意违约、重点排放单位与核查机构弄虚作假等不良市

场行为，为核查服务市场发展创造良好环境。最后通过建立完善的核查市场监管政策法规体系，使管理部门行为法制化，防范管理部门出现腐败和权利寻租，防止过度干预核查市场运行。总之，建章立制要结合实际，要有针对性，以预防问题为主，要注重时效性和长效性。

其次，管理部门是核查市场的监管者。管理部门应以核查市场的突出问题为导向，加强依法监管，加强事前管理，建立监管责任制和成效考核机制。切实落实监管清单任务和责任，提升监管成效，扎扎实实监管核查市场。同时，管理部门还应与监察、审计、税务等多部门形成协作联动机制，防止政出多门，减少监管层级，提高监管效率。另外，还应建立统一、开放的社会征信系统，充分发挥行业协会等社团组织自律和监督作用，充分发挥公众和媒体的监督作用，形成政府各部门、社团、公众、媒体共同参与的多元监管体系。

2. 核查市场机制的核心是核查服务市场化，核查机构必须致力于提升核查服务质量

不断提升核查服务质量是核查市场化的第一要求。核查服务质量优劣主要取决于核查数据的科学性、准确性、真实性和及时性，提升核查机构服务质量的核心要求就是提高核查数据质量。为了提高核查数据质量，除了管理部门定规矩、严监管外，核查机构和重点排放单位都应责任到位，积极作为。

核查机构要为提升核查服务质量练内功、严自律。核查机构要完善内部核查数据质量管理制度和技术规范，不仅严格按照技术标准开展科学化、规范化核查外，还要坚持独立核查，做到“应核尽核，核全核准”；此外，还要注重源头数据核查，加强内部审核和交叉核查。另外，核查机构要注重加强和持续深入能力建设，加强岗位培训，不断提升专业人员业务素质，注重加强核查硬件设施建设和条件保障。核查机构还应认真做好行业自律，形成自我约束、自我监督和自我保护机制，以提高核查服务质量为核心，以优质服务求发展。

3. 核查市场机制服务对象是重点排放单位，重点排放单位必须建立健全排放管理机制

核查市场机制服务对象是重点排放单位，为了提升核查服务质量，重点排放单位必须建立健全内部碳排放管理机制，注重排放监测体系建设，注重排放数据库建立。重点排放单位应设立专人专岗管理碳排放监测工作，做好监测计划，严格执行监测计划，做好排放核算。同时，在做好排放核算的基础上，重点排放单位还应建立企业内部核查制度，开展内部排放核查工作，并做好与核查机构的对接，协调好企业内部各部门积极配合排放核查。

总之，核查市场机制是以市场功能代替行政功能的机制体制创新，是通过建设统一开放、竞争有序和诚信守法的核查市场机制提升核查服务水平，确保核查效率和质量。核查市场机制是温室气体排放核查机制的发展趋势，也将是碳排放权交易市场机制建设的重要内容。尽管目前核查市场机制建设基础薄弱，不仅尚未出台相关政策法规和技术规范，核查市场也还没有培育起来，但是，我们仍需进一步解放思想、攻坚克难、大胆实践，积极探索出一条适合我国国情的碳排放核查市场机制。

温室气体自愿减排交易现象与思考

张　昕　国家应对气候变化战略研究和国际合作中心 CDM 项目管理中心 / 碳市场管理部副主任、研究员

摘　要：本文综述了我国温室气体自愿减排交易市场发展概况，总结分析了交易中出现的问题，包括 CCER 供需不均衡、价格波动大，交易信息不透明、交易方式少、CCER 来源不均衡、可参与履约的 CCER 相对较少等，并针对性地提出通过加强 CCER 备案管理、交易监管和交易市场流通等措施确保温室气体自愿减排交易工作健康发展。

关键词：温室气体　自愿减排　交易　政策建议

一、全国温室气体自愿减排交易市场概况

2015 年是温室气体自愿减排交易机制建设具有里程碑意义的一年。首先，通过各方大量艰苦、细致、探索性的工作，打通了温室气体自愿减排项目与减排量备案、注册登记、交易流程。2015 年 3 月，广州碳排放权交易所完成了首单核证的中国温室气体自愿减排量（CCER）交易，交易量 20 万吨二氧化碳当量（tCO_2e）、交易额约 200 万元，拉开了我国温室气体自愿减排交易的帷幕。更为重要的是，2015 年 6—7 月，CCER 首次参与除重庆外的六个试点碳市场 2014 年度碳排放权履约。截至 2015 年 12 月底，全国 CCER 成交量约 3 300 万吨，略多于同期七个试点碳市场配额交易总量，CCER 交易额约 4 亿元。由此可见，我国已形成初具规模的 CCER 交易市场。

二、温室气体自愿减排交易存在问题

健康、有序的 CCER 交易既能体现交易主体的社会责任，又是排放配额交易的重要补充；反之，则可能会冲击排放配额价格，削弱碳排放权交易机制减排成效。然而，随着我国 CCER 交易市场快速发展，出现的一系列现象值得深思。

（1）**CCER 供需不均衡，价格波动大**

CCER 的市场需求除了自愿减排交易外，主要是用于试点碳市场碳排放权履约。就自愿减排交易而言，CCER 交易依赖于企事业单位、社会团体和个人的低碳意识，因此 CCER 自愿减排交易需求量不确定性较高，交易量相对较小。就用于碳排放权履约而言，CCER 需求主要取决于其用于履约的限定条件、碳市场配额总量以及配额分配的松紧程度。理论估算，七个试点碳市场每个履约年度 CCER 最大市场需求量分别从 250 万～3 700 万 tCO_2e 不等，总计 CCER 最大需求量约 1.18 亿 tCO_2e。截至各试点碳市场履约期末（2015 年 7 月底），可以用于履约的温室气体自愿减排项目约 32 个，CCER 总计约 470 万 tCO_2e。因此，理论上试点碳市场 CCER 可以说是供不应求。但是，由于近年来我国经济发展处于新常态，某些行业处于下行阶段，加之配额分配方法学固有缺陷凸显以及排放数据基础薄弱等，各试点碳市场不同程度地存在配额分配宽松现象，因此，实际用于履约的 CCER 需求较少。例如，七个试点碳市场在履约期前均未出现 CCER 供不应求现象，2015 年 5—7 月，七个试点碳市场 CCER 成交量分别约为 197 万 tCO_2e、330 万 tCO_2e 和 297 万 tCO_2e。2014 年度履约期内（2014 年 7 月至 2015 年 7 月），七个试点碳市场实际用于抵消的 CCER 约为 195 万 tCO_2e。就交易价格而言，能用于试点地区履约的 CCER 价格明显高于不能用于试点地区履约的 CCER 价格。可用于履约的 CCER 最高交易价格为 33 元 /tCO_2e，最低 3 ～ 4 元 /tCO_2e, 多数 CCER 交易价格为 10 ～ 20 元 /tCO_2e；不能用于履约的 CCER 价格多在 10 元 /tCO_2e 以下。由此可见，实际上试点碳市场 CCER 供大于求，不同质量的 CCER 价格差异明显，价格波动较大。

（2）**CCER 交易信息不透明，交易方式少**

目前，试点碳市场采用公开交易和协议交易开展 CCER 现货交易，其中以协议交易为主；因此，CCER 交易信息，特别是交易价格并不完全透明。这种不完全透明的交易方式，不仅不利于分析判断 CCER 供求和价格趋势，还不利于识别 CCER 交易风险，更重要的是，不利于监管 CCER 交易，从而可能对配额交易和碳排放权交易机制减排成效造成负面影响。例如，2015 年 11 月和 12 月，上海环境能源交易所 CCER 交易量分别约为 1 100 万 tCO_2e 和 680 万 tCO_2e，超过同期全国 CCER 交易量的 80%，约占全国全年 CCER 交易量的 50%，但由于每笔交易具体情况和价格不明确，CCER 交易价格估计在 10 ～ 20 元 /tCO_2e 之间浮动。值得注意的是，同期上海碳市场绝大多数交易日配额价格仅为 10 元 /tCO_2e 左右，并长期有价无市，由于没有配额交易，配额价格一度甚至低于 CCER 价格。这种短期内 CCER 交易量呈“井喷式”增长、交易价格大幅波动是一种不正常现象。CCER 交易在一定程度上会影响配额交易需求和价格，不正常的CCER交易甚至可能会导致配额交易市场失灵，直接冲击碳排放权交易机制的减排成效。

（3）CCER来源不均衡，可参与履约的CCER相对较少

截至2015年底，获得备案的温室气体自愿减排项目多数来源于第一类项目和第三类项目，这些项目主要来自新疆、湖北、云南和内蒙古等中西部省区；其覆盖的16个专业领域中，可再生能源类项目数量超过全部项目总数的80%，其中风力发电（38%）、光伏发电（17%）、甲烷/沼气利用（14%）和水力发电（10%）项目数量占据前四位。CCER总量最大四类项目分别是风力发电（31%）、水力发电（28%）、生物质利用（10%）、甲烷/沼气利用（8%），而造林和再造林、废弃物处置、交通运输、建筑行业项目及其减排量等相对很少。另外，根据试点碳市场履约抵消机制的规定，实际可参与各试点碳市场2014年度履约的CCER仅为约470万tCO_2e，约占全部备案CCER的23%，也集中在可再生能源领域。

三、相关建议

碳交易市场机制是体制机制创新，是复杂的系统工程，当前出现的这些问题是CCER交易市场发展的必然，既与CCER供给侧有关，也与CCER的需求侧有关。随着全国碳市场建设发力提速，重点排放单位、投资机构不但开发CCER热情不减，还积极参与CCER交易，加之几年来备案的CCER集中在2015年入市，引发了上述现象。因此，在现阶段仍必须从加强CCER备案管理、加强交易监管和加强活跃交易市场入手，推动CCER交易健康发展。

1. 加强CCER备案管理

目前，国家主管部门正在进行CCER备案管理和交易机制改革，修订了《温室气体自愿减排交易暂行管理办法》和《温室气体自愿减排项目审定与核证指南》，并且还将出台一系列关于温室气体自愿减排项目和减排量备案评估及管理工作的规章，它们将进一步完善温室气体自愿减排交易机制，加强事前管理和事后监管，简化项目备案和减排量核证流程，合理调控CCER总量和分布，提高CCER质量。另外，还应注重政策和技术规范的稳定性，并确保地方和央企能贯彻国家主管部门的意图。此外还应充分发挥CCER备案管理的导向作用，探索绿色融资渠道，合理引导资金流向低碳发展、农林碳汇等领域。

2. 加强CCER交易监管

①建立健全多元化CCER市场监管机制。CCER交易具有多样性的特点，首先是交易主体多样化，既有各类机构（包括重点排放单位），也可以是个人；其次是交易目的多样化，既可以用于完成社会责任实现整个社会的“碳中和”，又可以用于碳排放权履约，成为发展

碳金融和投融资的重要载体；再者是来源多样化，目前 CCER 来源于全国 30 余个省区市和 16 个专业领域，并且 CCER 产生的时间不同。

②必须建立多元化的监管机制。要实施对 CCER 的有效监管，必须在强化主管部门依法严格监管的基础上，同时建立社会征信体系，并充分发挥重点排放单位、交易所乃至社会团体、公众、媒体的监管作用，形成多元的监管网络。

③建立健全 CCER 交易信息披露机制。与其他大宗商品交易一样，CCER 交易也需要公开透明。为此可借鉴较为成熟的证券交易信息披露机制，建立直通的信息披露平台，即 CCER 交易信息披露机制。并要求 CCER 交易各方主动、及时、准确、完整地公开交易信息（受法律保护的商业机密除外），定期发布交易信息报告。

④建立健全市场风险防控机制。以全国碳市场建设为契机，结合全国碳市场风险机制建设要求，侧重加强对用于履约的 CCER 交易以及未来 CCER 金融衍生品交易的风险预警和应急机制建设。

3. 加强 CCER 交易市场流通

①合理制定碳排放权履约抵消机制条件。CCER 交易需求主要来自履约抵消，并且某种程度上 CCER 交易具有调节配额供需及其价格的作用。碳交易试点经验表明，科学合理、可操作性强的 CCER 履约抵消条件不但可以降低重点排放单位的履约成本，确保重点排放单位履约，活跃 CCER 交易市场，还可以带动配额交易。CCER 参与抵消机制条件，除了严格控制使用比例外，应较少限制其他条件，通过项目备案事前管理实现对 CCER 专业类型、地区来源、产生时间等的合理调控，使备案的 CCER 均可以参与交易。

②适时发展 CCER 金融衍生品。CCER 交易市场要真正活跃起来必须发展 CCER 金融衍生品。目前，CCER 是具有国家公信力的碳交易产品，潜在市场较大。另外，CCER 具有同质化、标准化、可分级（如分监测期、分项目）等特性，满足开发为期货等多种金融衍生品的要求和可能性。因此，可适时将 CCER 与传统的金融产品嫁接起来，发展为期货、绿色债券等金融产品，这将有助于活跃 CCER 交易，为 CCER 交易创造商机和利润，降低履约成本，并有助于碳交易风险管理，形成 CCER 交易与配额交易的良性循环。

③拓展 CCER 市场需求。尝试将 CCER 交易与扶贫、低碳技术推广、减缓气候变化等国家重大战略政策相结合，通过 CCER 交易引导资金和技术流向，既可扩大 CCER 的市场需求，又能推动生态文明等其他领域建设。

总之，CCER 交易是全国碳排放权交易机制的重要组成部分，有关部门应进一步深化温室气体自愿减排交易机制改革，完善 CCER 备案管理，杜绝制度风险，实现 CCER 交易精细化监管，防止市场风险，并积极探索 CCER 交易在市场机制减排和气候融资中的作用，推动全国碳市场健康发展。

我国碳交易信用体系设计初探

王际杰　国家应对气候变化战略研究和国际合作中心 CDM 和碳市场管理部研究实习员

摘　要：随着全国碳排放权交易体系启动日益临近，健全我国碳市场管理模式、厘清政府与市场的边界对进一步推进碳市场建设、提升碳市场效率具有重要意义。本文立足于试点碳市场发展情况及全国碳市场初步规划，探讨在我国碳市场建设中引入信用管理体系提升碳市场治理水平的可行性。

关键词：信用　监管　市场主体　管理成本

在资源约束趋紧、经济下行压力增大的新形势下，合理处理经济发展与生态文明建设之间的关系在我国经济、社会发展中的重要性显著上升。作为其重要的组成部分，建立碳排放权交易体系是我国探索利用市场机制促进节能减排、缓解环境压力的重要尝试。为提升碳市场运行效率及市场化水平，通过建立信用体系满足碳市场多样化需求、丰富碳市场治理手段成为推进碳交易体系的重要思路。

一、试点碳市场发展现状与问题

在国家与各试点省市发展改革委的大力推动下，碳交易工作取得了不俗的成绩，国家与试点层面的碳交易管理办法、交易规则等政策法规陆续出台，试点碳排放权交易平台与国家注册登记系统建设趋于完备，控排企业减排意识显著提升。从两年来试点碳市场整体运行情况来看，其交易品种逐步丰富，交易规模不断上升，截至 2015 年 5 月末，北京等七试点交易量已超 2 200 万吨，交易金额近 7.8 亿元[1]，活跃度日益提升的市场前景为碳金融业务的

1　根据北京等七个碳排放权交易所公开交易数据整理、统计。

开展奠定了基础；同时，各试点履约情况良好，履约率逐年上升，促进各试点省市碳排放强度下降目标的实现。

然而，试点碳市场运行情况也折射出碳交易管理体制所存在的部分问题。首先，碳交易法律体系不完备为碳市场监管与执法带来障碍，法律缺位与位阶的不足使政府部门对碳市场管理手段相对局限，对违约行为的处罚力度相对较轻；其次，当前我国碳交易政策连续性较差，政府部门对碳市场调控手段较为直接，碳市场透明度有限导致信息不对称程度较高，提升了碳市场交易成本，不利于形成稳定的市场预期；再次，碳市场自我管理能力有限，政府在市场秩序维护方面占据绝对主导地位，控排企业等相关利益方参与度不足；最后，政府对核查机构、金融机构等碳交易相关服务商的资质、准入条件等方面管理尚不完善，碎片化程度较高的行业特征及压价等恶意竞争行为的出现导致其所能提供的碳交易服务质量差异较大，直接影响到碳市场数据的准确性、真实性。

因此，优化碳交易管理模式、降低碳市场交易成本、提升市场自我管理能力应成为推动碳市场建设中的新方向，建立信用管理体系以完善碳市场治理模式不失为一种选择。

二、建立碳交易信用管理体系的可行性分析

从证券等成熟度较高、与实体经济关联较大的市场机制发展历程来看，随着其规模的逐步扩大、市场主体利益诉求差异化程度不断加深，利用信用管理以降低交易成本、提升市场主体地位成为其重要路径。碳市场与资本市场虽然在交易标的、方式等方面存在一定差别，但两者在机制运行与发展逻辑上却具有较强的相似性。因此，借鉴资本市场信用管理的模式以健全碳市场管理制度具有较强的可行性。

第一，信用管理模式的引入有助于丰富政府部门管理碳市场的手段，使其对碳市场动态变化及市场参与者长期表现的了解更为全面，提升碳市场精细化管理水平。国家与省级碳交易主管部门根据碳市场要素完成信用管理体系指标设计并出台相应的管理办法，并可利用该体系对控排企业、核查机构等碳市场参与者在市场行为合规、履约义务执行等方面的表现进行记录、跟踪。此举一方面保证政府能够及时掌握各企业及相关机构在碳市场中的即期违规行为，从而针对性地提出整改意见或采取惩罚措施；另一方面也将促进碳市场长期信用评价体系的形成，为政府部门制定长期的碳市场规划或中长期市场调控政策提供参考。

第二，政府部门能够通过信用管理手段提升碳市场参与者违约成本，使企业因在碳市场的违约行为所造成的影响外溢至其经营的其他领域，提升碳市场的制度约束力。在现代商业社会中，商业信用对企业、机构的经营活动与收益具有较大影响，关乎其融资、商务合作、项目申请等诸多领域业务的开展。在此情况下，碳交易主管部门可尝试在碳市场信用体系与银行业等商业信用体系间建立关联，利用该挂钩机制将企业碳市场违规信息共享至相关商业信用体系，从而使碳市场违规企业的商业信用评价受到直接影响，为其下一阶段融资等重要

经营活动带来阻力。

第三，信用管理体系的建设有助于提高碳市场透明度并明确市场主体地位，提升市场自主性管理可操作性，降低政府管理压力与成本。从碳市场发展现状来看，机制透明度有限既打击了控排企业等碳市场既有参与者的主动性，也降低了潜在参与者进入市场的可能性。在此情况下，引入信用管理机制将为碳市场参与者了解其他市场主体提供新的渠道，也为市场自我管理奠定了基础。一方面，金融机构、控排企业等参与者在决定大宗协议交易、开展碳金融业务时能够了解潜在交易对手的信用表现与评级情况，从而更为全面地进行风险评估；另一方面，信用机制将提高碳市场实施自我管理的可行性，为引入行业自律管理机制提供基础，其可根据企业的不良信用记录进行业务准入等针对性的处罚，保护协会内其他市场参与者的利益，从而维护合理的市场秩序及多数市场参与者的利益。

第四，建立碳市场信用体系能够增强媒体、社会组织、个人对碳市场运行情况的了解，为社会监督的引入奠定基础。公众参与及社会监督对健全碳市场监管体系具有重要作用，是政府、市场所开展的碳市场监管模式外的有效补充。在碳交易信用体系公开化程度较高的情况下，媒体与公众能够通过企业在碳交易体系内的信用记录来及时了解企业在碳交易体系中的表现，并诉诸新闻、舆论等公共传播手段对违规行为进行曝光，既增强了碳市场的社会影响力，让民众认识到减排与公共利益的关系，也使得企业面临较大的舆论压力，担心品牌价值受损而产生的损失。

三、我国碳交易体系信用体系设计思路

根据上文的分析，建立碳交易信用管理体系对于推进碳交易工作、提升碳市场效率具有必要性与可行性。结合试点碳市场近况及全国碳市场规划，可尝试通过以下举措完善碳交易信用管理体系设计。

（1）根据市场主体间交易行为、责任义务等方面的差异分类设计信用指标体系

国家碳交易主管部门在设计碳交易信用指标体系的过程中应充分考虑碳市场主体在定位、市场行为等方面的差异性，分类进行指标设计，建立信用管理体系。根据碳市场主体的行为特征，可将信用管理对象总体划分为控排企业、核查机构及其他市场主体三类。其中，控排企业是指满足国家确定的纳入碳排放权交易标准且具有独立法人资格的温室气体排放单位，这就使其既需完成履约要求，也可直接参与碳市场交易；核查机构是指经国家碳交易主管部门备案并按国家公布的核查指南开展碳排放核查工作的专业服务机构，应保证核查报告的真实性、准确性；而其他市场主体则包括非控排企业、投资机构、社会组织、个人等相关方，其参与碳市场的主要目的在于通过交易获取收益。针对以上不同类型的市场主体，将信用指标设计为履约类指标、核查类指标和市场类指标三个序列（见表 1），根据其定位与行为特征完成指标分配，并设定指标权重及评级规则。其中，履约类指标主要涉及履约完成情

况、监测报告及核算报告等文件提交及时性等，核查类指标则主要涉及核查流程规范性、核查数据真实性等，而市场类指标主要包括交易规模、市场参与度、交易合规情况、内幕交易等。

表 1　碳交易信用指标体系设计

主体类别	信用管理内容	主要指标
控排企业	侧重于控排企业所承担的减排义务与潜在交易需求，涉及控排企业履约情况（时间、完成度等）、交易合规、交易规模等	履约类指标 + 市场类指标
核查机构	侧重于核查机构执行核查任务的合规性，涉及核查流程的规范性、核查报告的真实性等	核查类指标
其他市场主体	侧重于其市场交易行为特征，涉及交易合规、交易规模、市场参与等	市场类指标

（2）信用管理体系运营、管理应与国家碳交易体系管理制度保持一致

信用管理体系的运营管理应充分利用国家与各省市碳交易主管部门间既有的管理与沟通机制，降低运营信用管理体系为政府部门所带来的成本。国家碳交易主管部门负责制定碳交易信用体系相关管理办法与细则，建立与运营相应的信用记录系统，整合与汇总全国碳市场信用信息，并与商业、金融等领域主管部委开展信用信息共享的部际合作；各省市碳交易主管部门则在国家碳交易主管部门的要求与指导下监管辖区内碳市场参与者行为，根据碳交易信用指标体系完成辖区内相关参与者的初步信用记录，并将相应信息上报至国家碳交易主管部门。

（3）强化市场自我管理能力，在政府部门监管下建立自律性行业协会

在碳交易信用基础的支撑下，自律性行业协会与评级机构将有效提升碳市场自我管理的能力，降低政府部门监管成本，提高企业、投资机构等相关方的参与程度与意愿。国内外资本市场的治理经验已经反映出自律性行业协会对规范市场运行秩序所具有的重要作用，其能够促使市场自发约束不利于市场发展的违规行为，并相对政府监管而言具有更高的市场敏感度。由于碳市场与资本市场在运行逻辑上具有高度的相似性，在政府部门指导下成立自律性行业协会也有望在碳市场监管与调节领域发挥重要作用。在交易信息与信用信息的支撑下，其能够通过设置行业门槛等方式有效约束投资机构、核查机构等市场参与者的违规行为，并根据协会规定对违规会员企业进行惩处。此外，由于行业自律协会仍受政府领导，其也能高效配合碳市场调控等政府行为。

（4）建立信用信息公开平台，提高碳市场透明度及社会关注度

国家碳交易主管部门可通过建立信用信息公开平台的方式，通报碳市场推动工作最新进展与控排企业等碳市场参与者的违规行为，增强碳交易主管部门与公众的互动性。此举将拓宽社会对碳市场信息的获取渠道，有利于利用公共传播手段提升对碳市场违规企业的舆论压力，为其品牌等无形资产价值带来影响，提升其违约成本。此外，该平台的建立也将起到政府部门与民众沟通窗口的作用，有利于加强碳市场、低碳生活等概念的宣传。

四、我国碳交易信用管理体系框架设计

结合碳市场现状及上文分析，可初步设计如图 1 所示的碳交易信用管理体系，其既利用我国碳市场现行管理体制中发改系统所具有的各项职能及沟通机制，也通过开展部门间合作的模式拓展碳交易信用信息的社会影响力。

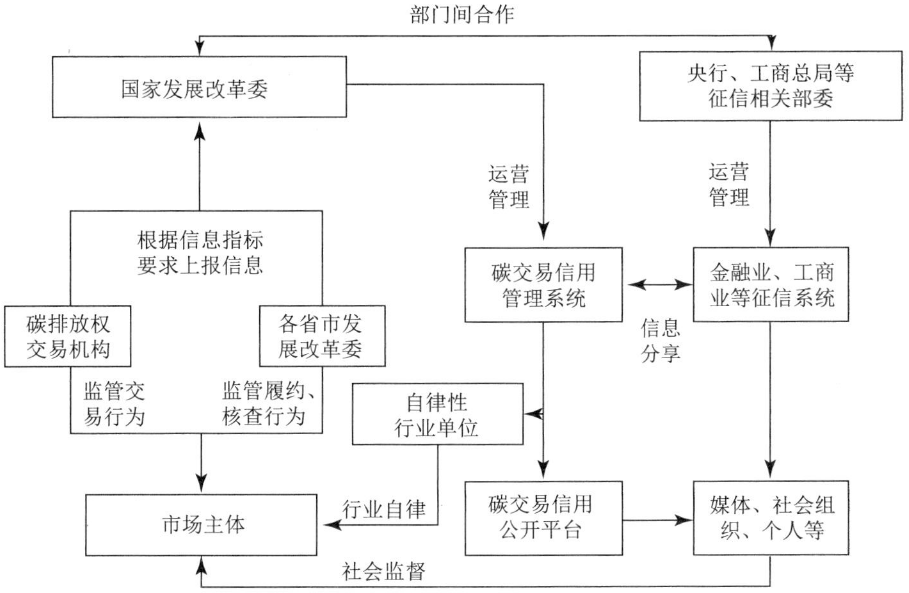

图 1　我国碳交易信用管理体系整体框架

在此框架下，国家发展改革委是碳交易信用管理体系的主管部门，负责完成体系设计、规则制定、运营碳交易信用管理系统、拓展部际信用管理合作等工作，监管自律性行业协会的建立与运营，建立碳交易信用信息平台；地方发展改革委及经备案的碳排放权交易机构需按要求跟踪、记录辖区内市场主体的信用表现，完成信用指标更新，并及时报送至国家发展改革委；自律性行业协会则可根据国家发展改革委公开的信用信息及协会管理章程对违约主体进行处罚。

一旦该信用管理体系得以建立，我国碳市场治理体系将有效地纳入政府、市场、社会与个人等碳市场相关方，信用信息的流动使其可根据各自不同的定位发挥碳市场监管职能，从而使我国碳市场监管体系的架构更为立体与完整，并促使既有的碳市场监管权分配模式由政府部门向市场、社会转移，既有效地降低政府监管成本，也将提高碳交易市场化水平，保证正常的市场秩序。

国外碳排放权交易与碳价波动对我国的启示*

刘长松　国家应对气候变化战略研究和国际合作中心战略规划部助理研究员

摘　要：国外碳排放权交易实践表明，初始碳排放配额采取免费分配办法，但由于宏观经济形势与能源结构变化往往导致排放控制目标约束力下降，政府的不合理干预也会导致碳价出现较大波动。当前，我国碳排放权交易正处于试点阶段，同时明年将建立全国碳市场，国外同行的经验与教训是我们设计碳市场制度时应充分借鉴的，目的在于推动我国碳市场的健康发展。

关键词：碳排放权交易　碳价波动　启示　对策

2013年以来，深圳、上海、北京等七省市先后启动了碳排放权交易试点，试点省市排放配额分配主要以免费发放为主，其根据是我国能源价格由政府制定，企业没有定价自主权，不能转嫁碳排放成本，免费分配有利于稳定市场预期，降低引发通货膨胀的风险。但从国外碳排放交易实践来看，免费分配会产生诸多问题，本文将就国外碳排放权交易中配额分配与碳价波动的相关问题进行深入分析，并对我国碳市场制度建设以及碳价管理提出科学的对策建议。

一、碳排放配额分配的经济学分析

碳排放配额源于法律层面对排放权的界定。美国在1990年《清洁空气法》修正案中对排放权做出明确界定：排放权不是财产权，而是一种有限的政府授权。为了公众健康和社会福利，在特定条件下可对排放权的使用做出限制或修改，并允许在法律框架下进行排放权交

* 原文刊载于《中国物价》2015年第9期。

易，从而确立了 SO_2 排放交易的法理依据。

按照经济学原理，如果某种物品没有价格，就不能得到充分有效地利用，对碳排放配额进行分配与交易目的是对碳排放进行定价，使企业由免费排放向付费排放转变，推动建立减碳的经济激励机制。由于企业无偿获得碳排放配额，免费发放配额不能使企业面临控排压力，也缺乏投资低碳技术的积极性。同时，通过碳排放权交易，碳排放配额具有了市场价值与资产属性，政府免费分配碳排放配额实质上是在补贴企业。但与此同时，免费分配配额会导致很多经济扭曲：如为获取更多补贴，企业有动机夸大历史排放进行数据造假，借此获得更多收益。在当前企业历史排放数据不完善的情况下，由于政府和企业信息不对称，势必会导致碳排放配额超发，进而导致碳价保持在较低水平，碳价过低则难以发挥市场价格信号、经济激励与投资引导的功能，削弱了碳市场的有效性。

免费分配碳排放配额不仅会造成市场扭曲，也会推动能源产品和服务价格上涨。对于能源企业特别是垄断型能源企业通过倒卖排放配额不仅自己可以获益，同时会导致通过提高终端消费者的能源价格来转嫁碳排放成本。因此，通过免费配额促使生产者不提高产品价格的想法是不切实际的，可行的做法应是拍卖碳排放权获得一定的收益，并将所得收益弥补消费者因价格上涨造成的福利损失，进而实现碳交易的社会福利中性。综上所述，避免排放配额的免费分配，通过拍卖或有偿分配，有利于缓解免费分配引发的市场与道德风险，同时促进企业提供真实、准确的排放数据，有利于提高碳市场的有效性。

二、国外碳交易实践与价格调控

1. 国外碳交易实践普遍经历了碳价的较大波动

欧盟排放交易体系（EU-ETS）作为世界上最大的碳交易市场，自成立运行以来，经历了两次大的价格波动：一次是 2008 年碳价几乎崩溃，另一次是 2012 年以来碳价一直在低位运行，从 2011 年的每吨 20 欧元下降到 2013 年的 5 欧元，随后维持在 4 ～ 5 欧元水平，2014—2015 年基本在 7 ～ 8 欧元。据有关部门研究，碳价只有保持在 30 欧元左右，才会对企业生产与低碳发展产生实质性影响，显然目前碳价水平过低。欧盟各成员国对排放配额的分配以及“折量拍卖”的协商进展缓慢[1]，进一步加剧了碳价的不确定性。鉴于此，英国经济学家杂志甚至认为 EU-ETS 事实上已经破产，但无论怎样，在未来很长一段时间，EU-ETS 无疑将处于不确定状态甚至在混乱当中。分析碳价波动的原因，无非在于：一是经济衰退导致配额需求下降；二是碳排放配额供给过度，例如 EU-ETS 第一期估计超发 15 亿～ 20

1 欧盟各成员国相互竞争使配额超发非常严重，虽然欧盟意识到这个问题，并试图抽走市场多余的配额，禁止部分配额折价销售，但这会影响部分成员国的利益，国家之间的协调非常困难，欧盟难以从整体层面上提高减排目标，以彻底解决这个问题。

亿吨。未来，欧盟如何改革碳交易制度以提振碳价将会在世界范围内产生影响。

EU-ETS 价格崩溃充分说明配额分配对碳价具有决定性影响，而碳价大幅波动则会给碳交易市场带来较大风险，导致碳市场难以作为稳定、可靠的市场融资来源；同时，如果低碳投融资决策缺乏依据，社会资金也难以投资于节能减碳。然而，对于碳价过低的后果仍存在不同认识：有人认为碳价过低意味着碳市场的失败，但哈佛大学教授 Robert Stavins 认为这是对总量控制与交易市场的误解，低价格本身不是问题，重要的是总量控制与交易市场的制度设计，要看碳市场的风险防范机制是否完善。

世界范围看，不仅欧盟碳价经历了较大波动，美国也是如此。区域温室气体行动 (RGGI) 是美国第一个总量控制型排放交易市场，该市场于 2009 年开始运行，目前该市场只限于电力行业，涵盖美国 10 个州约 211 个发电厂，纳入的 CO_2 排放占该区域 CO_2 排放总量的 21%，其减排目标是到 2018 年将电力部门排放量减少 10%。RGGI 吸取了欧盟的教训[2]，初始排放配额分配以拍卖为主，并将拍卖所得投入节能减排和新能源领域，推动降低终端能源消费和创造就业岗位。由于电力市场不参与国际市场竞争，没有产业保护方面的问题，同时还促进了拍卖制度的实施，由于行业接受统一的排放约束，以及统一的配额分配和交易规则，因此具有较好的公平性。从目前全球发展趋势来看，配额拍卖将逐步取代免费配额分配，例如 EU-ETS 第二阶段和第三阶段就已提高了配额拍卖的比例，尤其是在电力行业。

尽管拍卖配额的办法有助于稳定碳价，但它也容易遭致企业反对。与欧盟一样，美国工业部门普遍反对配额拍卖制度。在美国，首先纳入碳市场的是电力行业和大型工业企业，后逐步扩展到交通运输、天然气及其他能源行业。由于企业反对，最终加州选择免费和拍卖相结合的方式来分配配额。为避免工业转移排放以及市场竞争的不利影响，工业行业和电力输送部门的排放配额是免费获得的。在加州，碳交易市场涵盖了全州共 350 个行业的近 600 家企业，占加州温室气体排放总量的 85%。

2. 碳价大幅波动的深层次原因

碳交易初始配额分配多采取免费。在总量控制与排放权交易市场体系中，总量目标设定普遍没有对企业排放形成有效约束，造成这一问题的主要原因在于政府和企业之间信息不对称，初始配额免费分配易引发配额过剩，使得在企业既有的技术条件下，不用经过努力就可以实现排放目标。初始配额供给过剩给碳市场的运行带来很多负面影响：碳价大幅下跌、企业减排努力减弱以及碳市场未来前景不确定等。

EU-ETS 的实践表明，初始配额免费分配存在很多弊端：EUA 价格在分配初期大幅走高，意味着排放企业得到了大笔“意外之财”。“意外之财”取决于配额的机会成本（Opportunity Cost，配额所应该具有的市场价值）与排放企业的获得成本（Acquisition Cost，管制对象为

2 电力行业在 EU-ETS 免费分配初始配额时获取了大量的“意外之财”（windfall profit），将排放配额的市场价格转嫁给下游终端电力消费者，而消费者本身不会得到碳市场的任何补贴。

获得配额所支付的成本）之差，在免费分配的情况下企业初始配额获得成本是零，因此配额免费分配相当于凭空给企业带来“意外之财”。与此同时，企业通过上涨能源及相关产品价格将排放成本转嫁给终端消费者，而终端消费者没有得到任何形式的补贴。但碳排放权交易初期采用免费分配配额也有一定的客观原因：一是不会直接增加在位企业的成本，给在位企业提供一定的缓冲期，以调整能源结构和改进节能减排技术；二是可以使参与国际竞争的行业在全球市场上保持竞争优势；三是可以防止在位企业转移排放，有利于提高碳市场的环境有效性；四是采用免费分配有利于获得企业对碳交易的支持，便于推进相关工作。

宏观经济形势和能源结构变化导致排放控制目标宽松，推动碳价大幅波动。碳排放总量控制与交易市场，如果设计、执行和实施得当，可以以较低的成本实现排放总量控制目标：即如果总量控制目标过于宽松，显然达不到限制排放的目的；目标过于严格，会对企业生产和人民生活造成较大不利影响。合理的总量控制目标既要考虑经济、企业与社会的可承受度，又要实现既定的减排目标，还要考虑到配额分配的公平性问题，因此总量控制目标设定是多目标决策及平衡问题。

通常，排放总量目标设定依赖于模型预测，由于经济增长率、行业产出水平预测存在较大的不确定性，一些外生变量和突发因素无法在事先充分估计，如经济下滑使制造业企业产出减少，从而导致排放量基准线预测与实际情况发生较大偏差。如美国 RGGI 东北部不受监管的电力部门由于受天然气在能源结构中的份额提高、经济衰退、工业和商业部门电力需求大幅下降、气候温和等使取暖和制冷能源需求减少等多种因素影响，导致其实际排放远低于事先设定的排放总量目标以及排放配额需求减少，此外，市场预期天然气价格下调等因素也加剧了碳价波动。

政府不合理干预加剧了市场价格波动。美国以 1990 年《清洁空气法修正案》为基础，推出了 SO_2 总量控制与交易市场，即“酸雨计划”。该计划的成功在世界范围内还是得到认可的，尤其是第一阶段，SO_2 排放量下降速度超过预期，取得明显的减排效果：2007 年，受限制污染源的二氧化硫排放总量首次低于“酸雨计划”的目标量，比 2010 年的官方期限提前 3 年，此后呈现继续下降的趋势；环境质量得到较大的改善，如 1995 年美国东部的酸雨出现次数减少了 10% ～ 25%，2003 年湖泊和溪流的酸污染情况得到有效控制。

尽管美国确实降低了 SO_2 排放量，但在“酸雨计划”实施二十年后，研究发现“酸雨计划”并不是导致 SO_2 下降的主要原因，原因是美国早期的铁路管制放松，铁路运输管制放开导致运输成本下降以及西部低硫煤代替当地高硫煤所致，因此，SO_2 排放下降是因为能源结构变化。这个结果虽然有点“歪打正着”，但政府在“酸雨计划”后来的实施中，不合理干预如法院判决和后续监管措施却导致了 SO_2 交易市场崩溃，这说明政府既可以创造市场，也可以破坏市场。同时，“酸雨计划”实践再次证明，免费分配配额会导致配额过剩，且导致配额价格较低。如果排放权初始分配存在结构性问题，当外部关联市场发生变化时，市场失灵就会加剧，有关部门应当从公平、减排压力适当、供求平衡等方面设定排放总量及配额分配方案，并从强化技术减排、增加市场透明度、设置调整机制等方面建立风险控制机制。

三、国外碳交易与碳价调控对我国的启示

1. 初始排放配额尽量避免免费分配

碳排放配额的初始分配是碳交易的前提，关系到整个碳交易市场的运行成效，乃至成败。碳排放配额的分配需要解决公平和效率两方面的问题，同时还有考虑排放配额分配对碳价的影响，以及对企业生产经营与投资决策的影响。国外实践充分表明，免费分配会导致配额过剩，应尽可能避免。在碳交易初期，由于缺乏数据，为提高企业参与碳交易的主动性和积极性，配额分配通常采用免费分配方式，但即使是免费分配，至少也要按基线法分配配额。随着排放数据的逐渐完善，配额分配要采取渐进混合模式，逐步增加拍卖比例，避免配额超发。

2. 设立动态的排放总量控制目标，根据宏观经济形势与能源结构变化调整

如果排放总量目标约束较弱，造成排放配额过度发放，容易导致碳价低迷甚至崩溃。当经济形势低迷时，企业产出下降导致排放配额需求不足，需要及时修订排放总量目标。目前，我国碳排放权交易尚处于试点阶段，普遍存在企业承受能力不足、政府管理水平较低、信息不对称以及低碳发展投入少等问题，总量目标设定要考虑行业差异、区域差异与发展空间、行业特征与竞争力以及碳交易试点的要求，根据宏观经济形势与能源结构变化进行适时调整，以保障碳市场的平稳运行。

3. 推动完善碳交易市场基础设施和能力建设

碳排放数据是排放配额分配和市场有效运行的基础和前提，衡量碳交易市场的成效，保证碳排放总量限额得到遵守，杜绝配额分配的操纵和垄断现象，均需要全面、完整、可靠的数据作为依据。当前我国温室气体排放统计数据非常匮乏，缺乏数据报告与核查机制，难以确认排放数据的有效性与真实性，碳市场基础设施不成熟、不完善，因此需要尽快完善能源与温室气体排放统计数据报告、统计、监测与核查体系，引入第三方核查机构，建立统一的监管标准和监测机制。

4. 建立科学合理的碳排放配额储备和碳价调控制度

一是建立碳排放配额储备制度。排放配额储备是政府调控碳市场的重要工具，通过储备配额的买入与卖出可以防止碳价的剧烈波动，为市场提供稳定的碳价格信号。此外，配额储备还可以用来满足新建工厂的配额需求，通过配额储备奖励早期行动，吸引企业参与碳交易。

二是建立合理的碳排放价格“阈值”与干预制度。如果市场碳价低于最低限价，政府就出手进行干预，通过购买排放配额进行储备来提振碳价；如果市场超过最高限价，政府则卖出排放配额来平抑碳价，从而使碳价保持在合理、稳定的水平，发挥碳价对低碳产品投资与技术研发的引导作用。

5. 建立碳税和碳交易相结合的综合碳价制度

碳市场体系中碳价会存在较大的波动性，美国耶鲁大学著名经济学家诺德豪斯教授认为这是碳市场自身难以避免的问题，需要借助价格机制（碳税）才能实现有效的减排。碳税具有固定性和法律性，企业可以依照自身情况选择最优的减排路径，这是成本最小的减排政策工具。国外实践表明，总量控制碳交易适用于大型排放源，碳税（能源税）则适用于分散的点源。这两种工具并不是相互排斥的关系，通过合理设计可以实现相互促进。为减少碳价大幅波动，可以尝试建立碳税和碳交易相结合的综合碳价制度，在碳价出现大幅波动以及不宜采用碳交易的领域，通过征收碳税来提高减排成本的稳定性和减排体系的有效性。

6. 推动建立公正、透明的碳交易市场秩序

我国当前的碳交易市场试点，具有浓厚的政府主导色彩，碳价水平未必是市场供求关系的真实反映，碳市场发展存在沦为“政策市”的风险，甚至可能成为少数人操纵市场进行谋利的工具。发达国家虽有严格的制度来阻断政商之间的利益输送，但由于政治选票问题，仍采取免费分配排放配额，这已成为欧盟排放交易体系继续运行面临的重大问题。对我国来说，如何避免排放配额的分配受到企业及相关利益集团的不当影响，提高配额分配的公平性以及透明度，是碳市场制度建设的重要内容。国外实践表明，按照“祖父制方法”分配排放配额会造成“鞭打快牛”，不利于低碳技术的推广与应用；而按照排放基线法有利于提高配额分配的公平性，有助于推动低碳技术创新。总之，选择适当的配额分配方式将有助于提高碳市场的有效性、公正性和透明性。

参考文献

[1] Richard Schmalensee and Robert N. Stavins：The SO_2 Allowance Trading System: The Ironic History of a Grand Policy Experiment，Journal of Economic Perspective，Winter 2013.

[2] Karen Fisher-Vanden and Sheila Olmstead：Moving Pollution Trading from Air to Water: Potential, Problems, and Prognosis，Journal of Economic Perspectives ,Winter 2013.

[3] Lawrence H. Goulder：Markets for Pollution Allowances: What Are the (New) Lessons? Journal of Economic Perspectives , Winter 2013.

[4] Richard G. Newell, William A. Pizer, and Daniel Raimi：Carbon Markets 15 Years after Kyoto:Lessons Learned, New Challenges，Journal of Economic Perspectives, Winter 2013.

五、巴黎气候峰会专栏

编者按：本栏目文章均为2015年底巴黎气候峰会期间中心工作人员在现场的简短报道，因与本系列文集在文风、叙述方式、范围、字数等方面具有较大区别，特用单独部分专门列出。

巴黎准备好了

陈　济　国家应对气候变化战略研究和国际合作中心国际合作部助理研究员

举世瞩目的联合国气候变化巴黎会议还有一天就要正式开幕了。150 多个国家的领导人将于明天在开幕式上发表讲话，为巴黎会议取得成功提供政治推动力。主办方法国对本次会议高度重视，尽管在不到两周前巴黎遭受了恐怖主义袭击，法国进入“紧急状态”，但仍坚持按期召开本次大会。据悉，法国出动了 12 万警力确保会议期间的安全，仅会场周边就安排了 2 800 名警察，领导人抵达巴黎时间和出席会议的 29—30 日两天更是关闭了相关的高速公路，以保障交通顺畅和人身安全。在中国代表团驻地也能看到荷枪实弹的警察在巡逻。

巴黎会议会场也于 29 日全面开放，会场由 4 个大型展览厅及临时搭建的简易建筑组成。除代表团办公区和会议区域外，考虑到本次会议参会人数将超过 4 万，会场增加了非政府观察员组织及代表团工作人员专门区域，为无法进入会议现场的参会人员观看直播提供方便。法方还安排多家品牌餐厅入驻会场，价格仅为巴黎城区的平均水平，并将 24 小时开放。与往届缔约方会议相比，更多的代表团开始在代表团区域搭建边会活动区和展览区。各国边会活动和展览区风格各异，充分体现了本国特色，极力展现各国在应对气候变化领域的成就。交通方面，除安排往返会场和各大酒店的通勤车外，法方还发放了免费公交卡，确保会议期间参会人员可免费乘坐巴黎公交系统。

在谈判方面，法方尽可能多的加大各方在各个层面沟通协调的力度。除常规的“77 国集团＋中国”、最不发达国家等谈判集团召开会前协调会外，法方作为候任缔约方大会主席国还与德班平台特设工作组联合主席一道出席所有区域集团和谈判集团的磋商，并与主要缔约方开展双边对话，听取各方的意见。据统计，德班平台特设工作组联合主席在会前共参加了 33 场沟通协调活动，作为多个发展中国家谈判集团成员的中国平均与联合主席和法方对话 3 ～ 4 次。从德班平台谈判安排以及整个缔约方大会及附属机构会议的安排看，主办方正在尽最大努力简化其他工作组谈判的程序，鼓励非巴黎协议议题推迟对争议问题的讨论，争取最多的时间用于巴黎协议的谈判。缔约方会议候任主席国法国外长法比尤斯在不同场合反复强调将尊重缔约方驱动原则，不会在第二周就给大家“惊喜”，尽可能避免“空降”案文。

会场内外各类媒体也已准备就绪。很多国家的媒体提前抵达巴黎，已经开始全方位报道会议进展。会场内采访区里“长枪短炮”也已准备就绪，各类采访活动已经开始。中国代表团今天也召开了现场媒体吹风会，各路记者已经开始准备迎接 11 月 30 日“领导人会”这第一轮报道高潮的来临。

浪漫之都巴黎为迎接巴黎大会的开幕已作了充足的准备，为巴黎会议这场关于全球可持续发展和绿色低碳转型的大戏搭建了华丽的舞台，接下来主角们该登场了。

世界领袖说了什么：巴黎气候变化峰会开幕式一瞥

祁　悦　国家应对气候变化战略研究和国际合作中心国际合作部助理研究员

摘　要：《联合国气候变化框架公约》第二十一次缔约方大会于2015年底在法国巴黎举行。为推动达成关于2020年后的国际气候协议，主席国法国邀请了超过150个国家或政府首脑参加开幕当天的高级别活动。联合国秘书长潘基文、中国国家主席习近平、美国总统奥巴马、法国总统奥朗德等均致辞表示了对全球合作应对气候变化的支持，为多边进程注入了强劲的政治推动力。

关键词：巴黎气候峰会　国际气候合作　巴黎协定

2015年11月30日，《联合国气候变化框架公约》（简称《公约》）第二十一次缔约方大会在法国巴黎北郊勒布尔热开幕。面对气候变化给全球带来的严峻挑战，各界对巴黎气候峰会寄予厚望。尽管巴黎刚刚遭受了恐怖主义袭击，但仍有超过150位国家或政府首脑参加了本次气候大会，为巴黎会议成功达成全面有力的新协议提供了强劲的政治动力。

在领导人峰会的开幕致辞上，法国总统奥朗德指出：气候变化是全球面临的严峻挑战，大气中的温室气体浓度、全球平均气温以及极端气候事件都突破了此前的记录。在准备巴黎大会期间，我们看到了各界应对气候变化的意愿和决心，让我们对巴黎会议充满信心。巴黎会议的成功有三个条件：第一，新协议的合作框架应保证我们能够实现2℃或1.5℃温控目标，根据最新的科学发现定期评估各方的目标，并建立每五年更新目标的机制；第二，需要全球各国参与应对气候变化的进程，要体现国家间区别和法律约束力，发达国家要承担历史责任，新兴发展中国家要加速能源转型，发展中国家应得到支持以适应气候变化，包括资金支持，也需要加强技术转让；第三，国家政府、地方政府、私营部门都要行动起来，巴黎是一个突破点，是引领和推动全球低碳转型的关键。

联合国秘书长潘基文则在开幕式上指出：巴黎会议需要传递明确的信息，即全球经济的低碳转型是大势所趋。巴黎协议的成功需要各方制定实现温控目标和提高气候抵御力的长期愿景，新协议也必须能够动态反映全球经济形势的变化，发达国家继续率先承担应对气候变化义务的同时也要平衡考虑新兴发展中国家不断增强的能力和相应的责任。新协议也要特别注意到脆弱国家的需求，更为重要的是，新协议的力度应得到保证，各方现有的承诺应成为底线，应在2020年前开始每五年一次的“循环”，不断提高力度，所有国家最终都应承诺全经济范围减排目标，能力有限的发展中国家可以有一定的灵活性，发达国家应该兑现到2020年每年动员1 000亿美元气候资金的承诺，2020年后应以此为基础提高资金援助的力度，新协议还应建立一个统一的透明度框架，能力有限的发展中国家应获得相关的灵活性和支持。

美国总统奥巴马在发言中指出：气候变化的影响已遍布全球，我们是经历气候变化的第一代人，采取行动有效应对气候变化的最后机会也掌握在我们手中。过去美国已经采取了很多应对气候变化的措施，包括发展清洁能源、提高能效标准等，美国将要实现此前承诺的2020年减排目标，并将采取有效的行动实现国家自主贡献中承诺的到2025年减排26%～28%的新目标。但是应对气候变化是全球共同的任务，各方也已经取得了重要的进展，包括已经提交的180多个国家自主贡献，巴黎会议应将这些行动与合作转化成推动全球应对气候变化的框架动力，巴黎协议应是有力度的，应向全球商业界发出明确的信号以促进针对清洁能源等领域的投资，美国也将继续为有需要的国家，特别是最不发达国家和最脆弱国家提供支持。现在已经到了必须采取行动的时刻，各方应在巴黎、在这两个礼拜内做出这个重要的决定。

中国国家主席习近平在发言中强调：巴黎大会旨在加强《联合国气候变化框架公约》的实施，达成一个全面、均衡、有力度、有约束力的气候变化协议。“最大的决心会产生最高的智慧”，只要各方携手合作，巴黎大会一定会达成令人满意的结果。巴黎协议应鼓励全社会广泛参与，提高公众意识，促进全球应对气候变化投入和投资，强化行动保障。发达国家应落实1 000亿美元气候资金的承诺，在2020年后向发展中国家提供更有力的资金支持，并向发展中国家提供气候友好型技术。巴黎协议应尊重各国在经济发展以及能力等方面的差异，不应妨碍发展中国家发展经济、提高生活水平的合理需求。巴黎协议不是终点，而是新的起点，也是推动建立人类命运共同体的重要领域，各方应各尽所能建立公平、有效、共赢的合作框架。中国采取了有力的行动以应对气候变化，在节能和发展可再生能源领域都是全球领先的大国，生态文明建设也是中国“十三五”期间发展的重要内容，中国将会采取更为积极的行动落实“创新、协调、绿色、开放、共享”的发展理念，推动形成人与自然和谐发展的新格局。中国也有信心和决心通过付出努力，实现在国家自主贡献中提出的二氧化碳排放达峰等目标，并认真落实开展气候变化南南合作的承诺，将于2016年启动在发展中国家开展10个低碳示范区、100 个减缓和适应应对气候变化项目以及 1 000 个培训名额的合作项目。应对气候变化是我们共同的事业，各国应携手努力推动形成公平有效的新协议，为全球可持续发展做出贡献。

德国总理默克尔、印度总理莫迪、俄罗斯总统普京、南非总统祖玛、巴西总统罗塞夫[1]、英国首相卡梅隆[2]、韩国总统朴槿惠、日本首相安倍晋三等都出席了领导人峰会并发表声明。各方就新协议的具体设计或许还存在分歧，但在携手应对气候变化、加速低碳转型方面已经形成了基本共识，希望这种共识能够帮助和促进未来两周的谈判，使全球瞩目的巴黎会议达成一个完满的结局。

1 罗塞夫时任巴西总统

2 卡梅隆时任英国首相

“气候马拉松”的巴黎冲刺与中国角色

柴麒敏　国家应对气候变化战略研究和国际合作中心战略规划部副主任
李俊峰　国家应对气候变化战略研究和国际合作中心主任

巴黎气候大会可谓备受期待，从 2007 年“巴厘路线图”的出台，到 2009 年哥本哈根气候大会（COP15）遭遇“滑铁卢”，再到 2011 年转轨“德班平台”直至本次巴黎气候大会（COP21），本轮新气候制度的谈判进程已经历了长达八年的时间。这八年中，《联合国气候变化框架公约》逐步确立了以“国家自主决定贡献”为主的“自下而上”且体现“共同行动”、“区别责任”的方式来推动国际气候合作。各国政府、国际组织、舆论媒体总体上对巴黎协议的达成抱有审慎乐观的态度，普遍存在信心，认为虽然在部分问题上仍存在分歧但还是能有效管控风险，因为大部分实质性内容早在大会召开前已经有了基础，大会案文草案的顺利出台也为第二周高级别磋商提供了良好的条件。尽管如此，在谈判中几大关键问题仍存在分歧和风险的可能性，主要包括法律约束力的覆盖范围、资金规模和来源、“共同但有区别责任”如何体现，以及我们所关心的中国的贡献问题。

一、“依法治气”的约束力

按照《联合国气候变化框架公约》在 2011 年举行的第 17 次缔约方大会 1/CP.17 号决定授权，启动的“德班增强行动平台”的谈判“拟订一项《公约》之下对所有缔约方适用的议定书、另一法律文书或某种有法律约束力的议定结果”，“工作组应争取尽早但不迟于 2015 年完成工作，以便在《公约》缔约方第 21 次会议（即巴黎气候大会）上通过，并使之从 2020 年开始生效和付诸执行”。此后，有关新协议法律约束力及其覆盖范围的讨论始终是最重要的关注点，因为此项内容关切到巴黎协定在国际法意义上的效力问题，即究竟是意愿性的松散协议，还是强制性的国际条约。

法国总统奥朗德多次呼吁，“我们没有退路，仅有美好的愿望和表态是不够的，我们必须在 12 月 12 日达成全球性、有区别、有约束力的气候协议”。中国国家主席习近平在开幕式致辞中也强调，“巴黎大会是为了《公约》的实施，以达成一个全面、均衡、有力度、有约束力的气候变化协议”。这也是欧盟、77 国集团、非洲集团、小岛国集团等的一致立场，希望新协议具有一定的法律效力，保障全球目标的最终实施和实现，但他们在法律约束力的覆盖范围上也存在不同意见。而美国则以国内政治决策体制为由强调，美国可能接受部分有法律约束性的规定，但不会签署任何具有条约性质、需要提交参议院和国会审议通过的规定，美国国务卿克里在接受英国《金融时报》采访时称，巴黎气候谈判不会达成一项从法律上要求各国减排的“条约”，这为各方对巴黎协议的期望浇上了一盆冷水。

为此，中国代表团团长解振华表示，中国提出了“协议＋决定”的务实建议，协议以 2020 年后全球应对气候变化的机制性安排为主要内容，同时考虑到各国国情不同，各国提交的自主贡献目标则可放到没有法律约束力的决定中。这为巴黎协议提供了一个可行的、避免僵持的方案。在本周末各方都存在妥协的可能性情况下，大会很可能最终达成一个具有部分国际法律约束力的协议，而核心的、涉及各国减排目标的内容则很可能以附表或其他文件形式予以体现。

二、资金是最实质的问题

资金问题历年来都是气候大会的“火药桶”，发达国家在出资问题上缺乏诚意始终是横亘在发展中国家前的“痛”，本次气候大会主席、法国外长法比尤斯在今年七国集团（G7）峰会上就已明确表示，资金将是巴黎会议成功的关键。发达国家在哥本哈根气候大会即缔约方第 15 次大会时承诺为发展中国家提供短期 300 亿美元的快速启动资金和 2020 年前逐步增加到每年 1 000 亿美元的规模，这些资金应是“新的、额外的、可预测的”，这一提法在坎昆会议上以 1/CP.16 决定的形式予以正式确认，但截至目前发达国家提供的真正的公共资金少于 200 亿美元，不足 1 000 亿美元计划资金的五分之一，且发达国家始终希望将私人部门和其他援助资金都纳入到资金的“筐子”里，从而减少实际出资的压力，这造成了发展中国家，特别是最不发达国家和气候脆弱国家的强烈不满，基础四国、立场相近国家集团等也多次敦促发达国家履行应有的承诺。

发达国家提出能在本次协议的出资和资金使用上为发展中国家设置附加条件，试图将气候基金出资人的范围扩大到有的发展中国家，同时要缩小受益的名单范围，只给“贫穷国家中最贫穷的”。欧盟虽然同意履行哥本哈根会议时做出的承诺即在 2020 年前由发达国家每年出资 1 000 亿美元，但发达国家在 2020 年后提高出资规模的条件是各国提高自主减排，同时希望发展中国家能够加入。美国则始终希望拉发展中大国“下水”，坚持“只有”在发展中大国现在就同样出资的情况下，才愿意兑现哥本哈根的出资承诺。而根据绿色气候基金（GCF）的官方数据，奥巴马政府目前承诺贡献30亿美元，但至今尚未有资金到账。按照《公约》条款，发展中国家当前并不承担出资义务，中国及大部分发展中国家都普遍认为，发达国家必须兑现到2020年每年为发展中国家提供1 000亿美元资金支持的承诺，2020年后应在此基础上扩大规模，继续支持发展中国家提高能力。这是法律责任，而不是“救助”或“慈善”，也与发展援助不同。

中国在国家主席习近平2015年访美期间通过《中美元首气候变化联合声明》宣布了设立200亿元人民币的中国气候变化南南合作基金，帮助其他发展中国家提高减缓和适应的能力。中国气候变化事务特别代表解振华多次强调，中国提供的资金和发达国家在性质上有根本不同，发达国家的资金是义务，是承诺，中国则是自愿的，体现了中国的责任意识。

三、“共同”与“区别”的再平衡

“共同但有区别”的责任作为体现发达国家和发展中国家不同历史责任的核心原则，始终左右着《公约》的谈判进程。自“巴厘路线图”以来，发达国家始终希望能将“区别”抹平，试图借助本轮新的谈判进程加快南北方“并轨”或摆脱《公约》框架，推动“动态调整机制”以实现“去《公约》化”，转嫁减排和出资义务，强调共同责任，弱化差别责任，“捧杀”中国、印度等新兴市场大国。这主要体现在减缓、资金、透明度等制度规则和机制设计上的逐步趋同性。经历了八年来各种“缠斗”，现在没有一个国家再反对“共同但有区别的责任”原则本身，但在具体如何体现上仍有分歧，所谓“一区各表”。

“共区”原则应该说是中印等发展中国家最为敏感、最为在意的议题。在去年的利马会议上，就此原则在新协议中的引用和表述问题一直僵持不下，在会议决定中最后采纳了2014年《中美气候变化联合声明》中“体现共同但有区别的责任和各自能力原则，考虑到各国不同国情”的方式。这为如何将双边共识转化成多边共识提供了借鉴。2015年9月的《中美元首气候变化联合声明》再次重申了此表述，双方进一步认为应以恰当方式在协议相关要素中体现“有区别”。11月的《中法元首气候变化联合声明》也提到了“达成一项富有雄心、具有法律约束力的巴黎协议，以公平为基础并体现共同但有区别的责任和各自能力原则，考虑到不同国情”，与6月的《中欧气候变化联合声明》表述一致。当前自下而上的“自主贡献”模式体现“共区”最大的特点在于如何在协议中列举或表述各国的目标，是以同一张表格的形式还是沿袭惯例采用发达国家、发展中国家分列的两张表格的形式，或者类似的处理方式？此外，在对整体贡献的定期盘点和评估上，也存在“区别”对待的可能性。

不可否认的是，全球自《公约》订立以来在经济发展、能源消费、温室气体排放等方面确实发生了较大变化，但这些变化还不足以带来历史责任和国家性质的改变。这就需要在巴黎新协议中形成有关“共同”和“区别”的再平衡，简言之，就是“共同”会更多一些，“区别”会更少一些，比如在透明度机制上就会更加趋同，各国都有如实反映真实排放数据的责任，但在减排和出资问题上仍将保留一定程度的不同。

四、中国的角色和担当

中国根据自身国情、发展阶段、可持续发展战略和国际责任担当，提出了2020年后国家自主决定贡献的减排目标，包括到2030年单位国内生产总值的二氧化碳排放强度下降60%～65%、非化石能源比例提高至20%左右、二氧化碳排放尽早达峰以及森林蓄积量增加等多方面减缓气候变化指标并付诸实施。2014年，中国单位国内生产总值能耗和二氧化碳排放分别比2005年下降29.9%和33.8%，中国积极推动低碳转型，已成为世界节能和利用新能源、可再生能源第一大国，中国还宣布建立规模为200亿元人民币的气候变化南南合作基金，用以支持其他发展中国家，为全球应对气候变化作出了实实在在的贡献。当然作为全球最大排放国，中国的努力仍然会受到很多质疑，中国在全球治理秩序中地位的变化也会引起传统强国的警惕。

当前正值中国发展的关键历史时期，按照国家“两个一百年”目标，中国到2020年基本完成工业化、全面建成小康社会，但距离2050年建成现代化国家（达到中等发达国家水平）仍有30多年的时间，今后较长一个阶段还将面临着增长速度换挡、结构调整阵痛和前期刺激政策消化“三期叠加”的困难和挑战。尽管如此，中国仍从全局出发经过反复论证提出了2030年左右碳排放达峰等长期目标，并敢于主动释疑解惑、充分沟通、了解关切，自去年以来，中国先后与美国、印度、巴西、欧盟、法国等发布了气候变化联合声明，习近平主席更是亲赴巴黎出席了大会开幕式并作了重要讲话，提出了巴黎协议不是终点，而是新的起点，应着眼于“四个有利于”、共同创造“三个未来”，为推动建立公平有效的全球应对气候变化机制、实现更高水平全球可持续发展、构建合作共赢的国际关系作出贡献。

纵观全球，低碳发展已经成为大多数国家的战略选择，我国实施低碳发展的国家战略既是顺应全球发展转型的潮流，也是推动我国当前经济社会发展转型、能源结构优化的重要抓手，更是我国全面建设小康社会和建设现代化国家战略目标的客观要求。我们可以预见到，增长方式、能源系统和消费模式的低碳转型将引发新的技术和产业革命，也将带来新的经济增长点、新的市场和新的就业机会。我们需要凝聚共识、落实行动、构建合作共赢的新发展模式，共同分享绿色低碳转型的经济和社会效益。

本周即将确立的新气候制度要着眼于推动世界低碳发展的潮流，形成新的竞争机制和规则，使低碳发展不仅是国际气候协议下的要求和承诺，更是提升自身可持续发展竞争力的主动行为，从而变负担和挑战为发展机遇，实现共同发展、永续发展、合作共赢。中国一定将在这次潮流中扮演越来越重要的角色。

巴黎会议磋商进行时

樊 星 国家应对气候变化战略研究和国际合作中心国际合作部研究实习员
王 田 国家应对气候变化战略研究和国际合作中心统计考核部助理研究员

摘 要：2015 年 12 月 11 日，巴黎气候大会进入最后的磋商阶段，各方积极通过多边和双边对话试图就分歧问题找到解决方案。本文分为三部分，首先，对谈判总体平稳有序的进程进行小结。第二，总结当天谈判进程中各集团的立场和动向，各集团相向而行，努力争取最大共识。第三，分析主席案文特征并指出主席案文是协定达成的重要基础。期待在巴黎会议闭幕前达成胜利成果，掀开全球气候变化治理的新篇章。

关键词：巴黎会议 谈判磋商 巴黎协定

2015 年 12 月 11 日，原定于周五结束的巴黎气候大会毫无悬念进入加时赛。会议进入最后磋商阶段，各方都在积极通过多边和双边对话，试图就分歧较大的几个问题找到建设性的解决方案。法方作为大会主席国，在会议的组织安排上本着公开、透明、缔约方驱动的原则，也在听取各方意见的基础上充分弥合各方分歧。

一、总体谈判进程平稳有序

在大会主席国和各方努力下，12 月 9 日 15：00，第一版主席案文新鲜出炉。随后，各集团就案文进行内部协调和磋商，并于晚间召开的 COP 全会上就新案文表达立场。当日夜间，主席召开部长级会议，并分两个大组就分歧较大的力度、资金、支持等议题进行磋商。12 月 10 日，在各谈判代表通宵达旦的磋商成果上，于当日 18：00 发布了第二版主席案文，并于 23：30 至次日凌晨召开部长级磋商会议，听取各方意见。虽然巴黎气候大会并未如期结束，但各方都在相向而行，本着求同存异、合作务实的态度推进着谈判进程。主席承诺，将于周六上午公布最后一版案文，此前还会继续通过双边对话充分听取各集团立场和关切，争取尽快推动协议达成。

二、各集团相向而行争取最大共识

在谈判进程中，各方所展现的灵活性与建设性为取得巴黎协议的成功奠定了重要基础。

中国一直本着积极建设性态度，与各方对话磋商，在理解各方立场关切的基础上寻找协议可能的着陆点。一方面，与“77 国集团 + 中国”、“基础四国”和“立场相近发展中国家”保持密切的协调沟通，并在大会上充分维护发展中国家立场关切。另一方面，根据习近平主席和奥巴马总统的通话做出的指示，落实中美联合声明达成的共识，以积极务实的态度充分展现谈判的灵活性和建设性，以最大努力推进大会取得成功。

法国作为主席国，在把握大会进程方面充分展现了其外交方面的成熟智慧，在磋商中充分听取各方意见，连续出台两版案文并连夜组织磋商，积极推动各方达成共识。关于协议案文中分歧较大的几个议题，最终还需主席国在综合各方立场观点的基础上，形成各方均能接受的搭桥方案。

各主要集团虽仍在谈判中坚持各自谈判立场，但在非红线问题上也都展现了最大灵活性，并在长期目标、适应、能力建设、技术开发和转让等问题上基本达成共识。在减缓、资金、透明度和全球盘点问题上，各集团也向大会主席“交底”，并通过双边对话与其他集团尝试寻求妥协方案。与此同时，联合国秘书长潘基文、《公约》执行秘书菲格里斯等也在积极做各方工作，推动谈判取得积极建设性进展。

而近日被热议的“雄心壮志联盟等利益集团”在谈判中既未以谈判集团的名义发声，也未对大会进程产生影响，预计对最终协议的达成也不会做出实质性贡献。

三、主席案文为协议达成奠定重要基础

以当前谈判形势推断，最终案文会照顾各方核心关切，在分歧较大的问题上采取各方都能接受的表述，形成一个全面、均衡、有力度、有法律约束力的气候变化协议。正如习近平主席所述，巴黎大会正是为了加强《公约》实施，提出公平、合理、有效的全球应对气候变化解决方案。我们也将努力达成令人满意的成果，不辜负国际社会的热切期盼。

当前，谈判进入最后的磋商阶段，经过两个昼夜通宵达旦的磋商，会场各处都能看到谈判代表、民间组织团体和记者们疲惫的身影。尽管如此，会场内外双边和多边的密集磋商仍在继续，各方都希望为未来协议的成功达成做出最大贡献。虽然过程艰难辛苦，但各方携手应对气候变化的初衷从未改变。在未来20几个小时内，三年来的谈判成果将毕其功于一役，在巴黎勒布尔热掀开全球气候变化治理的新篇章。让我们拭目以待！

城市让生活更美好

张志强　国家应对气候变化战略研究和国际合作中心信息培训部副主任
徐庭娅　国家应对气候变化战略研究和国际合作中心信息培训部副主任

"聚集低碳发展，城市让生活更美好"成为本次巴黎联合国气候变化大会（COP21）中国角的一大亮点。在12月3日"绿色低碳城市企业日"之后，相继开展了碳汇城市、城市低碳实践、城市达峰以及"城市主题日•镇江日"等多场与城市相关的主题边会。此外，巴黎政府还在市政厅召开了"地方领袖气候峰会"，并举办了"未来城市：创新与中国的可持续城镇化"专场研讨会。中国气候变化事务特别代表解振华，联合国城市与气候变化特使布隆博格，国家气候变化专家委员会副主任何建坤，国家发展改革委应对气候变化司副司长蒋兆理，国家应对气候变化战略研究和国际合作中心副主任徐华清，中国碳汇基金会秘书长李怒云，加拿大不列颠哥伦比亚大学林学院院长约翰•英纳斯教授等做主旨发言。

1. 解振华：中国积极探索低碳城市发展和达峰路径

解振华在致辞中指出，中国开展了多层次、多方位的低碳发展试点示范。自2010年以来，中国先后在6个省和36个城市开展低碳省区和城市试点，探索在不同地区建设绿色低碳城市、尽快达到碳排放峰值的有效路径。这些试点不仅包括经济发达地区，还有中、西部地区，这些地区的生态状况有很大差异。

解振华表示，低碳试点省市积极探索体制、机制创新，倒逼产业结构调整，提高能源效率，发展可再生能源，发展低碳建筑与交通，实施其他配套政策，控制温室气体排放，低碳试点成效明显。根据国家对2014年各省、区、市开展的碳强度评价考核，列入试点的10个省和直辖市2014年碳强度比2010年平均下降幅度约达21.5%，显著高于全国平均15.8%的下降幅度。2010 年以来，中国已在 6 个省和 36 个城市根据各自实际情况制定了有特色的低碳发展战略，走出了自己的低碳发展模式。

2. 布隆博格：为市民创造更多的收益

布隆博格在致辞中指出，中国在应对全球气候变化中处于重要地位。镇江与加州签署了合作协议，城市采取的行动能够为市民创造更多的利益。“今天，我们见证了一个中国城市的大胆实践和行动，这种地区性的努力完全能够对全球性的气候变化产生影响”。镇江在低碳城市建设上取得了巨大进展，投资建设了碳管理系统，为达到目标迈出了坚实的一步。镇江的事实充分证明了，如果其他城市也能像镇江一样做出努力，那么我们的未来将会完全不同。

3. 何建坤：转变城市发展理念

国家应对气候变化专家委员会副主任何建坤认为，实现城市低碳发展的核心是发展理念的转变。要着眼于经济发展方式的调整，特别是新常态下，不能因为经济下行压力大就继续发展高耗能高碳行业，这是与低碳城市建设的方向相违背的，这些行业在未来也没有竞争力，并且要以绿色低碳发展为指导方针，而不是满足于低碳技术的“点缀”。

4. 蒋兆理：中国城市引领低碳发展

国家发展改革委应对气候变化司副司长蒋兆理在致辞中表示，中国城市发展将引领全球城市发展，中国承诺了包括峰值时间、碳排放强度、可再生能源占比等量化指标，城市是实现这些目标的重要角色。

5. 徐华清：集聚、融合、柔性、智慧

国家应对气候变化战略研究和国际合作中心徐华清副主任强调指出，中国低碳城市试点工作自开展以来，取得了积极的成效。在低碳城市发展的过程中，要发挥多种资源要素的作用。“集聚、融合、柔性、智慧应该是现代城市低碳发展的关键词。集聚不仅仅是低碳技术的集聚，还应该是人才的集聚。”

6. 李怒云：建设碳汇城市

中国碳汇基金会秘书长李怒云在演讲中提出，碳汇城市是推进城市低碳转型、推动区域经济社会和环境保护协调发展的机制创新。对于那些森林覆被率高、生态服务功能强、工业不发达、温室气体排放少的地区，碳汇城市建设在适应气候变化过程中发挥积极作用。目前已经发布的《碳汇城市指标体系》，不仅强调森林能够恢复、保护和科学经营、增加碳汇、减少碳排放，还考虑了诸多生态文明建设内容，目前已有河北省崇礼县和浙江省泰顺县获首批碳汇城市称号。

7. 约翰·英纳斯：提升公众意识

加拿大不列颠哥伦比亚大学林学院院长约翰·英纳斯教授介绍了小城市低碳经济发展的现状和公众意识的报告，报告显示，89.5% 的民众一定程度上知道低碳经济，85.2% 的居民支持发展低碳经济，74.9% 的居民期望通过发展低碳经济以改善环境，53.8% 的居民认为阻碍低碳经济发展的因素是成本较高。但调查也发现，公众普遍缺乏低碳经济方面的知识。他建议加大大众媒体的宣传，加大低碳经济发展和应对气候变化基础知识的普及力度，全面提升公众对低碳经济基础知识具体实现途径的认识。

8. 新闻发布会

12 月 5 日中午，国家发展改革委应对气候变化司苏伟司长在巴黎会议“中国角”召开中外媒体见面会，就资金机制、透明度、“共同但有区别的责任原则”的体现、2 度目标、协议法律约束力、市场机制等谈判热点问题及中方立场回答了媒体提问。苏伟司长在回答中表示，中国在谈判过程中为推动巴黎会议取得积极成果，发挥的建设性作用有目共睹，第一周的谈判十分艰难，但也取得了不错的结果，为下一周的谈判打下了坚实基础；中国认为巴黎会议达成的协议应该是全面、均衡和有力度的，发达国家应基于历史责任向发展中国家提供资金、技术和能力建设支持，同时所有国家也都应该尽其所能共同应对全球气候变化。

千里之行始于足下——关于德班平台加强2020年前行动谈判

祁　悦　国家应对气候变化战略研究和国际合作中心国际合作部助理研究员

摘　要：加强2020年前行动是德班平台谈判授权的重要部分，旨在最大程度地加强行动力度，以弥补2020年前的行动差距。巴黎会议之前，经过了近四年的磋商，各方已确定了加强2020年前行动的几个重点任务，包括发达国家提高目标和加强支持、开展技术专家检验进程、鼓励非缔约方主体广泛参与等。最终，各方将在巴黎交出答卷。

关键词：德班平台　2020年前　加强行动

正当全球各界翘首以待巴黎会议达成一个新的气候协议时，德班平台下关于加强2020年前行动的谈判也在紧密进行。

一、谈判背景

坎昆协议框架下，发达国家做出了“全经济范围量化减排承诺”，发展中国家也提交了“国家适当的减缓行动”，各国的“坎昆承诺”覆盖了全球83%的温室气体排放量，但即便如此所有国家的减缓行动努力加总之后仍与实现2℃温控目标的要求相差甚远。此外，支持发展中国家开展减缓和适应行动以及进一步提高力度的资金、技术和能力建设支持也远不能满足需求。

弥合差距是各方当务之急。根据政府间气候变化专门委员会（IPCC）第四次评估报告的结论，发达国家到2020年应在1990年排放水平基础上减排25%～40%，发展中国家也需要在获得充分国际支持的条件下加强减缓行动。2011 年，各方在德班平台特设工作组谈判授权中也明确提出建立一个提高 2020 年前力度的工作计划，并识别用以弥合差距的行动。

二、目标和进展

加强 2020 年前行动对于应对全球气候变化国际进程有着至关重要的意义。一方面，目前的多边气候谈判进程下并未建立严格的履约机制，认真落实现有承诺成为各方政治意愿的重要体现，是对谈判成果的重要认可，是各方建立互信携手应对气候变化的重要基础。另一方面，只有各方尽早采取行动才有可能在 21 世纪末实现 2℃温控目标，并有效地控制减排成本，任何拖延都将导致遏制全球变暖的难度加大、成本增高，气候变化的影响也将进一步恶化，造成更多的损失损害。

在过去将近四年的谈判中，为了加强 2020 年前行动，各方在德班平台下提出了很多积极建设性的提案，也已经开展了丰富的实践。2013 年，在华沙，各方初步确定了加强 2020 年前行动的谈判框架，包括加速落实已有承诺、进一步提高承诺力度进程，基于专家研讨识别进一步减缓机会的技术检验进程，以及进一步加强高层推动力。2014 年至今，利马缔约方大会秘鲁主席国与巴黎大会法国主席国，在联合国秘书长和《公约》秘书处的支持下又发起了“利马 - 巴黎行动议程”，旨在鼓励更多利益相关方参与应对全球气候变化，特别是非国家主体的参与，包括城市及地方政府、私营部门和公民社会。

三、主要议题

关于加速落实已有承诺、进一步提高力度的进程，立场相近发展中国家（LMDCs）根据华沙决议相关内容提出了“建立加速落实机制”的提案，包括重审发达国家 2020 年减排目标以及《京都议定书》第二承诺期下的目标、提出条件性目标的国家评估并考虑去除条件提高目标力度、评估发达国家向发展中国家提供支持的充分性等；敦促发达国家实现到 2020 年比 1990 年减排 25% ～ 40% 的目标，提高落实到 2020 年每年提供 1 000 亿美元的承诺，并提出具体实施的路线图。目前，关于是否建立加速实施机制以及如何设计相关进程是各方的关键分歧，由于在新协议谈判中关于是否建立重审目标机制等内容也尚未谈妥，2020 年前加速落实机制的争论也不会提前结束。

2014 年开始，德班平台会议期间举行了关于可再生能源、能效、城市、土地利用、碳捕集和封存等主体的技术专家会，秘书处整理并发布了相关“技术文件”，根据利马大会的决议，2015 年 11 月，秘书处还发布了关于减缓气候变化技术专家会的决策者摘要。虽然各方都认为目前的技术专家会仍有缺陷，包括设置议题前缺少与缔约方的充分磋商、识别出机会难以转化成实际行动以及与《公约》现有资金、技术机构合作不足等问题，但大家仍对这一进程充满信心，并于 2014 年在利马决定重新审视并进一步提出完善技术检验进程的方法。同时，很多发展中国家也指出，2020 年前适应气候变化也有显著的不足，同样需要通过技术检验的方式识别有益的经验和机会，非洲集团为此还提出了十分详细的提案，因此是否和如何建立一个适应气候变化技术检验进程也是巴黎大会各方磋商的焦点问题之一。

关于非政府主体参与，利马 - 巴黎行动议程已经积累了将近一年的工作经验，巴黎大会也专门安排了“行动日”介绍了相关进展，在谈判中各方在鼓励各界广泛参与的问题上有着广泛的共识，都认为只有鼓励城市及地方政府、私营部门以及公民社会都行动起来才能有效地应对气候变化。目前，各方也一致同意在决议中体现这部分内容，并以利马 - 巴黎行动议程为基础，继续鼓励各方的参与以及缔约方与其他非国家主体的合作。

2020 年前的高级别活动旨在为各方行动与合作注入更强劲的动力，在机制设计方面，小岛国集团提出在 2016 年到 2020 年，每任主席国任命一个“高级别 champion”，在主席国任期以及之前的一年内推动全球范围内应对气候变化合作行动以及伙伴计划，并向缔约方大会报告进展和提供建议。

四、已有共识

2015 年 6 月，作为共同立场，77 国集团 + 中国向德班平台提交了一份关于加强 2020 年前行动的提案，全面平衡地反映了发展中国家关于加强 2020 年前行动的立场和诉求，明确指出 2020 年前加强行动谈判的目标是弥补差距，包括减缓、适应以及支持、加速落实进程、减缓和适应技术检验进程、非国家主体参与、高级别政治推动等重要要素。

巴黎大会之前，中法发布联合声明指出“中法双方强调有必要在巴黎通过一个关于 2020 年前加速落实减缓、适应和支持的工作计划，并在 2017 年或 2018 年开展一个促进性的对话，以盘点已有进展并探索进一步加强 2020 年前行动和支持的可能性”。此外，第二十一次基础四国部长级会议也形成了关于德班平台第二方面工作的共识，强调“2020 年前的力度差距不仅存在于减缓领域，同时也存在于适应以及向发展中国家提供资金、技术和能力建设支持领域，……需要发达国家提高 2020 年前力度以构建缔约方之间的信任……呼吁巴黎会议就 2020 年前力度达成有力、全面和有意义的决议，为 2020 年后加强行动奠定坚实的基础”。

五、结束语

正如美国总统奥巴马在一周前的领导人峰会上所讲，我们是感受到气候变化影响的第一代人，也可能是有机会采取行动、做出改变的最后一代人。巴黎要让全世界看到我们应对气候变化的信心和决心，这不仅需要一个成功的新协议，更需要及时且有力度的行动，也只有全球各国在相互信任的基础上深化合作，我们才能更好地应对共同的挑战。

巴黎气候大会的小槌子

柴麒敏　国家应对气候变化战略研究和国际合作中心战略规划部副主任

巴黎气候大会已于11月30日隆重开幕，共有142位国家元首和政府首脑参与了开幕式并作主旨发言，183个国家向联合国递交了自主贡献承诺，约占全球碳排放量的97.8%。法国总统奥朗德和大会主席法比尤斯在开幕式上对巴黎会议成果寄予厚望的同时，也承诺制定体现此次大会公正、透明的程序原则，强调大会主席团不会搞“小动作”（No Text in the Pocket, No Hidden Agenda）。这句话的渊源来自于2009年的哥本哈根气候大会，当时康妮·赫泽高女士等主席团成员未经大会授权就抛出了关于最终协议文本的所谓“主席案文”，引起了很多缔约方国家代表的反感和反弹，致使当年《哥本哈根协议》陷入尴尬境地。那么究竟联合国气候谈判应该遵循怎样的议事规则？象征成果达成的大会主席手里的小槌子何时才能顺利落下？大国应该如何合规地发挥其影响力？

一、联合国气候谈判的议事规则

《联合国气候变化框架公约》的议事规则要追溯到1996年在日内瓦举行的缔约方第二次会议。根据《公约》7.3条，会上通过的一项关于组织事项的临时议程成为了《公约》谈判的议事规则，其中对届会如何举办、议程如何确立、代表团和主席团的权限、附属机构和秘书处的职能、大会决议表决等核心问题进行了约定和规范，但在表决部分的关键条款（即“第42条第1款”）出现了分歧，两条备选案文至今悬而未决。其中备选案文A提到：缔约方应尽一切努力以协商一致方式就所有实质性事项达成协议，如果争取协商一致的所有努力皆已用尽仍未达成协议，作为最后办法，应以出席并参加表决的缔约方三分之二多数作出决定，除非（a）公约、公约第 7 条第 2 款第（k）项所述的财务规则或本议事规则另有规定【。】【；】（b）在通过拟议议定书的情况下，则需以【协商一致方式】【出席并参加表决的缔约方四分之三多数】作出决定【。】【；】【（c）在公约第 4 条第 3 款和第 11 条第 1、3 或 4 款之下的决定应以协商一致的方式作出。】[1] 同时，备选案文 B 则较为简单：实质性事项的决定应以协商一致方式作出，但财务事项的决定以三分之二多数作出。这些备选内容以及【】内的选项造成了至今大会在达成成果、落下小槌子之前总有各种激烈的争议，大会东道国、主席团、部分代表团也往往想利用这些未达成共识的议事规则形成对其有利的成果。

协商一致的议事规则是联合国“公平”的体现，这一定程度上反映了联合国多边条约或协议的达成是每个缔约方“一方一票”公平行使表决权的“最大共识”。这也就是中国气候变化事务特别代表解振华在受访场合经常提起的“各方都不满意但都能接受”的含义，意味着各方都有所妥协，但各方都保有自己谈判的底线。协商一致既是一种衡量指标，也是一种寻求妥协与共识的要求。坚持民主讨论和协商一致是《联合国宪章》倡导的精神，对维护联合国的权威具有极其重要的意义。联合国成立 70 年和《公约》签订 25 年的发展历程也不断证明，协商达成的原则极为关键，什么时候协商一致原则受到破坏，一部分国家罔顾另一部分国家的权益，现行多边进程的权威性就会被削弱。但协商一致也面临着谈判效率过于低下的问题，195 个缔约方要就某一具体问题达成协议，确实比较耗费时间。这也是多国元首在开幕式的发言中呼吁要务实管控分歧就框架性内容达成有限成果的原因，也是习近平主席说的“巴黎协议不是终点，而是新的起点”的缘由。

二、大会主席手里的小槌子

联合国气候变化缔约方会议的主席一般由五个区域集团即西欧和其他国家集团（WEOG）、东欧集团、拉丁美洲和加勒比国家集团（GRULAC）、亚洲集团、非洲集团轮流担任，届会的主席团一般包括主席 1 人、副主席 7 人、附属机构主席和报告员 1 人组成，其在大会中的作用不可小觑。主席可以就程序问题作出裁决，并有召集和暂停会议、拟定大会议程、安排代表发言顺序等权力，只有过半数缔约方投票否决才能推翻主席有关程序异议的裁决。因为大会主席一定的自由裁量权和掌握着缔约方代表团不一定获知的大量信息，使得其在一些关键时刻能够发挥不可替代的作用。比如控制谈判节奏、选择会议室大小（参与规模）、设定特殊谈判议程（如德班期间的所谓“部落会议”）、逐个做有反对意见缔约方代表的工作，甚至在关键时刻运用政治手腕强行通过决议等，例如最后一种类似的情况就在坎昆会议时出现过一次，时任大会主席“技巧性”地在大会最后时刻忽略部分缔约方的诉求，从而迅速果断地“敲槌”通过决议。与此类似的还有坎昆会议和多哈会议，不同的是坎昆会议的反对者是玻利维亚，而多哈会议的反对者是俄罗斯和美国。

1 【】表示有争议的选项内容，没有最终确认。

虽然近年来各方一致强调成果文件的提案基础必须是“缔约方驱动”，但这在现实中往往很难监督，哥本哈根会议后虽然大会主席不会再堂而皇之地抛出案文，但通过秘书处、部分小团体以“内外接应”形式施加影响仍存在很大的操作空间。智慧的大会主席往往会掌握敏感缔约方的容忍范围，一般也不敢铤而走险，而是尽量采取合作的姿态，只把“意外”留到最后。现任主席洛朗·法比尤斯曾担任法国总理、国民议会议长、社会党第一书记、法国经济财政和工业部部长等职，具有丰富的从政经验，其在会前出访各国开展“合纵连横”式的“游说”及在开幕式上的公开表态都表明了他本人对这个问题有很好的思考与准备，且巴黎气候大会的谈判预期也今非昔比，但类似的风险仍应该警惕，特别是在临近谈判结束时的高级别磋商期间。

三、大国如何正确施加影响

如果说因为有协商一致原则就认为气候谈判是绝对公平的就太过于简单化了。事实上，大国或大国集团发挥着重要的、甚至是决定性的作用，比如之前所说的“两大阵营、三大集团”以及近年来炒作比较多的“中美共治”（G2）。一般而言，大国在谈判能力上自然更胜一筹，能用的外交资源、资金筹码等也更多一些，受到的关注度也不一样。但国际关系并不仅仅依靠力量决定，其在价值观念、包容程度等方面同样存在不同的影响，这也是习近平主席在会议上倡导“坚持正确义利观”，批评那些“希望多占点便宜、少承担点责任”的功利主义思维的初衷，取而代之的应该是“多一点共享、多一点担当，实现互惠共赢”。新气候协议应该着眼于共同应对气候变化和生态破坏的挑战，共同分享绿色低碳转型的经济、社会和环境效益，而非简单将气候保护放在发展的对立面、将一些国家放在另一些国家对立面的零和博弈。

本轮气候谈判进程已历经了八年的波折，大国对“力度”和“公平”要有更为理性和务实的观感：一方面更为包容地看待新气候协议中的力度，设定渐进式的、序贯式的目标，将当前能达成共识的、通过大国双边声明“锁定”的内容先行纳入，而非一定在巴黎妥善解决所有问题，同时大国应该更注重长期利益，而将短期利好让给能力更为欠缺的小国；另一方面，公平问题虽然可以有权利、能力、效用、程序等角度的制度安排，但很难让全球人民在当下就未来几十年的某个具体的、自上而下的、量化分配方案形成共识，而且仅是大国“俱乐部”制的减排同样是不够的。因此，当前以国家自主决定贡献为载体的、自下而上的、周期更新的、基于各国国家利益和发展优先次序考虑的方案是一个较为现实的选择，在此基础上做公平的微调是行之有效的。而从目前的全球治理能力看，国家自主贡献通过国内立法获得国内共识更为重要，实施也更有保障，“我们要做的”是最好的政策动机，对美、欧、中、印度等都一样。同时，要相信我们的子孙后代会有更大的决心和更高的智慧最终解决这个全人类的难题。

当前正值中国发展的关键历史时期，国力将强未强，国内改革正在“啃骨头”的攻坚时期，国际地位也正在重塑过程中，贸易、金融等秩序出现分化，传统强国对中国的崛起异常敏感，原有的战略依托也彼此存在着资源争夺冲突的可能性。在新的绿色秩序面前，中国敢于主动释疑解惑、开放胸怀、面向未来，例如自去年以来，中国先后与美国、巴西、印度、法国等发布了联合声明，习近平主席更是亲赴巴黎气候大会，向世人展现了一个“各尽所能、合作共赢、奉行法治、公平正义、包容互鉴、共同发展”的未来图景。巴黎气候峰会适逢北京出现重度雾霾，中国要说服的不仅是国际社会，更重要的是国内人民，特别是地方政府和企业，要给予老百姓、产业界和资本市场坚定的信心。唯愿槌子扬起，一切尘埃落定。

“巴黎结果”新案文出炉仍存分歧

马翠梅　国家应对气候变化战略研究和国际合作中心统计考核部助理研究员

举世瞩目的巴黎气候变化大会已接近尾声，按照日程大会将于当地时间2015年12月11日落下帷幕。经过第一周谈判代表的密集磋商，以及第二周部长级双边和多边协调，9日下午三点半，29页的“巴黎结果”新案文出炉。随后，各谈判集团纷纷发表各自立场以及对案文的看法，并连夜开会磋商，随后案文第二稿进一步缩减为27页，其中协议12页，决定15页，并于10日晚九点半出台。接下来，大会又将再次连夜密集磋商，以期推动气候大会准时闭幕并达成最终协议。

一、案文出台过程

12月5日，《公约》下“加强行动德班平台特设工作组”（简称“德班平台”）正式形成并通过了其工作组成果——巴黎协议草案，此草案也提交给了大会主席、法国外交部长洛朗-法比尤斯。该草案仅是谈判的基础性文本，其中仍存在很多不确定性问题。

5日后的第二周是巴黎协议谈判的攻坚和冲刺阶段，为推进谈判，大会主席任命10余名部长为协调员，并在各缔约方提名的基础上成立了法律专家顾问团。部长协调员基于第一周德班平台工作组提交的协议草案主持各议题磋商。有了政治层面的介入后谈判进程果然加速，新案文9日下午如期出台。经过各谈判集团内部磋商，在晚间8点的全会上各方表达了对新案文的立场和看法。随后，从9日午夜12点至10日早五点，大会分为两个大组并行磋商，一个组侧重区分、力度和支持，另一个是损失损害、合作、前言和森林。与此同时，大会主席还组织了各部长的双边和多边磋商，新案文第二稿于10日晚九点半出台。根据大会主席安排，10日晚11点召开部长级沟通，听取各方意见，之后再次连夜磋商。最终版巴黎协议有希望在 11 日达成。

二、案文的主要分歧点

虽然距离大会原定结束日期只有不到 24 个小时，但各方在许多重要议题上仍然存在很大分歧，主要包括力度、共区原则、法律约束力、资金以及透明度等。

关于应对气候变化力度问题，分歧的焦点集中在全球长期温控目标应设定在“2℃”还是“1.5℃”。自哥本哈根会议以来，“2℃目标”已是各方共识，但一些发展中国家尤其是小岛国、最不发达国家、非洲国家等易受气候变化影响的国家和地区，在新案文中坚持要将温升控制在 1.5℃，并在 9 日晚全会时明确表示 1.5℃是其红线，而另外一些国家则强烈质疑 1.5℃的科学基础。

关于“共同但有区别的责任”原则问题，各方对此仍有不同的理解。发展中国家希望继续保持《公约》下的两分法，即协议的每种要素下都区分发达国家和发展中国家不同的责任和义务。而发达国家则强调不同要素下共区原则应有不同体现，如所有国家在透明度方面应保持一致，而在减缓和适应的行动以及资金、技术和能力建设支持方面可以有所区别。

关于协议的法律约束力问题，争议的焦点为最终协议的遵约机制是强还是弱。欧盟、小岛国集团和拉美国家认为强遵约机制是其红线。而美国对此关切较大，以国内法律程序为由拒绝接受强遵约机制的未来协议。如果没有美国的参与，“巴黎协议”结局将会类似于《京都议定书》，这是各方都不希望看到的结果。目前，各方也在积极寻找妥协方案，如赋予未来协议的各部分不同的法律约束力，以确保最广泛的缔约方参与。

资金问题一直是气候变化谈判的难点，发达国家至今仍未充分兑现其 2020 年前每年出资 1 000 亿美元的承诺。新案文中关于资金的条款更多地使用了“动员”而非“提供”，并提出除“动员”发达国家外，其他有能力的国家都应参与。该种做法极大淡化了发达国家在气候变化问题上的出资义务，将发展中国家之间的相互帮助，如南南合作基金也纳入协议范围，对此发展中国家难以接受。

关于透明度及全球盘点问题，发达国家、小岛国联盟以及“独立拉丁美洲和加勒比国家联盟”(AILAC) 希望在透明度的流程、减缓和适应等方面采用统一框架，仅在报告内容和频率方面有所区别。大部分发展中国家则希望在现有《公约》机制安排下逐渐提高透明度，体现出发达国家和发展中国家之间的区别。发展中国家也要提高透明度，但前提是获取发达国家资金、技术和能力建设方面的支持。此外，虽然案文提出全球盘点应涵盖所有要素，但在频率是否是 5 年以及如何与目标调整及后续目标挂钩等方面，各方仍然意见不一。

三、中国的主张

中国是全球应对气候变化事业的积极参与者，一直以高度负责任的态度，积极建设性地参与应对气候变化国际谈判。在国内通过“自上而下”的方式不断推动能源节约、新能源和可再生能源的开发，为应对气候变化做出了切实努力。正如习近平主席在大会开幕式上所言，中国希望巴黎大会能够达成一份着眼于强化2020年后全球应对气候变化行动的协议，从而能够有效控制大气温室气体浓度上升，推动各国走向绿色、低碳、可持续发展之路。

中方主张，巴黎会议结果应是在遵循《公约》原则及框架的基础上达成的阶段性成果。最终协议仍需继续坚持共同但有区别的责任原则、公平原则和各自能力原则。对各方提出的“自下而上”的自主贡献目标（INDC）应持肯定和鼓励态度，相信它是由各方根据各自国情做出的最大努力。应该按照“提出INDC→盘点和交流→更新目标”的路径，其中更新目标应是根据盘点结果自愿更新。INDC总体上是让各方都持积极态度参与全球低碳化进程，不断提高全球应对气候变化的力度。中方建议以“协议”和“决定”相结合的方式解决法律约束力问题，即将程序等机制性安排作为协议，具有法律约束力，而其他如减缓目标等列为政治决定。另外，中方还主张将有关“适应”气候变化的条款写入协议并平衡有关“减排”和“适应”的内容。

此外，中方支持大会主席做法，认为现有案文是很好的谈判基础。中国代表团正在通过多边、双边等不同途径与大会主席、不同国家及集团等就案文分歧点不断磋商和沟通。中方愿意采取灵活的态度，努力推动各方达成一个全面均衡、有力度、有约束力的气候变化协议。

巴黎夜谈——中美气候利益之争并非零和游戏

田　川｜　国家应对气候变化战略研究和国际合作中心战略规划部助理研究员

2015 年 12 月 9 日，巴黎气候大会逐渐进入尾声，“波澜不惊”的气候谈判第 21“季”仍在紧张进行。大会秘书处当天向各方散发了一份名为“巴黎结果”的大会决议草案，在认真研读了这份草案后，与会各方高度赞赏了法国的协调能力。本届气候大会主席、法国外长法比尤斯将这份草案称之为他的“最后文本”，对比 12 月 5 日大会散发的文本，“巴黎结果”删除了大约 2/3 存在不确定性的内容，但主要的分歧依然存在。在这种紧张气氛下，《世界是平的》作者、《纽约时报》知名专栏作家托马斯·弗雷德曼（Thomas L.Friedman）主持了一场别开生面的中美专家对话会，邀请美国前首席气候变化谈判官乔纳森·潘兴 (Jonathan Pershing) 和中国资深气候问题专家李俊峰作为主要嘉宾，对话内容主要是回忆自 1990 年首次气候变化谈判以来的进程和中美两个大国间关系的演变，对话会为角力中的谈判进程带来了一缕轻松。

弗雷德曼很好地展示了他作为著名主编和著名主持人的特色，对话伊始就将中美在气候谈判中的利益之争推上台面，但是面对两位资深专家，曾三获普利策奖的弗雷德曼的各种“刁钻”问题均被两位“太极高手”一一化解。针对大会进入尾声以来，美国总统不顾之前的政治共识，开始给多国领导人打电话，再次以国家元首的身份亲自推动谈判进程的局面，弗雷德曼向潘兴博士提问，为何美国在应对气候变化的问题上由一贯的拖沓、不作为转向积极推动，潘兴博士没有正面回答，而是回忆了 1990 年时任美国总统的老布什，以其政治家的胆略和远见卓识，推动了首次气候变化大会在华盛顿召开，并最终促成 1992 年《联合国气候变化框架公约》达成的历史进程，将一场看似注定“唇枪舌战”的“中美对话”，化解为一场和风细雨的巴黎夜话。

潘兴博士认为，在应对气候变化的问题上，美国政府的态度一直是积极和务实的，无论是《公约》、《京都议定书》、“巴厘路线图”、“哥本哈根协定”，还是“德班平台”以及新提出的《巴黎协定》，都有美国的贡献。不同的是，经过20多年的谈判历程，气候对话已成为中美关系的一道亮丽风景，成为化解中美诸多矛盾和纷争的润滑剂。最重要的一点是，中美在全球气候变化谈判的进程中已从过去的相互指责走向携手共进，中美在气候问题上的利益之争不是零和游戏，而是合作共赢。

李俊峰认为，气候变化谈判的进程可以说是中国在做“学习中的大国”过程中的一种历练，从1990年初次参加气候谈判起，中国就把自己定位为发展中国家的一员，代表的不仅仅是单一国家的利益，而是始终代表着大多数发展中国家的利益。从这个角度来看，中国与最大的发达国家，也应该是发达国家的利益代言人美国发生利益冲突是不可回避的，但是经过多年的历练，中美都发现相互批评与指责并不能解决问题，双方应该汲取美国前总统卡特的大国关系经验之谈，即大国之间应该相互尊重、经常沟通、不要把对方逼向死角。在中美气候变化交流机制中，两国在大多数情况下遵循了这一原则，这才让气候对话成为中美务实合作的一道亮丽风景。

对于弗雷德曼提出的达成《巴黎协定》，中美应起到何种作用的问题，潘兴博士认为，美国政府为这次大会的成功举办做出了极大努力，在国会不断的反对和质疑声中，美国不仅提交了国家自主贡献，还提出了清洁电力计划，并承诺为全球绿色气候基金注入30亿美元。12月9日，美国国务卿克里还提出向联合国提供8亿美元资金，用于帮助欠发达国家适应气候变化，此举体现了美国政府一贯积极和务实的态度。

李俊峰认为，与美国的态度一样，中国的自主贡献也是积极和务实的，2030年左右达峰的承诺、200亿元人民币的南南合作基金、中美、中法国家元首联合声明的发布，这些实实在在的行动为《巴黎协定》的达成奠定了坚实基础。对于此次巴黎气候谈判，李俊峰认为，中美都要务实，要尊重两国元首已经达成的共识，把“共同但有区别原则”等关键问题体现在新协定之中。只要大方向是正确的，且不要在太多的细节问题上纠缠，新协定是可以达成的。

潘兴博士也指出，美国在促成新协定的达成方面也有自己的目标，比如透明度问题，以及加大对小岛屿国家的关注力度等问题，他同时也表示理解中国政府的立场和原则。至于巴黎大会能不能达成新协定，中美的作用只是问题的一个方面，至多是一个重要的方面，关键还是大家要形成共识。

李俊峰认为，中国致力于达成《巴黎协定》，但是新协定的基本原则不能改变，不能达成一份让国际社会失望的、没有力度、没有法律约束力的“软协定”。几十年来，气候谈判最大的成果就是唤起了民间和企业的低碳发展意识，有没有《巴黎协定》全球低碳发展的绿色转型潮流都是不可阻挡的。他回忆道，参与1990年的气候大会的只有政府和少量的社会组织，但如今企业家的呼声甚至盖过大会的“风头”，例如人们对比尔·盖茨、马云等发起的“能源突破联盟”的关注就超过了对一些国家发起的“气候雄心联盟”的关注。这说明民间和企业已经走到政治决策者的前面，巴黎大会不要让他们失望。巴黎是一个浪漫之都，气候变化的这场跨世纪的“恋爱”能不能修成正果，取决于各方的务实合作，只要大家不继续沉浸在享受恋爱幸福的过程之中，“结婚”就将成为可能。

你需要了解的《公约》附属机构

王　田　国家应对气候变化战略研究和国际合作中心统计考核部助理研究员

12 月 4 日，为期两天半的《公约》（联合国气候变化框架公约）附属机构谈判落下帷幕。由于此次谈判更多聚焦在德班平台下的未来协议，附属机构许多议题都被压缩或延后，尽管如此对一些议题的讨论仍取得了历史性进展。

然而，很多人对《公约》附属机构下的谈判进程和内容并不熟悉，甚至不知道这两个机构的存在，但事实上，《公约》附属机构下谈判是体现多边协议成果的重要渠道，也是《公约》下各机制汇报工作进展的重要窗口。

《公约》下附属机构分为科学与技术附属咨询机构（SBSTA）和执行附属机构（SBI），分别负责科学技术问题和执行问题。许多决议的后续执行细则及相关方法学都要在附属机构中谈判完成，如《公约》和“议定书”MRV 框架下的具体规则和指南、农业和适应相关工作、损失损害机制、能力建设、系统观测、土地利用和市场机制核算方法、长期目标充分性评估、最不发达国家相关事项、资金机制、技术开发与转让、应对措施等。两个机构均由对相关领域熟悉的政府代表组成，谈判结果将提交缔约方大会审议通过。

虽然许多原则性问题都已在协议中解决，但在协议的具体落实和实施过程中仍有不少决策空间，因此基于各方立场的政治性讨论充斥于各种科学、技术和方法学讨论之中，从以何种方法核算温室气体，到如何落实对发展中国家的支持，许多看似技术性的讨论背后都有着深层次的政治考虑，所以附属机构下的谈判更多是政治问题的“技术性”过招，以至于很多争议较大的问题无法在附属机构下形成共识，只能提交缔约方大会继续讨论，由各国部长出面谈判磋商。

本次巴黎大会附属机构下最受瞩目的莫过于 2013—2015 年审评议题。2010 年，各方在坎昆协议下就 2℃长期目标达成共识，但考虑到科学的不确定性及系统观测方面的进展，授权SBI和SBSTA成立联合接触组，评估2℃目标对于实现《公约》目标的充分性和进展情况。各方从2013年起，通过四轮结构性专家对话，结合第五次IPCC评估报告最新成果，对2℃目标充分性进行审评。根据授权，该议题应在本次会上形成对缔约方大会的建议，然而各方在如何反映长期目标充分性和实现长期目标进展问题上仍有明显分歧，小岛国强烈建议根据审评结果设立1.5℃长期目标，遭到其他缔约方反对，最终提交缔约方大会继续考虑。该议题最终谈判结果将对“德班平台”（ADP）下长期目标设定产生直接影响。

此外，本次会议争议较大的议题还包括是否成立能力建设机制和航空航海问题。发展中国家认为应建设一个能力建设机制和委员会以更好地协调相关机构工作，遭到发达国家反对，此提议最终也将移交本次大会在下周继续磋商。各方还就航空航海问题是否应纳入未来协议进行激烈争论，最终结果仍决定留在附属机构下讨论。

本次附属机构会议最大的成果是结束了为期三年的《京都议定书》下MRV方法学谈判。2012年，各方在多哈通过了议定书第二承诺期后，需修订相关方法学以满足新的MRV要求，尤其是对不再参加第二承诺期和新加入第二承诺期的缔约方采用何种MRV方法。从具体的表单选项到详细的计算规则，三年来代表们通过谈判磋商，敲定了具体技术细节，并建设性地解决了技术问题背后关于减排目标的“政治”分歧，最终完成了方法学修订，扫清了议定书第二承诺期批约的技术障碍，并将于明年开始对议定书下报告信息进行审评，确保了第二承诺期报告信息的准确性和透明度。此次会议还完成了对发达国家的多边评估。2010年通过的坎昆协议要求各方提高排放和行动透明度，并建立了针对发达国家的国际评估与磋商机制和针对发展中国家的国际咨询与分析机制，两个机制都包括多边进程，即各缔约方要在国际社会面前就国内应对气候变化行动和温室气体排放情况进行报告，并现场回答各方提出的问题。去年发达国家多边评估进程正式启动，受各方关注较高的美国、欧盟、澳大利亚等国在多边评估进程中都受到了多轮“质询”，各方信息报告的充分性、完整性和报告质量在多边进程中暴露无疑，是《公约》下提高信息报告透明度的切实体现。此次会议完成了对最后两个发达国家缔约方的多边评估，并将在明年6月波恩会上考虑如何反映多边评估进程结果。

附属机构每年还要听取《公约》下相关机制的工作报告，并就其工作开展方式提供指导，如：

发展中国家信息通报咨询专家组（CGE）——对发展中国家编制信息通报和两年更新报提供能力建设支持，编制教材和网络课程；

内罗毕适应工作计划——促进各方就加强适应政策行动分享好的经验做法，充分发挥《公约》进程外的机制、资源和专家作用；

华沙损失与损害国际机制——理解和应对脆弱国家受到的气候变化影响、风险管理、抵御灾害能力和人口迁移问题；

技术执行委员会（TEC）和气候技术中心和网络（CTCN）——识别发展中国家在技术

方面的能力建设需求，分享好的经验和做法。

从附属机构下相关议题谈判可以看出，现行《公约》机制下对发展中国家提供的支持涵盖了适应、资金、技术和能力建设各要素，但大多以合作对话和经验交流为主，真正实打实的支持十分有限，实施效果也缺乏透明度，这就是为什么中国代表团团长解振华一直强调《公约》在落实已有成果方面的重要性，如果落实不到位，无论多具雄心的多边协议也只是一纸空文。

今年在巴黎达成的未来协议，也将在 2015 年后授权附属机构执行和汇报，其结果会对全球应对气候变化行动产生直接影响。因此，巴黎气候大会关于未来协议的谈判，既是终点，更是起点。

全球气候治理里程碑——《巴黎协定》达成

李俊峰　国家应对气候变化战略研究和国际合作中心主任、研究员
樊　星　国家应对气候变化战略研究和国际合作中心国际合作部 研究实习员
陈　济　国家应对气候变化战略研究和国际合作中心国际合作部助理研究员

摘　要：经过艰苦谈判，于2015年12月12日晚，在《联合国气候变化框架公约》第21次缔约方会议上达成了具有里程碑意义的《巴黎协定》，中国对此次巴黎大会的谈判进程做出了重要贡献。根据谈判进展及巴黎协定的内容，本文在归纳了《巴黎协定》特征的基础上，梳理了新协定的亮点，并对《巴黎协定》生效的前景做出了前瞻性的判断。

关键词：巴黎协定　亮点　协定生效　前瞻

巴黎当地时间2015年12月12日晚7点多，一阵雷鸣般的掌声响彻了巴黎市北郊的勒布尔歇展览中心。历经13天的艰苦谈判，随着大会主席敲下手中的小槌子，《联合国气候变化框架公约》195个缔约方一致同意通过《巴黎协定》，《联合国气候变化框架公约》第21次缔约方大会宣告圆满结束。

在全球媒体注视中诞生的《巴黎协定》共有29条，包括目标、减缓、适应、损失损害、资金、技术、能力建设、透明度、全球盘点等内容，体现了“公平、正义、全面、平衡”的原则，为开启全球绿色和低碳发展的新征程提供了法律基础。

值得一提的是，中国对于巴黎气候大会谈判进程的贡献不可忽视，为推动达成《巴黎协定》做出了积极贡献。从去年北京APEC峰会开始，中国与美国、欧盟、法国及很多主要发展中国家联合行动，宣布了一系列应对气候变化的行动和声明，为巴黎气候谈判的内容和

进程方面奠定了良好基础。

与此同时，中国积极推进南南合作，从资金到能力建设，自愿为其他发展中国家提供力所能及的支持，也为目前尴尬的国际气候资金池提供了有益补充。此外，中国国内在新能源和低碳经济发展方面持续探索，在巴黎会议期间，中国代表团展现的建设性和灵活性得到国际社会的认可，为推动《巴黎协定》的达成做出了积极贡献。

一、《巴黎协定》特征

协定体现了"共同但有区别的责任"原则，基本满足了各方关切。本着实事求是的精神，《巴黎协定》在力度和总目标方面，坚持了协定的科学性，指出各方要加强和积极应对气候变化造成的威胁，把全球平均气温较工业化前水平升幅控制在2℃之内，同时也考虑到小岛国等一些国家的关切，将"为把温升控制在1.5℃之内而努力"写入协定。全球将尽快实现温室气体排放达峰，21世纪下半叶实现温室气体净零排放的碳中和发展战略。

《巴黎协定》充分体现了"共区"原则，指出各方都将以"自主贡献"的方式参与全球应对气候变化行动。发达国家将继续带头减排，并在资金、技术、能力提升方面加强对发展中国家的支持，帮助后者减缓和适应气候变化。

对于各缔约方普遍关注的透明度问题，《巴黎协定》规定，从2023年开始，每5年将对全球行动总体进展进行一次盘点，以帮助各国提高减排力度、加强国际合作，实现全球应对气候变化长期目标。

关于资金问题，《巴黎协定》明确要求发达国家缔约方必须为协助发展中国家缔约方减缓和适应两方面提供资金资源，从而平衡了减缓和适应的相互关系，强调了发达国家应承担的历史责任，即他们有义务为发展中国家提供资金、技术和能力提升方面的支持。也希望其它国家根据自己的能力，为减缓和适应气候变化提供资金支持。

在法律约束力方面，根据协定规定，其生效的条件是至少55个公约缔约方批约，且这些缔约方温室气体排放量占全球总排放量至少55%。

二、新协定亮点

《巴黎协定》包含几个新亮点，为全球应对气候变化提出了更高的目标。一是展示了缔约国各方提高减排力度的意愿，经过长时间的争论，协定最终还是写入了"为把升温控制在1.5℃之内而努力"的内容。二是提出了加速全球低碳发展进程的要求，协定明确了到21世纪中叶，全球实现碳中和。这意味着，2050年左右，人类排放的二氧化碳要与大自然吸收的二氧化碳相当，实现真正意义上的碳中和。三是平衡了减缓和适应的关系，协定第一次明确了发达国家不仅要为"减缓"，也要为"适应"提供资金，帮助发展中国家应对气候变化，实现可持续发展。四是在法律约束力方面降低了协定生效的门槛，协定规定只要 55 个国家批准就可以生效，其生效门槛远低于《公约》和《京都议定书》，体现了各方“边走边商量”的意愿。

三、《巴黎协定》生效的前瞻性判断

正如很多国家的部长在《巴黎协定》通过后的发言中提到的，《巴黎协定》达成后，各国应即刻开展工作，以实际行动为协定的实施做好准备。《巴黎协定》达成后的首要任务是各缔约方尽快完成批约程序。根据协定规定，协定能够生效的条件是至少 55 个公约缔约方批约，且这些缔约方温室气体排放量占全球总排放量至少 55%。

与《公约》和《京都议定书》相比，协定将更容易生效。由此可以判断，推动《巴黎协定》生效所花费的时间将明显短于推动《京都议定书》生效的 8 年。

巴黎气候大会已明确要求建立《巴黎协定》特设工作组，工作组于 2016 年开始工作，旨在解决《巴黎协定》在 2020 年如期实施的一系列准备工作。例如，《巴黎协定》特设工作组要分别开发国家自主贡献特征、信息和核算等方面的指南，巴黎会议相关决议要求适应委员会与资金常设委员会一道开发提高对发展中国家适应行动支持力度的方法学，并要求《公约》下科学技术附属机构开发核算发达国家公共资金动员情况的方法学，还要求科学技术附属机构定义技术框架具体内容。

另外，随着委内瑞拉在达成协定当天宣布向秘书处提交国家自主贡献，目前已提交国家自主贡献的缔约方已达 186 个，仅有不到 10 个缔约方仍未提交，这也为下一步各国定期通报国家自主贡献奠定了良好的基础。

虽然，《巴黎协定》的生效实施还有一定的不确定性，但是本次气候大会能够出台这样一份协定，凝聚着国际社会最广泛的共识，也体现了世界各国利益和全球利益的平衡，是全球气候治理进程中的一个里程碑，也是推动全球提高力度，应对气候变化、实现绿色低碳发展的新起点。各缔约方在这个关键时刻，本着对人类有益、对子孙后代负责的态度，求同存异，做出了携手促进全世界可持续发展的正确抉择，是属于我们这个时代和我们所有人的伟大壮举。